农为邦本

农业历史与传统中国

闵祥鹏 卢勇◎主编

AGRICULTURAL HISTORY AND
TRADITIONAL CHINA

商务印书馆
The Commercial Press
创于1897

图书在版编目（CIP）数据

农为邦本：农业历史与传统中国 / 闵祥鹏，卢勇主编. —北京：商务印书馆，2024
ISBN 978-7-100-24016-1

Ⅰ. ①农… Ⅱ. ①闵… ②卢… Ⅲ. ①农业史—中国 Ⅳ. ① S-092

中国国家版本馆 CIP 数据核字（2024）第 103121 号

农为邦本：农业历史与传统中国

闵祥鹏　卢勇　主编

商　务　印　书　馆　出　版
（北京王府井大街 36 号　邮政编码 100710）
商　务　印　书　馆　发　行
北京顶佳世纪印刷有限公司印刷
ISBN　978-7-100-24016-1

2024 年 8 月第 1 版　　　　开本 880×1092　1/32
2024 年 8 月北京第 1 次印刷　　印张 10½

定价：68.00 元

闵祥鹏 卢勇　主编

杨焯淇 罗艺珊 成雅昕 杨艺帆 马屯富 徐清　副主编

主编简介 ——————————

闵祥鹏，山东诸城人，河南大学历史文化学院教授、博士生导师，主要从事生态史与文化史研究，先后在北京大学、武汉大学、英国剑桥李约瑟研究所从事访问学者研究工作，主持国家社科基金重大招标项目、一般项目、青年项目等二十余项，出版论著十余部，发表论文七十余篇，获省部级奖励十余项。

卢勇，南京农业大学人文与社会发展学院院长、中华农业文明研究院院长，教授、博士生导师，英国剑桥大学等高校访问学者。国家社科基金重大项目首席专家，农业农村部全球重要农业文化遗产专家委员会委员。兼任农业农村部传统农业遗产重点实验室副主任、中华农业文明博物馆常务副馆长、《中国农史》主编等。出版专著六部，参编教材四部，发表学术论文八十余篇，多次接受《人民日报》等媒体专访。

该书列为《史学评论》总第一辑

前言

民以食为天，农为国之本。马克思曾说过："食物的生产是直接生产者的生存和一切生产的首要的条件。"[1]恩格斯在评价马克思对人类发展的贡献时，强调："正像达尔文发现有机界的发展规律一样，马克思发现了人类历史的发展规律，即历来为纷繁芜杂的意识形态所掩盖着的一个简单事实：人们首先必须吃、喝、住、穿，然后才能从事政治、科学、艺术、宗教等等。"[2]仓廪实而知礼节，食物是一切文明社会发展的基础。无论是制造简单工具的旧石器时代，抑或是以磨制石器为标志的新石器时代，其所制作的石器都是为了获取食物。食物来自农业的发展，所以农业发展是衡量早期文明形态的标志之一。

中国是世界上农业起源最早的国家之一。家狗、家猪以及水稻、粟、黍等动植物的驯化都起源于中国。"中国家狗的起源可以早到距今1万年的河北徐水南庄头遗址，家猪的起源可以早到距今9000年的河南舞阳贾湖遗址，这两种动物是中国境内史前先民独立驯化成功的，其模式可归纳为本土驯

---

〔1〕《马克思恩格斯全集》第25卷，中共中央马克思恩格斯列宁斯大林著作编译局译，人民出版社1974年版，第715页。

〔2〕《马克思恩格斯全集》第3卷，中共中央马克思恩格斯列宁斯大林著作编译局译，人民出版社1972年版，第574页。

化型。"[1] 中国有"六畜"之说，六畜为猪、羊、牛、马、鸡、狗，指的是中国古代六种主要的家养动物。中国目前发现最早的家猪和家狗都出土于新石器时代的遗址。家猪、家狗等家养动物都是经驯养所得，驯养动物对古人类而言，不仅增加获取食物的途径，推动定居生活的出现，同时还为早期部落的发展奠定物质基础，对经济发展具有重要意义。家猪等家养动物甚至作为财富的象征被用以祭祀。

中国的原始农业广义上包括种植业、渔猎业与畜牧业等，狭义上指种植业。从农业的产生到农业经济的形成需要经过三个阶段：加强采集并向农耕过渡—原始农耕—乡村农业。[2] 而中国的农业起源可以分为两个发展脉络："一是分布在中国北方地区的以种植粟和黍两种小米为代表的旱作农业起源；二是分布在长江中下游地区的以种植水稻为特点的稻作农业起源。"[3] 原始农业的出现意味着人类进入新石器时代早期，不再仅仅依赖自然产出，而是开始有意识地改造其生存环境，原始农耕的发展为古代文明的萌芽奠定了经济基础。

早期农业社会的形态逐渐从渔猎游牧向农耕半定居或定居发展，这种半定居或定居的生活有利于聚合各部落，形成稳定的社会组织。由于土地肥力所限，早期农耕的部族依然要焚林而田，或者四处迁移寻找肥沃土地，这种迁移也促进了各部

---

〔1〕 吕鹏、罗运兵、袁靖：《建设具有中国特色、中国风格、中国气派的动物考古学学科体系——新中国动物考古70年》，《中国文物报》2019年12月6日，第6版。

〔2〕 原始农耕是指人类走出洞穴来到野外建造临时住所并开始播种，到形成永久定居的村落这一段时间。其有两个主要特点：一是住在临时住所之内；二是耕种所得食物只占人类食物的45%—50%以下。参见孔令平：《西亚农耕的起源问题》，《历史研究》1979年第6期，第91页。

〔3〕 赵志军：《中国农业起源概述》，《遗产与保护研究》2019年第1期，第1页。

落之间的交流与融合。在神农、黄帝、后稷等先贤的古史传说中，就蕴含着中国农业起源的历史记忆。这些历史记忆虽然不同于历史史实，也很难被考古所证明，但体现了后世对中国农耕文化的传承。从伏羲渔猎到神农制作农具，至黄帝教民稼穑，以及后稷相地之宜，有关记载或同或异，或神或人，都从某些角度体现了早期农业发展的状况，并且借用神农、黄帝、后稷等形象来赞扬先贤对整个华夏先民的贡献。考古发现中的各地作物类型逐渐多样化，以及中国稻作农业与旱作农业的交流传播，就是原始族群跨地域交流的直接结果。新石器时代，先民对动植物的驯化极大地提高了作物或者畜类的产量，而精细石具的制造与使用有效地提升了生产效率。人类继使用工具、人猿分离之后，随着农业技术的一系列重大创新，完成了历史上的第二次重大变革。农业革命的直接成果就是食物的巨大丰富，但也产生了一系列问题。一方面，如何分配剩余产品；另一方面，造成了人口的第一次迅速增长。人口膨胀引发生存危机，在短期内无法取得技术突破的情况下，实施合理有效的分配制度成为破解人类生存问题的关键，争夺资源与再分配资源成为各个阶层、族群、利益集团关注的焦点，或者说是其思想与行为逻辑的基点。由此出发，在中国五千年文明的历史舞台上，一系列重大思想理念、社会形态、政治治理模式、经济制度的变革随之展开，并反复上演。无论是"重农""民本"等百家争鸣的学术思想创新，还是"家天下""大一统"王权独尊社会体制的确立，抑或是以维护和延续统治为目的的改革和改良，甚至是中国文明五千年来不断上演的朝代更迭、权力争斗，无一不是这一逻辑下的产物。

秦代以后，历代统治者为了巩固自己的统治地位，为了保证国家赋税及徭役征收，不断调整土地占有关系。当大土地所有制发展到损害王朝利益时，政府往往采取抑制兼并的政策。如王莽时实行的王田制，西晋时推行的占田制，北魏、北周、北齐、隋、唐初的均田制，都有利于造就大批自耕农。与此同时，各个王朝建立之初，都大力鼓励农民垦荒，宣布开垦的土地为农民所有。宋、明、清几个朝代初期，因垦荒而造就的庞大自耕农阶层更是令人瞩目。此外，清政府还把部分官田归民，曰"更名田"。在历代王朝后期，土地兼并十分剧烈，自耕农也没有消失，仅仅是在数量上有所减少。除了限制兼并外，政府还用赈济、贷款、平粜等措施，帮助农民度过灾年或青黄不接的时节，使他们不至于破产。此外，一些劳动力充足、经济条件较好的佃农，也通过购置土地上升为自耕农。而多子继承财产的习惯，则使一些大土地所有者因分家析产而降为多家自耕农。还有些地主因种种原因破产后沦为自耕农。王朝之初，调整土地占有关系，分给农民土地，或者鼓励农民开垦荒地，保证国家赋税来源；王朝中期，土地兼并加剧，自耕农破产，新的利益集团出现，统治者改革土地制度或者赋税制度，以期维持赋税收入或者维护自耕农利益；王朝后期，吏治腐败，变革往往失效，农民揭竿而起，朝代更迭出现。这种闭环的形成，是以土地为核心的农耕社会形态的必然发展结果，是未出现巨大技术变革的情况下，小农经济内敛化的必然趋势。

  总之，中国自古为农耕之国，农民问题是中国变革中的根本问题。近代以来，有识之士皆认识到，想要改变中国积贫积弱的面貌，首先要改变中国农业的落后面貌，改变农民的悲惨命运。近代农学的兴起，既与中华民族救亡图存的命运息息相关，也与西学东渐的时代浪潮紧密相连。因此，近代中国的历次重大变革，都紧紧围绕农民觉醒以及与之相关的地权问题。

从太平天国运动中的《天朝田亩制度》，到孙中山三民主义中民生主义的核心举措——平均地权，以及新民主主义革命中的土地革命、农村包围城市的发展道路等，近代中国需要解决的基本问题就是农民问题。近代农学的引入与农史研究的开拓，就是在这一历史背景下兴起的。

本书的专题研究介绍了中国古代农业发展的基本概况以及近代农学史的兴起，《专家访谈》遍访当前农史研究的诸多重要学者，介绍当前农史研究的治学思路、研究方法，以及对未来学术发展方向的前瞻性思考，以期为更多农史学科的学子指引方向，肩负起启迪思想、陶冶情操、温润心灵的师者职责，承担起以文化人、以文育人、以文培元的学术使命。本书出版得到了河南省高校哲学社会科学创新团队项目"黄河生态文明与农耕社会研究"（2022-CXTD-07）、国家社会科学基金重大项目"海外黄河文献的搜集整理与数据库建设研究"（22&ZD241）、教育部人文社会科学基地"十四五"自设重大项目"黄河变迁、生态治理与中华文明发展关系研究"的资助。其中《专家访谈》得到了河南大学人文社会科学交叉学科培育计划专项资助，访谈组于 2019 年年底至 2021 年年底前往南京、北京、广州等地与专家进行了面对面交流，特此致谢。

目　录

专题研究

气候变迁、农业起源与中国早期
农业文明的萌发

杨焯淇

摘　要：距今 1 万年前后的农业革命是人类历史上的一次重要变革，而中国是世界上农业起源最早的国家之一，也是第一次农业技术变革的参与者与引领者。这次变革恰恰出现在两次极寒事件之间，呈现出农业起源发展与气候变迁、人口迁移等之间的密切关联。随着"农业革命"的发展，各类人群拥有的物质财富逐渐增加，人口逐渐增多，也需要更为完善的机制来推动农业生产并进行资源分配，这为早期部族、邦国的形成奠定了基础。

关键词：农业起源　农业史　农耕文明

在末次冰消期至全新世转变的过程中，人类的经济活动由渔猎采集逐步向原始农业过渡[1]，其中栽培作物的出现是农业起源的标志之一。中国先民最早驯化出家猪、水稻、粟、黍等动植物。通过驯化动植物，人类不再单纯依赖自然资源获取食物，而是开始有意识地改造周边环境以进行食物生产。人类起源于约 250 万年前的旧石器时代（Palaeolithic），文明萌芽于约 1 万年前的新石器时代（Neolithic）。而新、旧石器时代的分界

---

[1]　孔令平：《西亚农耕的起源问题》，《历史研究》1979 年第 6 期，第 91 页。

标准之一，就是距今 1 万年前后的农业起源，"现今世界上的主要栽培作物和家养动物的驯化时间大多数起始于距今 1 万年前后。"[1] 距今约 1 万年前农业起源及距今约 8000 年前农业在东亚大陆的扩张，恰恰都出现在两次极寒事件之后：一次是距今 1.2 万年前后的"新仙女木事件"，一次是距今 8200 年前后的冷事件，让人不禁将两者相联系。近年来，基因人类学的发展和众多考古遗址的发现，不仅为中国农业起源研究提供了新证据[2]，也体现出新石器时代中国自成体系的农耕文化[3]，使得农业起源发展与气候变迁、人口迁移等之间的关系逐渐清晰。

一、中国旱作农业的起源

近年来的考古发现，中国旱作农业起源于 1 万年前，早期

---

[1] 赵志军：《新石器时代植物考古与农业起源研究》，《中国农史》2020 年第 3 期，第 5 页。

[2] 自 20 世纪起，学者们便注意到农业起源问题，探讨中国栽培作物的起源地与农业起源的时间等问题，参见丁颖：《中国栽培稻种的起源及其演变》，《丁颖稻作论文选集》编辑组编：《丁颖稻作论文选集》，农业出版社 1983 年版，第 25—39 页；黄其煦：《黄河流域新石器时代农耕文化中的作物——关于农业起源问题的探索》，《农业考古》1982 年第 2 期，第 55—61 页；黄其煦：《黄河流域新石器时代农耕文化中的作物（续）——关于农业起源问题的探索》，《农业考古》1983 年第 1 期，第 39—50 页；黄其煦：《黄河流域新石器时代农耕文化中的作物——关于农业起源问题的探索（三）》，《农业考古》1983 年第 2 期，第 86—90 页；朱乃诚：《中国农作物栽培的起源和原始农业的兴起》，《农业考古》2001 年第 3 期，第 29—38 页；秦岭：《中国农业起源的植物考古研究与展望》，北京大学考古文博学院、北京大学中国考古学研究中心编：《考古学研究（九）》，文物出版社 2019 年版，第 260—315 页；赵志军：《新石器时代植物考古与农业起源研究》，《中国农史》2020 年第 3 期，第 3—13 页；赵志军：《新石器时代植物考古与农业起源研究（续）》，《中国农史》2020 年第 4 期，第 3—9 页。

[3] 安志敏：《中国史前农业的发展》，《历史教学》1952 年第 4 期，第 113—114 页；安志敏：《中国的史前农业》，《考古学报》1988 年第 4 期，第 369—381 页。

中国北方地区的旱作农业以种植粟和黍为主，中国是粟、黍类旱作农业作物的起源地。人类驯化植物，需要经历采集、专门化采集和种植三个阶段，在驯化植物的过程中，植物的性状会发生改变，出现驯化性状。根据这一特性，现代的考古工作者可以通过浮选法、植硅体分析与淀粉粒分析等植物考古学方法，探索有关粟、黍的驯化过程，进而研究中国的农业起源。

　　距今1万年前后的新石器时代的开端，是中国原始农业的萌芽时期，也是人类活动从采摘狩猎向农耕过渡的阶段，但此时总体还是以采摘狩猎活动为主。此时期的北京门头沟东胡林遗址（距今1.1万年—9000年）、河北徐水南庄头遗址（距今1万年前后）、河北阳原于家沟遗址（距今11700年前后）、北京怀柔转年遗址（距今1万年前后）、山西吉县柿子滩遗址（距今2万年—1万年）等，都出现了与农业活动相关的石器、陶器与动物骨骸。其中，河北徐水南庄头遗址是新石器时代早期遗址，在此发现了较多的动物骨骼，尤其是发现了狗的下颌骨，此时应是处于狩猎、采集并存的阶段，并可能开始饲养家畜。[1]南庄头遗址和东胡林遗址都出土了少量的作物遗存。北京东胡林遗址出土了数量较多的植物果壳，有学者用浮选法浮选出了上千粒炭化植物种子，"从中发现了14粒炭化粟粒和1粒炭化黍粒，是目前正式考古发掘浮选出土的年代最早的实物"[2]。需要注意的是，东胡林遗址虽然出现了一定的粟和黍，但是"此时期仍是采集狩猎阶段，并没有进入农耕生产阶段"[3]。这个时期或许

〔1〕河北省文物研究所、保定市文物管理所、徐水县文物管理所、山西大学历史文化学院：《1997年河北徐水南庄头遗址发掘报告》，《考古学报》2010年第3期，第382页。

〔2〕赵志军、赵朝洪、郁金城、王涛、崔天兴、郭京宁：《北京东胡林遗址植物遗存浮选结果及分析》，《考古》2020年第7期，第105—106页。

〔3〕同上书，第105页。

可以认为是中国旱作农业的起始阶段。南庄头遗址亦然，通过淀粉粒分析，发现具有驯化性状的粟淀粉粒[1]，该发现将华北旱作农业起源的时间推至距今 1 万年之前，中国也成为粟、黍等的起源地。

　　距今 1 万年—8000 年前后是农业起源的关键时期。[2] 原始农业开始萌芽，人类社会进入农业社会阶段。该时期的显著特点是人类逐渐走向定居。世界多地的原始农业处于变革之中。中亚的哲通文化遗址，西亚的耶莫遗址、耶利哥遗址和安那托利亚的加泰土丘遗址等遗址都具有一定的相似性，皆发现有房屋，还有种植大麦、小麦与驯养动物的痕迹，因此推断其处于向定居农业过渡的阶段。[3] 而同期的中国，在北方的几处遗址中也出现了人类居住点，并且出土了一定数量的作物遗存与农耕工具。这个时期北方的遗址有内蒙古敖汉兴隆洼遗址、河北武安磁山遗址、河南新郑裴李岗遗址、山东济南月庄遗址等，在这些距今 8000 年前后的遗址中多发现有粟和黍两种作物遗存。

　　粟作农业与黄河流域的自然环境紧密关联，该流域适宜的气候条件及疏松的黄土结构是形成粟作农业的重要条件。结合粟类作物的"野草特性"，黄河流域的气候、环境与驯化粟所需的自然条件具有适配性，使粟独立起源于黄河流域成为可能。[4] 而关于农业起源的具体位置有诸多说法，太行山起源说

〔1〕 Xiaoyan Yang, Zhiwei Wan, Linda Perry, et al., "Early millet use in northern China", *Proceedings of the National Academy of Sciences*, 2012, pp.3726–3730.
〔2〕 赵志军：《中国农业起源概述》，《遗产与保护研究》2019 年第 1 期，第 3 页。
〔3〕 关于西亚农业起源问题，参见孔令平：《西亚农耕的起源问题》，《历史研究》1979 年第 6 期，第 91—96 页。
〔4〕 黄其煦：《黄河流域新石器时代农耕文化中的作物——关于农业起源问题的探索（三）》，《农业考古》1983 年第 2 期，第 86—90 页。

是学界的主要观点之一。持该观点的学者认为太行山地区自然条件优越，且发掘有山西怀仁鹅毛口石器制造场遗址、山西下川遗址和河北徐水南庄头遗址等多处与粟作农业相关的遗址，故太行山地区应是中国粟作农业的起源地之一，且与粟、黍的传播具有密切联系。[1]具体例子便是河北磁山遗址。距今1万多年前，粟类作物已经开始被种植，至距今8000多年的磁山文化时期，旱作农业在中国北方地区得到扩张，磁山地区为粟、黍传播的中转地带，磁山遗址中发现大量窖穴，其中堆积的粟数量之多，表明此时磁山原始农业已经达到一定的生产水平，粟已成为人们主要的食物来源之一。

　　除此之外，西辽河地区亦是粟作农业起源的重要区域。[2]在西辽河地区兴隆沟遗址（距今8000年—7500年）堆积层内和居住面上出土了数量较多的炭化粟。[3]有学者通过浮选法观察得出兴隆沟遗址出土的炭化粟和黍已经属于栽培作物，加之发现的种子仍带有野生特性，所以推测粟和黍是在当地进行驯化的[4]，西辽河流域应是粟的起源地之一。有学者还对西辽河

---

[1] 太行山地区可能为粟作农业起源地之一，参见王星光、李秋芳：《太行山地区与粟作农业的起源》，《中国农史》2002年第1期，第27—36页；李国强：《北方距今八千年前后粟、黍的传播及磁山遗址在太行山东线的中转特征》，《南方文物》2018年第1期，第229—251页；张之恒：《黄河流域的史前粟作农业》，《中原文物》1998年第3期，第9—11页。

[2] 西辽河地区兴隆沟遗址第一地点出土了8000年前具有驯化特征的炭化黍、粟等大植物遗存，结合该地区的古人类生产生活工具及生态环境多样性和多变性的特点，学者认为西辽河地区是中国粟作农业起源的重要区域，该观点参见赵志军：《小米起源的研究——植物考古学新资料和生态学分析》，《赤峰学院学报》2008年S1期，第38页。

[3] 刘国祥、贾笑冰、赵明辉、田广林、邵国田：《内蒙古赤峰市兴隆沟聚落遗址2002—2003年的发掘》，《考古》2004年第7期，第5页。

[4] 赵志军：《从兴隆沟遗址浮选结果谈中国北方旱作农业起源问题》，南京师范大学文博系编：《东亚古物（A卷）》，文物出版社2004年版，第190—193页。

地区几处遗址的出土器物表面残留物的古代淀粉遗存进行了提取和分析研究，发现距今 8500 年—5000 年野生型粟类植物淀粉粒比例逐渐下降，驯化型粟淀粉粒比例逐渐上升。[1]以上研究表明，至少在 8500 年前，人类已经开始驯化粟类作物。

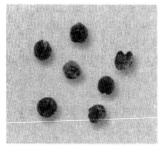

第一地点出土炭化粟　　　　　　　第一地点出土炭化黍

图 1　兴隆沟遗址出土的炭化粟和炭化黍[2]

第一地点出土黍　　　　第三地点出土黍　　　　现代黍

图 2　兴隆沟遗址出土黍与现代黍的对比[3]

〔1〕马志坤、杨晓燕、张弛、孙永刚、贾鑫：《西辽河地区全新世早中期粟类植物利用》，《中国科学：地球科学》2016 年第 7 期，第 924 页。

〔2〕赵志军：《从兴隆沟遗址浮选结果谈中国北方旱作农业起源问题》，南京师范大学文博系编：《东亚古物（A 卷）》，文物出版社 2004 年版，第 192 页。

〔3〕同上书，第 194 页。

　　距今 8000 年—4000 年，中国北方地区的原始农业处于高速发展时期，人类开始了定居或半定居的生活方式。同时很多考古遗址中都出现了具有驯化特征的植物和圈养动物的栅栏，以及大量与种植相关的生产工具，表明当时人类是有意识、有目的地进行驯化活动。此时，农业已经过渡到更成熟、更为系统化的阶段。农耕工具的出现是划分农业阶段的重要标准之一。工具的使用意味着人类开始有意识地改进社会生产活动，并且有利于提高劳动效率和扩大生产规模，促进原始农业发展至更先进的阶段。该时期农业发展水平的代表是仰韶文化，仰韶文化时期的遗址分布较广，时间跨度大，典型遗址有陕西西安半坡遗址、河南三门峡庙底沟遗址、河北曲阳县钓鱼台遗址等。陕西西安半坡遗址是仰韶文化的一种代表类型，半坡遗址出土了大量用于农业生产的石器与陶器，其中一个陶罐保存有完好的粟粒，另外还有大量储存粮食的窖穴，同时还发现畜养家畜的圈栏，表明当时原始农业已经达到一定发展水平。除此之外，通过考古发掘，发现半坡氏族公社出土的生产工具中，农耕工具（735件）与渔猎工具（664件）所占比例大体相同[1]，表明半坡先民从事着不同的农业生产活动，还饲养家畜，体现当时处于农业种植与狩猎相结合的阶段，但是农业种植的比例已然上升。

　　到了仰韶文化晚期，陕西西安鱼化寨遗址同样出现了大量的炭化植物种子，其中包括粟、黍、水稻和小麦，占所有出

---

[1] 黄克映:《从半坡遗址考古材料探讨原始农业的几个问题》,《农业考古发现与研究》1986 年第 2 期，第 116 页。

土植物种子的绝大多数。[1]鱼化寨遗址出土的植物种子数量与仰韶文化早期遗址出土的种子数量相比，驯化过的谷物品种更多，表明在仰韶文化晚期，种植已经成为农业生产的主要活动，中国北方地区正式进入以旱作农业生产为主的社会发展阶段。

图 3   西安半坡遗址出土陶罐中的粟粒[2]

无论从距今约 1 万年前的新石器时代开始，还是从中华文明五千年历史长河中俯视，粟——这种起源于中国的农作物，都长期居于北方粮食作物的第一位，也是日常生活的主食。粟类以及其他农作物的驯化，为中国北方人群的繁衍奠定了坚实的物质基础，为中华文明的萌芽确立起基本的生存保障。

---

[1] 赵志军：《仰韶文化时期农耕生产的发展和农业社会的建立——鱼化寨遗址浮选结果的分析》，《江汉考古》2017 年第 6 期，第 100 页。

[2] 中国科学院考古研究所、陕西省西安半坡博物馆：《西安半坡：原始氏族公社聚落遗址》，文物出版社 1963 年版，图版 55。

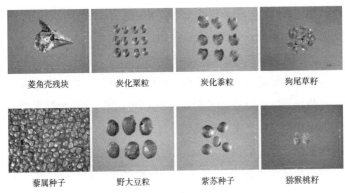

<table>
<tr><td>菱角壳残块</td><td>炭化粟粒</td><td>炭化黍粒</td><td>狗尾草籽</td></tr>
<tr><td>藜属种子</td><td>野大豆粒</td><td>紫苏种子</td><td>猕猴桃籽</td></tr>
</table>

图 4　鱼化寨遗址出土的炭化植物种子[1]

二、中国稻作农业的起源

中国农业源于何时？这一问题是中华文明探源与中国农史研究的基本命题，也被许多学者视为农业起源研究的首要问题。[2] 确定了农业起源的时间，也就为文明萌芽的时间提供了标识。1 万多年间，中国原始农业的产生与发展经历了漫长的演化阶段。与中国北方地区相同，南方地区的新石器时代遗址中，也发现了许多作物遗存。但与北方地区在干旱环境形成的旱作农业不同，南方地区在湿润的自然条件下孕育出以水稻为主的水田农业。中国已发掘出大量含有稻作遗存的新石器时代遗址，分布于长江流域、淮河上游及华南地区等地。目前最早的水稻遗存可追溯到距今 1 万年前后，如江西万年仙人洞遗址

〔1〕赵志军：《仰韶文化时期农耕生产的发展和农业社会的建立——鱼化寨遗址浮选结果的分析》，《江汉考古》2017 年第 6 期，第 100 页。
〔2〕徐旺生：《关于农业起源的若干问题探讨》，《农业考古》1994 年第 1 期，第 31 页。

和吊桶环遗址[1]、湖南道县玉蟾岩遗址[2]、浙江浦江上山遗址、浙江荷花山遗址、浙江嵊州小黄山遗址、广东牛栏洞遗址等。

当前判断稻作起源地有若干标准[3]，首要条件是发现史前稻作及野生稻遗存，其次是该地区的气候条件、地理环境适合稻谷栽培。除此以外，考古发现的年代序列、文化谱系发展及是否出现稻作生产工具也都是判定水稻起源中心的标准。确定农作物年代首先需要鉴定出土作物遗存的属性（此处需注意耕种与驯化是两个概念），学者们结合植硅体分析、浮选法等方法，对出土作物遗存进行鉴定。距今1万多年的江西万年仙人洞、吊桶环遗址发现的水稻是现今已知的旧石器向新石器时代转变的最早的水稻遗存之一[4]；湖南道县玉蟾岩遗址发现的稻谷是一种由野生稻向栽培稻演化的古栽培稻类型[5]；从浙江龙游荷花山土壤剖面中提取的植硅体来自一些野生稻叶片和稻

〔1〕 ZhiJun Zhao, "The Middle Yangtze region in China is one place where rice was domesticated: phytolith evidence from the Diaotonghuan Cave, Northern Jiangxi", *Antiquity*, vol.72, (December 1998), p.894.

〔2〕 1993年和1995年湖南文物考古研究所袁家荣副所长领导的考古队先后两次发掘，共出土了4粒稻谷，并伴有陶片和大量的各类犬、禽、螺、蚌骨骸及植物种子。经14C年代测定，稻的年代距今约1万年，是一种兼有野、籼、粳综合特征的演化早期的原始栽培稻，定名为"玉蟾岩古栽培稻"。参见张文绪、袁家荣：《湖南道县玉蟾岩古栽培稻的初步研究》，《作物学报》1998年第4期，第416页。

〔3〕 王象坤、孙传清、才宏伟、张居中：《中国稻作起源与演化》，《科学通报》1998年第22期，第2355页；卫斯：《关于中国稻作起源地问题的再探讨——兼论中国稻作起源于长江中游说》，《中国农史》1996年第3期，第5—17页。

〔4〕 ZhiJun Zhao, "The Middle Yangtze region in China is one place where rice was domesticated: phytolith evidence from the Diaotonghuan Cave, Northern Jiangxi", *Antiquity*, vol.72, (December 1998), p.894.

〔5〕 张文绪、袁家荣：《湖南道县玉蟾岩古栽培稻的初步研究》，《作物学报》1998年第4期，第416—420页。

壳[1]；在浙江上山遗址属于上山文化时期的灰坑中发现有两颗炭化稻米，由于稻米数量太少，无法对其属性做出判断，结合所出土的陶片中掺有大量稻米壳，推测当时上山人的生活习惯，应是实施了某些耕作行为[2]。虽然考古发现日渐增多、新兴技术广泛应用，但当时是否已经开始驯化稻类作物仍有待进一步考察。

距今 8000 年—5000 年，采集狩猎向稻作农业转变。代表遗址有浙江萧山跨湖桥遗址（距今 8000 年—7000 年）、湖南澧县彭头山与八十垱遗址（距今 9000 年—7800 年）、河姆渡遗址（距今约 7000 年）等。有学者通过现代考古技术，检测出跨湖桥遗址出土的 1000 多颗稻谷、稻米和稻谷壳，指出其可能为尚未完全分化的早期栽培稻[3]，但是稻谷中出现的驯化特征仍可以表明长江下游地区的人类在距今 8000 年以前已经开始利用或驯化水稻了。与河姆渡遗址相比，20 世纪 80 年代末长江中游湖南澧县彭头山与八十垱遗址等地稻作遗存的发现[4]刷新了长江地区最早稻作遗存的年代上限。

距今 7000 年的河姆渡遗址是世界闻名的新石器文化遗址，出土了大量的植物遗存，曾经被认为是最早的稻作起源地之

---

[1] Zhenwei Qiu, Leping Jiang, Changsui Wang, David V. Hill, Yan Wu, "New evidence for rice cultivation from the Early Neolithic Hehuashan site", *Archaeological and Anthropological Sciences*, no.11, (April 2019), pp.1259–1272.

[2] 蒋乐平：《浙江浦江县上山遗址发掘简报》，《考古》2007 年第 9 期，第 17 页。

[3] 郑云飞、蒋乐平、郑建明：《浙江跨湖桥遗址的古稻遗存研究》，《中国水稻科学》2004 年第 18 期，第 122—123 页。

[4] 彭头山遗址出土的陶片中夹有大量稻壳和稻谷，但因其全部炭化，形态不完整，暂时无法使之从两胎中剥离出来，故有关专家对它们是否属栽培稻尚不能予以确认。参见裴安平、曹传松：《湖南澧县彭头山新石器时代早期遗址发掘简报》，《文物》1990 年第 8 期，第 20 页。

一。尽管河姆渡遗址现今已被证明不是最早的稻作起源地，但是其仍作为长江下游地区重要的新石器文化代表，与中华文明起源息息相关。河姆渡遗址代表性的干栏式建筑及水稻遗存，都展示出与中原地区的仰韶文化并不相同的面貌，印证了中国文明起源的"满天星斗说"。

距今5000年前后的良渚文化时期，人们正式建立稻作农业社会，以稻作农业为主要的社会经济活动，这标志着中华文明的起始。[1]与稻作农业相似，旱作农业也在距今5000年—4000年前后成为北方社会经济的主体。中华文明是以农业为伊始的文明。距今5000年—4000年前后，中国的农业结构基本定型，除了粟、黍、水稻等本土的作物外，小麦也在此时期传入中国。农业的肇兴，奠定了农耕文明在世界文明史上长达7000年的主导地位，对世界各地文明的形成具有重要影响。在北纬35度附近许多适宜农耕的土地上，人类开始大规模的拓植，在尼罗河流域、两河流域、印度河流域、黄河流域与长江流域，诞生了以农业社会为主导的古埃及、苏美尔、古印度与华夏古文明。世界文明发展至今，水稻这一起源于中国的作物，影响力巨大，世界近一半人口都以大米为主食，可见水稻不仅对中国人的饮食结构产生了重要的影响，也对世界人口的繁衍起着重要的作用。

三、农业的交流与传播

进入龙山文化时期（距今4300年—3800年），中国逐渐

---

[1] 赵志军:《新石器时代植物考古与农业起源研究（续）》,《中国农史》2020年第4期，第5页。

形成种植多种作物的耕作方式，而这种多作物的耕作方式在龙山文化的遗址中多有体现。粟和水稻这两种起源于不同地区的作物，生活习性本不相同。但是，长江中游出现粟与黄河流域出现水稻的遗存，这种现象一定程度上依赖于原始部落间的交流，才展现出旱作农业向南传播与稻作农业向北传播的趋势，并且在黄淮间的部分地区形成混作的格局。距今 4000 年前后，小麦从西亚传入中国，逐渐改变了中国的农业生产格局。小麦的需水量较粟和黍更多，加之耐旱的粟和黍更能适应北方干旱的环境，早期小麦这种作物只是作为补充。但随着时间的推移，气候发生改变，灌溉水利条件得到改进，农业生产环境得到改善，小麦得以逐渐适应中国的环境。西汉以后，小麦逐步取代了粟和黍在中国北方旱作农业中的主体地位，逐渐形成了如今中国"南稻北麦"的农业生产格局。

一般认为，世界范围内的农业起源中心主要有四个，即西亚、中国、中南美洲和北部非洲。中国是世界农业起源中心之一，独特的地形地貌，使得中国农业在发展过程中形成了南北两种格局，中国北方地区的原始农业以种植粟和黍两种小米为主，长江中下游地区则以种植水稻为主，但基本上都是种植单一品种。至新石器时代晚期，中国南北有几处遗址中发现多种作物遗存，其中包括粟、黍、水稻、小麦等作物，显然当时人们已经采取种植多品种农作物的耕作方式，而且这些不同的农作物是轮替搭配种植的。一方面这是出于对单季节种植而产生的粮食紧缺问题的考虑，另一方面是以此对抗灾难所带来的粮食不足问题。气候变化对于中国农业的起源与发展起着推动作用：其一，促进人类的迁徙与流动；其二，对古人类的生产及生活方式产生影响；其三，促进人类对农作物的驯化及种植。三者互相影响。这种应对方式与末次冰期期间作物的驯化有异曲同工之妙。在末次冰期期间，出现了多次极端气候事件，这种气候波动在一定程度上会增加人类驯化某种植物的可能性。在极端气候事件的影响下，人类不得不谋求新的生存与生产方式——在居住地周围种下合适的作物，并以此作为极端天气下的储粮。野生小麦、野生粟等作物因其耐旱性更适应在贫瘠土地播种，一些野生水稻因其颗粒更大、落粒性低的特性更容易被人类发现并种植。在寒冷气候的影响下，晚期智人在冬季更难获得食物，因此发生季节性饥荒，在中国一些地方甚至出现了以人为食的悲剧，季节性饥荒迫使古人类驯化栽培植物和驯养动物以补给冬季食物。[1] 此为生存的必然。

中国幅员辽阔，随着时间的推移，人口流动、土地更替与不同的自然形式传播，这些因素都促进中国南北间的农业交流与传播，使得原产于长江中下游的水稻在某个时期被传播至黄河流域，起源于北方的粟等旱作物被传播至长江流域。中华文化的发展与融合随着农作物的传播逐渐形成一体。根据考古发现，距今8000年—7000年前后，黄河流域已经出现稻作农业遗存的痕迹，如济南长清月庄遗址与河南舞阳贾湖遗址：属于后李文化的济南月庄遗址，发现有水稻遗存（28粒炭化稻米），有学者通过浮选出土的水稻遗存，称该地出土的炭化稻是目前中国北方见到的最早的稻谷遗存之一[2]，证明起源于长江中下游地区的水稻早在距今8000年前后已经传播到了黄河下游地区；而位于黄淮地区的贾湖文化，"出土数百粒炭化稻米，以及数量可观的可食用野生植物遗存，如菱角、莲藕、橡子、大

〔1〕 卜风贤：《季节性饥荒条件下农业起源问题研究》，《中国农史》2005年第4期，第3—12页。

〔2〕 Gary W. Crawford、陈雪香、栾丰实、王建华：《山东济南长清月庄遗址植物遗存的初步分析》，《江汉考古》2013年第2期，第107页。

豆等"[1]，这也表明水稻此时已经被传播至黄河中游。随后中国南北交流增强，中原地区陕西鱼化寨遗址的浮选结果中竟然出现了来自长江地区的"炭化稻米和稻谷基盘"[2]，尽管水稻的出现有一定偶然性，但是一定程度上也展现出稻作农业向北传播的趋势。

　　水稻早在后李文化时期已经传播到黄河下游地区，但直至龙山文化时期稻作农业向北传播的趋势才达到顶峰。黄河中下游地区的农业在龙山文化时期"已经形成了一定规模的稻作农业经济"[3]。在龙山文化诸多遗址中，这种稻旱混作的耕作方式多有体现，"如河南的禹州瓦店遗址、登封王城岗遗址、洛阳王圪垱遗址、淮阳平粮台遗址、山西的襄汾陶寺遗址、运城周家庄遗址、山东邹平丁公遗址等，出土了五种农作物，其中包括水稻，但出土的植物遗存中，粟和黍仍占主体"[4]。当时黄淮流域的农业已经存在种植多种农作物的迹象，而河南驻马店杨庄遗址"大量水稻植硅石的存在，显示出当时的水稻种植已颇具规模"[5]，更有力地表明尽管旱作农业仍是北方农业的主体，但稻作农业在龙山文化时期已经具有一定规模。

　　相比于稻作农业向北传播的趋势，旱作农业向南的传播则没有那么明显。在南方的湖北荆门屈家岭遗址，出土了 33 粒

〔1〕赵志军：《新石器时代植物考古与农业起源研究（续）》，《中国农史》2020年第 4 期，第 10 页。

〔2〕赵志军：《仰韶文化时期农耕生产的发展和农业社会的建立——鱼化寨遗址浮选结果的分析》，《江汉考古》2017 年第 6 期，第 100 页。

〔3〕栾丰实：《海岱地区史前时期稻作农业的产生、发展和扩散》，《文史哲》2005 年第 6 期，第 41 页。

〔4〕赵志军：《新石器时代植物考古与农业起源研究》，《中国农史》2020 年 3 期，第 8—11 页。

〔5〕北京大学考古系、驻马店市文物保护管理所：《河南驻马店市杨庄遗址发掘简报》，《考古》1995 年第 10 期，第 881 页。

炭化粟粒。经 ^{14}C 年代测定，这些出土的炭化粟粒的年代可能距今约 5600 年—5300 年，是目前为止在长江中游发现的最早的粟遗存，证明了北方旱作农业在距今 5000 年前后已经传入长江流域。[1] 由于粟和水稻的生长习性各不相同，加之南北方气候条件差异，这便导致了南北方农业发展不同步，而后在气候变化的影响下，南北两地作物开始传播与交融。交融混作方式出现的前提首先是存在野生祖本，其次是拥有适宜多种作物生存的环境。粟抗旱怕涝，难以适应南方湿润的气候，故粟无法向南方传播；而水稻喜湿，黄河中下游地区较北方其他区域更为湿润，具有促进水稻向北传播至此的条件。因此在黄淮之间出现了稻旱混作区，体现了中国农业的南北交融。至于旱作作物传播到南方的最早年代，日后还需要更多考古发现来补充说明。

四、神话传说中的农业起源与文明萌芽

古史记载中留下诸多关于中国农业起源的历史记忆，但这类古籍的描述不仅缺乏起源的具体时间，而且口口相传的史料也难以作为严谨的论证依据。直至 20 世纪 20 年代，中国农业起源研究才取得了新突破，原因主要有两个方面。一是新石器时代考古遗址的发现。1921 年，安特生在河南仰韶考古发现了新石器时代的农业遗址与农具，为中国农业起源找到了直接证据。二是近代以来世界农业起源的许多重要观点被介绍到中国，扩宽了中国学者审视该问题的思路与方法。1912 年，崔

---

[1] 姚凌、陶洋等：《湖北荆门屈家岭遗址炭化植物遗存分析》，《江汉考古》2019 年第 6 期，第 119 页。

学材引用美国学者摩尔根的说法，认为农业起源于 2 万年之前。[1]但其论述仍拘泥于古史记述。1929 年在梁启超的建议下，梁思成、向达等人翻译了韦尔斯的《世界史纲》，其中认为农业起源于距今 1.2 万年—1 万年前的新石器时代初期。[2]该观点对早期研究中国农业起源问题的学者影响颇大。林慧祥、王兴瑞、洪振铄等从文化人类学、新石器时代考古以及历史文献互证的角度，认识到中国农业起源也应与生产工具的发展阶段相符合，不会早于新石器时代。尤其是洪振铄结合安特生的考古发现与史料记载的社会发展阶段，将中国农业起源定在了新石器时代初期，即距今 1.2 万年—1 万年前。[3]在考古发现并不丰富、考古测年并不精确的 20 世纪 30 年代，洪振铄得出如此判断实属难得，这一结论无疑源自考古、文献、文化人类学等多角度的互证。

原始农业大约形成于距今 1 万年—4000 年，这一时期虽缺乏信史记载，但一代代先民通过口口相传，仍然留下了许多农业文明的历史记忆，诉说着先辈从茹毛饮血到刀耕火种的艰难历程。从神农、黄帝、后稷等人物的古史传说中，依然可以了解到中国农业起源的历史记忆。在古史传说的英雄时代，"三皇五帝"是开创中华上古文明的先祖，也是引领先民筚路蓝缕的拓荒者。传说中"三皇"的历史功绩，都与农业文明的演进有着不解之缘。《尚书大传》记载，燧人、伏羲、神农是谓"三皇"。燧人氏钻木取火，使得华夏先民告别了茹毛饮血

---

[1] 崔学材:《农村改良论》,《农林公报（北京）》1912 年第 1 卷第 6 期，第 65 页。

[2] 〔英〕韦尔斯:《世界史纲》，梁思成、向达等译，商务印书馆 1927 年版，第 61 页。

[3] 洪振铄:《中国农业的起源》,《学风（安庆）》1937 年第 5 卷第 8 期，第 1—3 页。

的野蛮时代，迈出了通往文明社会的第一步。《韩非子·五蠹》云："有圣人作，钻燧取火，以化腥臊，而民悦之，使王天下，号之曰燧人氏。"[1]伏羲氏制作网具，教民渔猎。《周易·系辞下》载："古者包牺氏之王天下也……作结绳而为网罟，以佃以渔，盖取诸离。"[2]长沙子弹库出土的战国楚帛书中亦有相关记载。制网捕鱼是先民渔猎生产方式的具体体现。

伏羲之后，神农继起。远古社会的又一次重大变革出现——从渔猎转向农耕。《周易·系辞下》载："包牺氏没，神农氏作。"[3]神农，因"农"得名。《集解》引班固曰："教民耕农，故曰神农。"[4]神农之名充分展示了中华文明以农立国、因农而兴的历史传承。《周书》载："神农之时，天雨粟，神农遂耕而种之。作陶，冶斤斧，为耒耜、锄、耨，以垦草莽，然后五谷兴助，百果藏实。"[5]"天雨粟"的记载，为神农氏的传说增加了浓重的神秘色彩，而制作耒耜、锄、耨等农具和教民耕作，又使神农成为传说中华夏农业文明的开创者。在伏羲、神农传说的背后，实际上反映了华夏先民从渔猎社会向农耕社会转型的这一历史剧变。

这些传说出现的时代与地点，自然难以一一考辨清晰。但从后世文本次第流传中，仍可窥知传说、族源、活动地域及历史功绩的些许记忆，以及远古社会农业文化形态的演变。从前

---

[1]（清）王先慎撰，锺哲点校：《韩非子集解》卷19《五蠹第四十九》，中华书局1998年版，第442页。

[2]（魏）王弼、（晋）韩康伯注，（唐）孔颖达等正义：《周易正义》卷8《系辞下》，（清）阮元校刻：《十三经注疏》，中华书局1980年版，第86页。

[3]同上书，第86页。

[4]（汉）司马迁撰：《史记》卷1《五帝本纪》，中华书局1959年版，第3页。

[5]（清）马骕撰，王利器整理：《绎史》卷4《太古第四·炎帝纪》，中华书局2002年版，第24页。

文可见，最迟至周代，神农教民稼穑的传说已经有了文字记录。秦汉时期，神农氏被赋予更为完整的形象。《史记·五帝本纪》载："轩辕之时，神农氏世衰。诸侯相侵伐，暴虐百姓，而神农氏弗能征。"《索隐》解释所谓"世衰"："谓神农氏后代子孙道德衰薄。"[1]可见在黄帝之前，神农氏是以农耕为主而世代相传的重要部族。刘安《淮南子·修务训》载："神农乃始教民播种五谷，相土地宜，燥湿肥烧高下，尝百草之滋味，水泉之甘苦，令民知所辟就。"[2]除了教百姓种植五谷之外，文中又增添了神农能够辨别地力、通晓草药等内容。春秋战国时代，先民就掌握了根据土壤色泽辨别耕地肥沃程度的方法，《管子·地员篇》《尚书·禹贡》等文中均有相关记载。《淮南子》对神农"相土地宜"的描述，以及该时期出现的伪托神农撰写的《神农本草经》，不仅是古代先民对土地、植物等认知深入的必然结果，还是后世对神农传说的增补、附会，更是对神农形象的再次塑造。

随着时间的推移，神农历史真实的一面逐渐模糊，神话色彩逐渐加重，但颂扬神农历史功绩的思想并未改变。东汉时，班固《白虎通义》载："古之人民，皆食禽兽肉，至于神农，人民众多，禽兽不足，于是神农因天之时，分地之利，制耒耜，教民农作，神而化之，使民宜之，故谓之神农也。"[3]东晋时的《拾遗记》更是将神农时"天雨粟"的记载，进一步演绎成了长生的神话："时有丹雀衔五穗禾，其坠地者，帝乃拾之，

---

[1]《史记》卷1《五帝本纪》，第3页。
[2] 刘文典撰，冯逸、乔华点校：《淮南鸿烈集解》，中华书局1989年版，第629—630页。
[3]（清）陈立撰，吴则虞点校：《白虎通疏证》，中华书局1994年版，第51页。

以植于田，食者老而不死。"[1] 皇甫谧在《帝王世纪》中详细记载："神农氏，姜姓也。母曰任姒，有蟜氏女，登为少典妃，游华阳，有神龙首，感生炎帝。人身牛首，长于姜水。有圣德，以火德王，故号炎帝。"[2] 神农氏的姓氏、母亲名字、出生地等被一一写明。其后世子孙亦有所载："神农纳奔水氏之女曰听詙为妃，生帝魁。魁生帝承，承生帝明，明生帝直，直生帝釐，釐生帝哀，哀生帝克，克生帝榆罔。凡八代，五百三十年。"[3] 虽然后世史料对神农的描述略有不同，但对神农的农神形象的塑造逐渐鲜明，充分展示了先民对神农的尊崇与追思。

神农之后，黄帝继起。黄帝其人，《史记·五帝本纪》中记载："黄帝者，少典之子，姓公孙，名曰轩辕。"[4] 相传轩辕氏伐蚩尤，平定动乱，结束部落间的侵伐，代神农而被尊为黄帝，且"轩辕乃修德振兵，治五气，蓺五种，抚万民，度四方"，[5] 黄帝掌握种植五种作物的方法并将其教予百姓，展现了黄帝一统部落，推广农业技术促进部落繁荣发展。郑玄解释"五种"乃黍、稷、菽、麦、稻，五种作物混作的迹象在龙山文化时期已多有展现，据考古出土实物与史书记载相互印证，推断种植五谷的情形最迟出现在龙山文化时期。

大禹相传为黄帝的后代，《史记·夏本纪》中记载大禹时期曾广泛种植水稻："（禹）令益予众庶稻，可种卑湿。命后稷予众庶难得之食。食少，调有余相给，以均诸侯。禹乃行相地

---

〔1〕（东晋）王嘉撰，（梁）萧绮录，齐治平校注：《拾遗记》，中华书局 1981 年版，第 5 页。
〔2〕《史记》卷 1《五帝本纪》，第 4 页。
〔3〕徐宗元辑：《帝王世纪辑存》，中华书局 1964 年版，第 11 页。
〔4〕《史记》卷 1《五帝本纪》，第 1 页。
〔5〕同上书，第 3 页。

宜所有以贡，及山川之便利。"[1]考古证据与史料记载相互印证可知，大禹时期可能处于水稻驯化后推广种植的阶段。

周氏族始祖后稷也被认为是中国农业的重要奠基者之一。后稷懂得识别不同土壤，拔去杂草，挑选良种，从而推动部落的繁荣发展。《史记·周本纪》记载后稷的出生："周后稷，名弃。其母有邰氏女，曰姜原。姜原为帝喾元妃。姜原出野，见巨人迹，心忻然说，欲践之，践之而身动如孕者。居期而生子，以为不祥，弃之隘巷，马牛过者皆辟不践；徙置之林中，适会山林多人，迁之；而弃渠中冰上，飞鸟以其翼覆荐之。姜原以为神，遂收养长之。初欲弃之，因名曰弃。"[2]《史记·周本纪》又载："弃为儿时，屹如巨人之志。其游戏，好种树麻、菽，麻、菽美。及为成人，遂好耕农，相地之宜，宜谷者稼穑焉。"[3]史书中关于后稷形象的描写也与神农、黄帝有异曲同工之妙，带有一定的神话色彩，由人而神的叙事方式，侧面展示了先民对先贤的尊崇与敬仰。

《史记·五帝本纪》记载："舜曰：'弃，黎民始饥，汝后稷播时百谷。'"[4]后稷教授民众植麻、菽等，辨别土质好坏，帮助部族在适宜耕种的土地上耕作。《诗经·大雅·生民》曰："诞后稷之穑，有相之道。茀厥丰草，种之黄茂。实方实苞，实种实褎。实发实秀，实坚实好。实颖实栗，即有邰家室。"[5]此诗不仅描述了后稷除杂草和播良种的场景，而且提及了作物从发芽、收获到祈丰的过程，以此歌颂后稷对早期农业的开

---

[1]《史记》卷2《夏本纪》，第51页。

[2]《史记》卷4《周本纪》，第111页。

[3]同上书，第112页。

[4]《史记》卷1《五帝本纪》，第38页。

[5]《毛诗正义》卷17《生民》，（清）阮元校刻：《十三经注疏》，中华书局1980年版，第530页。

拓性贡献。因此，后世也将后稷视为农祖。后稷为周人确立了农耕的传统，从后稷、公刘、古公亶父，直至周文王、武王立国，农耕逐渐成为周人主要的生产方式。农耕为周人部族的发展提供了物质基础，因此部落繁荣、人口兴盛。在此条件下周人部落逐渐发展，农业成为周灭商的物质保障。

在神农、黄帝、后稷等先贤的古史传说中，蕴含着中国农业起源的历史记忆。这些历史记忆，虽然不同于历史史实，也很难被考古所证明，却体现了后世对中国农耕文化的传承。从伏羲的渔猎，到神农的制作农具，至黄帝教民播种五谷，以及后稷相地之宜，记载或同或异，或神或人，都是从某些角度体现了早期农业发展的状况，以及借用神农、黄帝、后稷等形象来赞扬先贤对整个华夏先民的贡献。早期农业社会的形态，逐渐从渔猎游牧向着农耕半定居或定居发展。这种定居或半定居的生活，利于聚合各部落，形成稳定的社会组织。由于土地肥力所限，早期农耕的部族依然要焚林而田，或者四处迁移寻找肥沃土地，这种迁移促进了各部落之间的交流与融合。考古发现各地作物类型逐渐多样化，以及中国稻作农业与旱作农业的交流传播，就是原始族群跨地域交流的直接结果。随着"农业革命"的发展，各人群拥有的物质财富逐渐增加，人口逐渐增多，也需要更为完善的机制来推动农业生产并进行资源分配，这为早期部族、邦国的形成奠定了基础。自此，中国进入夏商周时期。

◉ 前沿问题探索

核心问题一：民以食为天，农为国之本。中国向来重视饮食生活，食物是人类赖以生存的前提，无论是采集渔猎阶段，还是农耕阶段，食物对人类的生产活动都具有巨大影响。人类对食物品种的选择内含一定的自然规律，这种选择既是环境与物种的相互选择，又是对自然环境的适应性选择。那么人类是怎样选择某种动植物将其作为食物的呢？

樊志民（西北农林科技大学　教授）：我在《农业与人类食物边界的划定》一文中提出了"食物边界"的概念。采集渔猎时期，人类的食物资源利用处于一种"无边界"的状态，人类可能曾经利用过地球上一切可利用的食物充饥。

所谓人类食物利用的边界，是对人类食物利用范围和限度的一种约束和规定，包括文化习俗、宗教、道德、法律等方面的规范，也就是吃什么，不吃什么的问题。首先，它是一条保证人类生命安全的食物利用边界。这一边界的外延最为宽泛，以"无毒无害"为基本准则，以解决人类的温饱问题为第一要义。其次，它广泛地存在于不同社会文化体系之中，是受习俗、宗教信仰、道德等因素规范的食物利用边界。这一边界是在以温饱为前提的食物利用基础上对食物利用又提出了诸多限制，如宗教教义对特定食物的禁忌等。最后，它也是保障地球上其他生物生存权的边界。这一边界强调自然界其他生物在地球上的生存权利，是以人与自然和谐相处，人类永续生存发展为基本理念的。因此，这条边界不同于前两个层次的边界，它具有较强的可塑性特点。"食物边界"概念的提出，是我对农业功能的一次重新认识。

人类作为自然界的一部分，早期在相当程度上具有动物的共有属性，但是在猎食动物与采食植物的能力方面，人类与动物相比又往往显得优势不足。当时居于食物链最高端的是肉食猛兽。猛兽即虎豹熊罴之类，它们凭借凶猛的性情、强健的体魄、尖利的牙齿，可以猎食到任何它们所钟爱的食物。植食性动物如牛羊马鹿兔等，虽然与肉食性动物相比属于弱者，但是它们通过白齿磨食、复胃反刍，对纤维素具有更强的消化能力。自然界中广泛生长的、产出量较大的草类植物，是它们取之不尽、用之不竭的食物来源。人类则是介乎二者之间，在狩猎动物方面，早期人类对于大型猛兽一般是避而远之，即便偶有捕猎活动，也往往需要采取群体行为加以围猎，而不能独立完成，并且经常伴随着不可预料的意外与危险。所以人类早期的狩猎活动，更多地侧重于捕食一些较为温顺的、易于获取的中、小型食草动物。在获取动物性食材方面，无论是河湖海洋之中的鱼虾水产，还是陆地上的畜禽动物等，获取过程并不容易，食物短缺是经常发生的事情。在采食植物方面，或与人类自身的体质结构相关，一般无法直接食用植物茎叶，而仅仅能够食用植物某些特定的籽实、块根等。由于受到植物生长、成熟周期的影响，籽实、块根类食物的供给往往呈现出明显的断续性特征，也不是每时每刻都可获取的。即便是这样断续性、不稳定的食物资源对人类而言也具有极大的风险。为了生存下去，人类于众多的动植物种类中选择可以食用的材料，经历了从盲目到自觉的漫长而痛苦的过程，这一过程是以前赴后继式的人的生命安全为代价的。《淮南子·修务训》曰："古者，民茹草饮水，采树木之实，食蠃蚌之肉，时多疾病伤毒之害。"这表明先民们在利用自然界中的动植物资源的过程中，存在较大的盲目性，对如何规避诸多食材对人体伤害的认识也存在很大缺陷。可以说，在食物资源极度短缺的原始时代，人类为了生存，曾经可能食用过自然界中一切可能利用的食物资源，甚至包括人，近代世界民族学的调查资料显示，原始部落人吃人的现象是比较常见的。这种广谱采猎形式，起初只是对不稳定的食物资源的一种无奈的动态适应而已。但人类缘此接触与认识了多样的自然界，而没有像其他动物那样"单科独进"，多了进化过程中的多样性选择。复杂的采集渔猎对象、不稳定的食物来源，迫使人类强化了对方便利用、无毒无害的动植物资源的特别关照与培育，并由此迈出了走向农业起源的具有关键性意义的一步。

农牧果蔬品种的驯化培育可以追溯至距今1万年前后的新石器时代早期，人类由此进入了摩尔根所讲的食物利用的第五个阶段——田野农业。在农业起源过程中，人类对动植物资源集中选育，排除了那些品质差且对人类有害的不宜食用的物种，故而廓清食物利用的安全边界也是农业的基本功能之一。据研究，世界各地大约有3000种植物曾被用作食物，通过淘汰、传播和交流，其中遍及全球的农作物约有150种，而成为当今世界人口主要衣食来源的农作物仅有15种。动物性食物来源则主要集中在马、牛、羊、豕、犬、鸡等，世谓之"六畜"或"六牲"。然而，无论是先民们驯化培育出的农牧果蔬产品，还是自然界中的其他动植物食材，能够被人类直接作为食物的仅占很少一部分，因而伴随人类食物利用历史发展而来的还有针对不同食材的烹饪加工技术。农业的发明和食物烹饪加工技术的进步，二者共同为世界各地的先民们划定了地区性的"食物边界"。

从科学意义上讲，人类是一种杂食动物，既吃动物食品，又以植物为食。然而，我们并非什么东西都吃，如果考虑一下世界上潜在的可食性物质的范围，那么大多数人类群体的饮食清单看起来均很狭窄。然而，这个狭窄的食物清单并非自人类诞生之初便形成的，早期人类在食物资源利用过程中由盲目到自觉，经历了一段漫长的岁月和先民们艰苦卓绝的奋斗，这也是一个逐渐廓清人类食物安全边界的历史过程。中国历史上有"神农尝百草"的传说。先民们对食物资源属性认识的不足，导致自身的生命安全受到了严重威胁，以至于"多疾病毒伤之害"，神农"尝百草之滋味"，实际上反映的是先民们从有害无毒植物中选择可食用植物的过程，这也是农业起源必经的一个历史过程。《孟子·滕文公上》曰："后稷教民稼穑，树艺五谷；五谷熟而民人育。人之有道也，饱食、暖衣、逸居而无教，则近于禽兽。"这也是指由无农业到有农业，由无序到有序的过程。世界三大农业起源中心的先民们可能都经历了这样一个历史过程，从文献记载来看，中国（东亚农业起源中心）对食物资源的选择经历了一个从"百谷""万兽"到"五谷六畜"的聚集过程；西亚、北非、南欧最终培育出了以小麦、大麦、羊、马为代表的优良动植物品种；美洲则选育出了玉米、马铃薯、番薯、花生、辣椒、西红柿等高产农作物。世界各地动植物资源的选育可能都经历了一个由广谱性到优良品种的演化过程，中国文献中由"百谷"到"五谷"、"万兽"到"六畜"，便是由广谱性选择到最终定位于"五谷六畜"的一种反映，这其实就是一个选择能吃和排除不能吃的过程，也是廓清人类食物资源利用边界的历史过程。农业的起源在为人类廓清食物安全边界的同时，也为人类文明的发展奠定了最基本的物质基础。正如《中国农业科学技术史稿》一书中指出的，现代农业科学中遗传育种学的成就主要通过基因组配的途径，依靠增加品种的多样化来满足人们的需要，而不是主要靠增加农作物的种类来满足人们的需要。现代育种培养的新品种所利用的基因资源，主要是新石器时代原始农业萌芽以来，我们的祖先从自然界中为我们选择保留下来的。故而，食物安全边界和基本的种质资源库也是农业的基本功能。

核心问题二：人类起源、农业起源与文明起源是世界考古学研究的三大重点问题。人类起源、农业起源与文明起源这三个问题自始至终都不是相互独立的，是否可以通过研究某种特征进而分析三者间的关系？中国作为文明古国之一，其文明传承数千年。中国的史前农业与文明起源也是目前学术界最为热门的研究课题之一，如何研究农业与文明起源间的关系？

刘兴林（南京大学　教授）：史前农业是文明形成与发展的重要基础，农业是文明发生的动力因素，是文明形成的经济支撑条件。我想，史前农业与文明起源的关系可以从以下几个方面来认识。

第一，史前农业是文明起源和形成的基础。农业起源大大早于文明的起源。世界文明起源的研究结果表明，农业发生越早的地区，它的文明起源和形成的时间也就越早，农业对文明产生的推动作用是显而易见的。西亚两河流域、中美洲和古代中国是世界文明起源研究中的三个重要地区。中国的农业起源于距今1万年前后，江西万年仙人洞、湖南道县玉蟾岩和浙江浦江上山遗址都出土了1万年前的稻谷遗存。目前学术界比较一致的意见是，中华文明的起源要在距今5000年前后去探索。西亚两河流域的农业起源于距今1万年前，出土的谷物遗存要比中国境内早，其文明产生于距今约5500年。中美洲农业发生的时间最晚，距今7200年—5400年，其文明产生于距今2300年—1900年，时代最晚。农业是文明发生的坚实基础，是农耕文化发展到一定阶段的产物，我们对文明与农业关系的这种理解符合世界文明发生的一般规律。

农业的起源和发展与文明的起源和发展皆因地域条件的不同存在着不平衡性，农业起源较早、发展较快的地区，其文明的进程相对较快；反之，农业起源较晚、发展较慢的地区，其文明的起源和形成也相对滞后和缓慢。农业发展的不平衡造成了文明起源过程的不平衡，因为农业是文明起源和形成的基础，正如龙山文化、良渚文化文明化的进程，分别是在其原始的粟作和稻作农业充分发展的基础上进行的。

第二，文明是农业社会发展到一定阶段的产物。史前农业社会推动社会发展的技术或观念的巨大进步也必然对文明的出现产生重大影响，它们虽然不能作为文明起源的标志，但也是文明社会所必需的，如定居和家畜饲养就是其中的两项。

定居是史前先民得以从事农业种植的前提，农业使人类的定居生活更加稳固，它们形成相互依存、相互促进的关系。没有定居生活，就没有农业社会的发展，也就没有文明的产生，它把人类固着于土地之上，建立起对土地的特殊感情。进入文明社会，人们依然保持着安土重迁的悠久传统，继续创造着新的文明成就。同时，史前时期人类对自己住所的不断改进也是向文明逐渐靠近的过程，在西安半坡、临潼姜寨两处仰韶文化居民的住地上，不论房屋的大小结构还是方向布局，都是在当时社会组织框架中的有序排列，是当时社会生活的缩影。龙山时代诸文化城址（城址被看作文明的重要标志之一）的出现可以视为人类居所的放大、完善和强化。所以，史前农业社会的定居生活是文明起源过程中的必要因素。

家畜饲养是史前农业社会的另一项伟大成就，它是在人类实现定居并且比较充分地发展起种植业以后出现的。在史前农业社会，农畜饲养一直是种植业的附属和补充，但是驯养家畜带来了一系列其他的变化，它不但补充或丰富了人们的食源和营养，在一定意义上，畜力也带动着人类社会从低级迈向高级阶段，直到它逐渐被机械化所代替。毫无疑问，家畜饲养为社会的发展提供了动力源泉，家畜对社会发展的贡献首先是从它对农业发展的贡献中反映出来的，这也是它在文明起源过程中所起的作用。

第三，新石器时代农业的发展，本质是一个技术发展的问题，技术的发展主要不在耕作制度而更主要表现为农业生产工具的变革，火耕农业、耜耕农业、犁耕农业的阶段划分就是以工具为主要依据的，这个划分也切实抓住了生产力中最活跃的因素。在原始的农具中，石犁（可能还有木犁）这种连续行进翻土的工具，在提高劳动效率和扩大生产规模上的意义是不言而喻的。原始农业从不耕（或火耕）到耜耕再到犁耕，实现了三大跨越，石犁的出现给原始农业画上了圆满的句号。恰在良渚文化时期，石犁出土的数量在我国新石器时代同时期的文化中是最多的，良渚文化的三角形石犁、三角形分体石犁轻巧、实用、方便安装，表明人们已比较熟练地掌握了犁耕的技术。良渚文化时期中华文明的曙光已经出现。大家在讨论考古学上文明标志的物化形式，我想犁具完全可以算一项。

最后我想说的是，文明是文化发展的高级阶段，文明的起源是一个漫长的历史过程，它不是一朝一夕形成的，在这一过程中，许多对文明产生起到重要推动作用的因素都应当引起我们的重视。

核心问题三：农业起源是早期农史研究的热点问题，在《自然》与《科学》等杂志也发表了许多相关的重要文章。近年来，学科交叉早已成为学界的热点和高校学科发展的重要着力点，其中新技术的引用如利用基因技术，极大地推动了农史研究的深入。厦门大学的王传超教授利用古 DNA 数据检验了东亚地区农业和语言共扩散理论，该研究运用考古学、语言学、生物学等学科的研究方法进行研究。这证明农史研究也可以从多学科的视野分析人类的起源和迁移、动植物的家养和驯化过程等问题。当今世界上主要栽培作物的驯化时间大多是起始于距今 1 万年前后，该阶段恰好处于距今 1.2 万年前后爆发的"新仙女木事件"时期。结合距今 8200 年前出现的突发寒冷事件，气候的突变与农业起源发展之间出现了时间上的耦合。近年来，研究者通过古 DNA 研究，发现在极端寒冷事件期间，人口出现了大规模迁移，这是一个偶然事件，还是与气候、人口压力等因素相关？

何红中（南京审计大学　研究员）：以粟和黍的起源为例，1.3 万年前东亚人群扩张、1.2 万年前"新仙女木事件"给古人类生存带来了巨大压力，而距今约 1.1 万年前，人类已经开始了对粟、黍野生祖本的驯化，这应是气候环境和人口压力共同催生的结果。但人类发展水平和粟、黍野生祖本特性应是其驯化的基础条件，即在距今 1.2 万年前后，人类制造和使用工具的能力已大大提高，陶器的出现使人类更便于大规模炊煮食物；同时，粟、黍的野生祖本分布较广，籽实相对易储藏，既可以大规模栽培，又可以解决因食物季节性短缺带来的饥饿问题。

粟、黍与起源于中国的代表性作物——稻，以及世界上其他主要谷类作物如麦，在驯化的时间上越来越相近。纵观目前世界上有关农业起源的理论，我认为，无论是竞争宴享说、广谱革命说、季节性短缺说，还是社会关系改变说，都很难对这一现象做出有说服力的解释，相信其中应有一个相似的全球性因素在发生作用，而从环境和人口压力的角度去解读粟、黍的驯化机制似乎更为合理。但我并不完全赞同环境决定论，我认为在探索粟、黍驯化的发生机制时，还应当注重对人类发展进程和作物祖本特性及其进化的考察。

首先，气候环境变化导致人口压力引发的催生作用。复旦大学现代人类学教育部重点实验室进行过一项研究，样本为随机采取的 249 个中国人和 118 个日本人，共计 367 个个体的线粒体全基因组。研究人员通过分析样本，发现除了两个日本特有的支系外，所有的东亚人群中的主要支系均在 1.3 万年前发生了扩张。这个时间要早于目前判定的粟、黍起源的时间。大约在 15.47kaBP 时，东亚地区重要的气候改变期——末次盛冰期结束，中国开始进入冰消期，季风迅速增强，随后经历了 Bolling-Allerod 暖期，降水量有所增加，植被开始繁茂，动物数量也随之增加。但到了距今 1.2 万年—1.1 万年，转而发生了快速降温的"新仙女木事件"，这与目前判断粟、黍的驯化时间是接近的。

我们目前尚无法确切证实，在距今 1.3 万年—1.2 万年时，随着东亚人群的扩张，东亚人类是否存在食物短缺的压力，但"新仙女木事件"带来的剧烈环境变化，给东亚人类的生存带来危机：中国的夏季风降水存在强烈的不稳定和波动，该区最大降水 268 毫米，最小降水 42 毫米，降水变率达 226 毫米，气候变得干冷和不稳定，极端天气和灾害频发；气候恶化导致中国北方基本被荒漠和草原气候所控制，森林和草原界线南退至长江沿线，热带基本消失，亚热带萎缩在华南一带。这种急剧的环境变化，导致人类可以采集到的食物（如坚果、水果等）大大减少。同时，原有的很多动物也灭绝或向南退移，人类的渔猎活动面临困境和巨大挑战。

由此，东亚人类开始寻求对野生谷类作物的规模性利用，以维持最基本的生理需求和保证族群繁衍。试想，如果当时采集和渔猎资源足够丰富和充足，就没有必要去驯化风险性高和营养性差的野生植物。在农业起源的初期，一方面农业技术不发达，人们对气候、水土的把握刚刚起步，可以说完全"靠天吃饭"，如果单一发展农业几乎就是冒险；另一方面营养单一，现代科学证明，主要以农作物为食的人更容易患上营养不良、龋齿等疾病，会导致人的身体更差、寿命更短。

其次，制造和使用工具的能力提高为驯化野生植物提供了技术准备。前面提到，气候环境变化导致的人口压力对粟、黍驯化具有催生作用。然而，人类制造和使用工具的能力大大提高也是不可忽视的条件。根据2005年北京东胡林遗址发掘报告，出土遗物有石磨盘、磨棒、石臼，刃部磨制的小石斧、锛等石器，有用泥条盘筑和泥片贴筑属于平底器和圜底器且带有花纹的60余件陶器残片，这些文化遗存的年代在距今1万年—9000年。又根据1997年河北徐水南庄头遗址发掘报告，第5文化层遗物数量很多，有人工痕迹的石制品有磨盘、磨棒、锤、核、石片，陶器的年代为距今7900±1400年。上述两处遗址发现的陶器年代虽不及粟、黍的驯化时间，但不可忽视的是，它们已经脱离了原始状态，如果再结合河北阳原于家沟遗址出土陶片距今已有约11700年的事实，可以推测，中国北方地区陶器产生的历史要早于农业起源。

陶器的制造和使用具有划时代意义，虽然目前尚不完全清楚陶器发明的根本动因，但根据距今9000年—8000年前后陶器比较发达、功能和器形多有分化的情况看，起源阶段的陶器显然主要应该归为炊煮器类。我们知道，早期人类有一个烧炙食物的阶段，但仅仅通过石板或坑洞，能够烧炙野生植物籽实的数量是有限的，陶器作为炊煮器使用显然可以改变这种状况，便于大规模的炊煮；同时，与陶器共存的石磨棒、石磨盘、石臼的制造和使用，也使人类可以更多地加工采集到的野生谷物籽实。另外，这一时期出土的其他各种细石器已经达到很高的水平，使人类具备了开发土壤的能力，以便于栽培野生谷物。由此，这一时期的人类具备了对野生谷物进行规模利用的能力，对野生谷物的认知水平逐渐提高，为其栽培和驯化做好了技术和思想准备。

最后，粟、黍的野生祖本在华北地区分布广且籽实比较容易储藏形成基础条件。粟的祖本为狗尾草，黍的祖本为野生黍，这两种禾本科植物有生长期短、耐旱、易生长的特点，即使在气候干旱寒冷的条件下也可以生长并且成熟。由于受"新仙女木事件"的影响，当时东亚地区的降水量和森林面积都大为减少，狗尾草和野生黍的生长范围扩大，特别是在一些台地或山区附近更具竞争性。这种广泛适应北方气候环境条件的禾本科植物很容易改造，是当时人类可以利用的、最广泛存在的、最容易稳定获得的禾本科植物资源。在这个问题上，农业植物学家和考古学家基本达成了共识。同时，冬季寒冷的气候条件以及由此引发的食物短缺威胁着人类的生存，季节性饥荒对前农业时代的采集渔猎活动造成了严重影响，晚期智人在冬季很难获得足够的食物维持群体生存。在这样的环境条件下，人类必须要储藏足够的食物以备在漫长的冬季食用。那么，他们贮藏什么样的植物最合适呢？什么食物易于保存而不易腐烂变质呢？一般来说，浆果植物不易保存，而禾本科植物的种子最易保存。粟、黍野生祖本的籽实正具备了这种特质，可以解决人类食物季节性短缺带来的饥饿问题。

由上可知，越来越多的证据表明，气候环境－人口的压力对粟、黍的驯化具有催生作用，但在探求其发生或动力机制时，也不能抛开人类进化的历史阶段和主观因素。因为，在人类之前的进化和发展过程中，也曾发生过几次大的环境变化和人口变迁，但都没有能够出现所谓的"农业革命"，却在距今 1.1 万年前后开始了粟、黍的驯化，这一事件定然离不开上述几个必要条件的支撑。粟、黍的驯化是一个长期的过程，其间人类长时间的采集生活、制造和使用工具能力的提高以及野生祖本的特性都是不可或缺的基础和条件，这是环境、人口、技术和资源等因素互动的结果，也是一个系统、复杂的进化过程。

2012 年 8 月 2 日，我随"全国五谷文化高层研讨会"专家组一行，赴河北省阳原县泥河湾小长梁遗址实地考察，在遗址顶部台地发现了几大片接近粟、黍的狗尾草和野生黍。根据国家谷子糜子产业技术体系首席科学家刁现民教授的介绍，这两种植物带有明显的野生种性状，但其籽实与现代粟、黍非常接近，如果它们能够被证实是完全野生的粟、黍（还有可能是与现代粟、黍的杂交种），将会对现代粟、黍的杂交育种产生积极影响，具有非常重要的社会价值。这一发现对于我的意义在于，是否可以将其与粟、黍的起源或驯化联系起来？受上述考察启示，在构建粟、黍驯化发生机制模型的同时，我提出一个假设，即华北地区的粟、黍在距今 1.1 万年前后甚至更早的时期，其野生祖本的籽实要比现在大或已经进化出更大籽实的品种。

按照一般植物学常识，现代狗尾草和野生黍的颗粒都极其微小又易散落，根本不适合采集和食用，如果在粟、黍起源时的情况也是如此，那么上述模型就仍然不能解释清楚早期人类为什么一定要去驯化它们而非其他植物。有人为了检验采集和栽培粟野生祖本的生产效率，曾于 1995 年和 1999 年做过狗尾草的采收实验，结果是成效非常低，这种结果同样适用于华南野生稻实验。这样的结论能够作为上述假设的一个反面印证，不仅可以解释为什么当时人类能够驯化野生粟、黍，还可以解释野生粟、黍为什么是在华北地区而非其他地区被驯化。因为植物品种的进化需要在特定的时空和环境条件下才能完成，必要的自然、地理、气候等各种因素只能在特定的地方造成基因突变。当然，以上假设是否正确，还有待实验和基因科学的验证。我希望这种假设可以推广运用到其他作物，并对农业起源理论的发展有所裨益。

重农观念、制度创新与三代农业文明演进

罗艺珊

摘　要：夏商周三代是中国王权社会的开端，而三代更替的历史书写中，重农、民本已经成为后世立国之本。协田、井田、爰田和初税亩等农制变革，以及春秋战国的政治格局、诸子学说中的重农思想的形成，成为推动农业文明向农耕社会转变的动力。

关键词：重农思想　制度创新　农耕社会

华夏民族经历了以"农业革命"为代表的新石器时代、融合着诸多神秘记忆的古史传说英雄时代后，步入文明起源的夏商周三代。千百年来，农学发展的每一步，都是人类为了解决自身生存问题而进行的被动变革。农业的每一次重大变革，往往深刻影响着所处时代的社会形态、政治治理模式，代表着那个时代的技术发展水平以及对自然的认知程度。恩格斯说："农业是整个古代世界的决定性的生产部门。"[1]农业是人类获得食物来源、解决生存压力的根本途径，而推动农业进步的核心动力是技术与制度的创新，这也是推动华夏民族长期繁衍、中华文明长期延续的根本原因。

---

[1]《家庭、私有制和国家的起源》，《马克思恩格斯选集》第4卷，中共中央马克思恩格斯列宁斯大林著作编译局译，人民出版社1995年版，第149页。

一、重农、民本与三代更迭

《尚书》中记载禹评价自己的历史功绩："洪水滔天，浩浩怀山襄陵，下民昏垫。予乘四载，随山刊木，暨益奏庶鲜食。予决九川，距四海，浚畎浍距川；暨稷播，奏庶艰食鲜食。懋迁有无，化居。烝民乃粒，万邦作乂。"[1]他是将治水与治土安民结合到一起。《史记》也记载："（禹）令益予众庶稻，可种卑湿。命后稷予众庶难得之食。食少，调有余相给，以均诸侯。禹乃行相地宜所有以贡，及山川之便利。"[2]为了治理洪水，禹要求伯益教导百姓耕种；后稷赈济百姓，均衡各诸侯粮食；大禹亲自考察各地物产、赋税、山川地形。禹实行的一系列措施的背后，实际上体现了简单的逻辑：第一，教民耕种，保障基本的食物供给；第二，均衡配给，获得民众的支持；第三，掌握资源，收取土贡，由此建立国家。司马贞在《史记索隐》中赞道："尧遭鸿水，黎人阻饥。禹勤沟洫，手足胼胝。言乘四载，动履四时。娶妻有日，过门不私。九土既理，玄圭锡兹。"[3]在后世描述禹建立夏的文本中，农为政先、民为邦本的思想已经暗喻其中，甚至被视为立国正当性的基石。

---

[1]《尚书正义》卷5《益稷》，（清）阮元校刻：《十三经注疏》，中华书局2009年版，第296页。

[2]（汉）司马迁撰：《史记》卷2《夏本纪》，中华书局1982年版，第51页。

[3] 同上书，第90页。

图 5　禹[1]

　　商汤灭夏，同样是基于此。夏朝末年，"夏王率遏众力，率割夏邑。有众率怠弗协，曰：'时日曷丧？予及汝皆亡！'"[2]夏桀大兴劳役、重敛赋税，导致"有众率怠弗协"。孔传曰："众下相率为怠惰，不与上和合。"[3]此处有不能相互协作之义，即众人怠惰不相互合作。但回归殷商时期的历史语境，其实此句是指从事农业生产的特定人群——"众"消极怠工，相互不

〔1〕（清）冯云鹏、冯云鹓辑：《金石索》石索卷3《碑碣三》，道光元年（1821年）刊本。

〔2〕《尚书正义》卷8《商书》，第338页。

〔3〕"众"在先秦史书中多次出现，学界对其说法不一。但不论何种观点，都认可"众"是需要参与农业生产等活动的特定人群。

协作耕种。甲骨卜辞中有:"(王)大令众人曰:协田,其受年?十一月。"当时的农业生产需要"众"人相互协作耕种,这种集体耕作的方式被称为协田。协田、耦耕都是这一时期多人劳作的耕种方式。从事这种集体耕作的人群——"众",无疑是当时非常重要的一股力量。

在记载商汤灭夏的《尚书·汤誓》以及清华简《尹至》《尹诰》等历史文献中,"众"和"民"都被反复提及,成为商汤争取的主要对象。商汤提及的灭夏原因是:"夏王率遏众

图6　甲骨卜辞:"(王)大令众人曰:协田,其受年?十一月。"
(《合集》00002)

力", "有众率怠弗协"[1]。如何获得"众"的支持? 清华简《尹诰》载:"汤曰:'呜呼! 吾何祚于民, 俾我众勿违朕言?'挚曰:'后其赉之, 其有夏之金玉实邑, 舍之。吉言。'乃致众于亳中邑。"[2]伊尹建议汤分配夏之财货于"众", 与民以利。商汤在灭夏时, 曾发下类似的誓言, 一旦灭夏成功, "予其大赉汝!"商汤通过大量赏赐, 发动"众"人推翻了夏桀的统治。在平定各地后, 商汤又告诫诸侯:"'毋不有功于民, 勤力乃事。予乃大罚殛女, 毋予怨。'曰:'古禹、皋陶久劳于外, 其有功乎民, 民乃有安。东为江, 北为济, 西为河, 南为淮, 四渎已修, 万民乃有居。后稷降播, 农殖百谷。三公咸有功于民, 故后有立。昔蚩尤与其大夫作乱百姓, 帝乃弗予, 有状。先王言不可不勉。'曰:'不道, 毋之在国, 女毋我怨。'"[3]他以禹、皋陶、后稷或修通四渎或教民种植为例, 告诫分封的诸侯勤勉为民, 乱民者必罚, 体现了最早的民本思想。此外, 商代的甲骨卜辞中多有商王巡视农田的记录, 诸如"省田""省黍"等。

周代殷商之时, 出现了相似的场景。纣王不重用亲属, 任用外来之人执掌权柄, 施虐百姓。周武王立下《牧誓》:"今商王受, 惟妇言是用, 昏弃厥肆祀, 弗答; 昏弃厥遗王父母弟不迪, 乃惟四方之多罪逋逃, 是崇是长, 是信是使, 是以为大夫卿士, 俾暴虐于百姓, 以奸宄于商邑。今予发, 惟恭行天之罚。"[4]武王灭商后, 马上"命毕公释百姓之囚, 表商容之闾。命南宫括散鹿台之财, 发钜桥之粟, 以振贫弱萌隶。"[5]以天命

〔1〕《尚书正义》卷8《商书》, 第338页。

〔2〕清华大学出土文献研究与保护中心编, 李学勤主编:《清华大学藏战国竹简
　　(一)》, 中西书局2011年版, 第133页。

〔3〕《史记》卷3《殷本纪》, 第97页。

〔4〕《尚书正义》卷11《牧誓》, 第388—389页。

〔5〕《史记》卷4《周本纪》, 第126页。

之姿，赈济饥贫。

这场被后世称为"商周革命"的周继商祚，不仅是部族权力之间的更迭，更是周人以先进农业社会制度取代商人落后治理体制的一次重大而必然的变革。周以农业兴邦、以农业立国。农耕的基础是土地，因此周以土地为核心。周王"封诸侯，班赐宗彝，作分殷之器物"[1]，将土地、百姓分封给宗亲、功臣以及前朝贵族。作为分封制的核心，分土授民不仅是周王在统治阶层内部进行的一次资源再分配，也是周王取得天下共主地位并获得诸侯拱卫的前提。以分封制为基础，整个社会的阶层结构与等级秩序得以重置。"天子建国，诸侯立家，卿置侧室，大夫有贰宗，士有隶子弟，庶人、工、商，各有分亲，皆有等衰。"[2]自上而下，周代构建起天子、诸侯、卿大夫、士、平民、奴隶的等级制度。

为了维系这种等级制度，周代又建立起宗法制度与礼乐制度，以强化各个阶层之间的上下、尊卑、贵贱差异。周人改变了商代兄终弟及的继承方式，确立了嫡长子继承制，"立嫡以长不以贤，立子以贵不以长"[3]。周王、诸侯、大夫等的封地及权力只能由嫡长子继承。嫡长子为宗子，是本族的大宗，庶子及兄弟为小宗，层层分封，这是为了防止贵族内部对土地资源的争夺，通过血缘亲疏关系来稳固贵族内部秩序的措施。

有了"溥天之下，莫非王土，率土之滨，莫非王臣"[4]的政治体制，君权、族权、夫权、神权的社会秩序，分封制、井

---

〔1〕《史记》卷4《周本纪》，第126—127页。

〔2〕 杨伯峻编著：《春秋左传注》，中华书局2009年版，第94页。

〔3〕《春秋公羊传注疏》卷1《隐公元年》，（清）阮元校刻：《十三经注疏》，中华书局2009年版，第4768页。

〔4〕《毛诗正义》卷13《北山》，（清）阮元校刻：《十三经注疏》，中华书局2009年版，第994页。

田制、宗法制与礼乐制为基础的制度保障，周代最终开启了以土地为核心资源的中国传统农耕社会形态。

周人的重农理念，体现在历代先祖的事迹中。周人始祖后稷有农业始祖之称，善于耕田相地、种植谷物，尧时曾任农官，"帝尧闻之，举弃为农师，天下得其利，有功"[1]。后稷为周人从事农耕奠定了基础，周人部落继之而起的首领，也多重视农业生产。《史记·周本纪》载"公刘虽在戎狄之间，复修后稷之业，务耕种，行地宜。"[2]《诗经·大雅·公刘》记录了公刘推动农业生产的历史功绩。诗歌中描写的公刘划分疆界、积蓄粮食、开辟田地，"乃埸乃疆，乃积乃仓"[3]，"既景乃冈，相其阴阳，观其流泉。其军三单，度其隰原。彻田为粮"[4]，"食之饮之，君之宗之"[5]，这些行为使其成为部族首领。《诗经·大雅·绵》中记载古公亶父将部落迁到岐后的相关事宜，其中"周原膴膴，堇荼如饴"[6]，说明当时周原地区土壤肥沃，农业生产环境好，故古公亶父"筑室于兹"，带领部落在此定居，修筑房屋。定居后，古公亶父"乃疆乃理，乃宣乃亩"[7]，带领族人丈量土地，开垦耕地，进行农业生产。古公亶父带领部族由豳迁居岐地，对周人有着深远的影响。"这里土地肥美、堇荼如饴，擅长农业的周人和优越的地理环境相结合，就更快地发展起来，打下了东进灭殷的经济基础。"[8]周文王更是亲自

〔1〕《史记》卷4《周本纪》，第112页。

〔2〕同上。

〔3〕《毛诗正义》卷17《公刘》，第1167页。

〔4〕同上书，第1170页。

〔5〕同上书，第1169页。

〔6〕《毛诗正义》卷16《绵》，第1097页。

〔7〕同上书，第1098页。

〔8〕樊志民：《先周考古与先周农业史研究》，《西北农业大学学报》1990年第1期，第81—85页。

耕作,《尚书·无逸》篇载:"文王卑服,即康功田功。"[1]周人对农业的重视,成为武王灭商的重要基础。

周朝建立后,重农思想得到了贯彻。《尚书·无逸》载有周公劝诫后世君主之语:"君子所,其无逸。先知稼穑之艰难,乃逸,则知小人之依。相小人,厥父母勤劳稼穑,厥子乃不知稼穑之艰难,乃逸乃谚。既诞,否则侮厥父母曰:'昔之人无闻知。'"[2]周公认为君子要懂得农业生产的辛苦,要体察民情,不应该贪图享乐。为了更好地保障农业生产,西周设立了农官。罗振玉指出:"三代农官之可考者,以周为详尽。上自司徒,递次而甸师、载师、闾师、遂人、遂大夫、县正、鄪长、里宰,以至草人、稻人、土训、廪人、仓人、司稼,所以教稼利氓,急时简器,稽数收敛者,至周且密。"[3]《国语·周语上》记载周王行籍田礼时:"徇,农师一之,农正再之,后稷三之,司空四之,司徒五之,太保六之,太师七之,太史八之,宗伯九之,王则大徇。"[4]周代时,太师、太保属三公,太史是掌管国家文书、记载史事之官,这里提到的农师、农正、后稷、司空、司徒都应该是管理农业生产的农官。周代的农官自上至下层级分明,名目、职权各异,涉及农业生产的方方面面,对农业发展有重要的推动作用。

周代的土地有公田、私田之分,《孟子·滕文公上》载:"方里而井,井九百亩。其中为公田,八家皆私百亩,同养公

---

[1]《尚书正义》卷16《无逸》,第472页。

[2] 同上书,第470页。

[3] 罗振玉:《农事私议》,罗继祖主编:《罗振玉学术论著集》第11集,上海古籍出版社2010年版,第295页。

[4] 徐元诰集解,王树民、沈长云点校:《国语集解》,中华书局2002年版,第20页。

田。公事毕，然后敢治私事。"[1]周人又在商人的基础上，施行名为彻法的赋税制度。《孟子·滕文公上》载："夏后氏五十而贡，殷人七十而助，周人百亩而彻，其实皆什一也。"[2]贡、助、彻是夏商周三代施行的赋税制度，但其具体形式，学界看法各异。《诗经·大雅·公刘》中有"彻田为粮"，按照徐中舒先生的考证："公田、私田原来都是属于原始公社的公有财产。公刘时代周部族征服这些原始的农业公社，彻取公社土地十分之一，作为公田，谓之彻。彻是彻取，如诗'彻彼桑土'，彻我墙屋，都是彻取之意。《公刘》之诗曰：'度其隰原，彻田为粮'，这是彻法的开始……凡此彻田，彻土田、土疆，都是彻取公社土地的一部分作为公田；它只是为借助人民进行生产粮食的准备，并不是征收什一的生产税。"[3]尽管学界对彻法的具体内容争议颇多，但从《诗经》中不断出现有关彻法的诗句来看，彻法应是存在的，并且是周人对商代土地赋税制度的变革。

在周代，农民需要先为公田耕种，之后才能耕种私田。按照《礼记·王制》记载："古者：公田，藉而不税。"郑玄注云："藉之言，借也，借民力治公田。"[4]公田是借助民力为天子、诸侯等贵族耕作的土地。每年春季，周天子要举行亲耕田地的籍田仪式——籍礼。康王时的令鼎铭文中有"王大藉农于淇田"之句。

《诗经·周颂·载芟》被认为是"周成王籍田而祈"的诗

---

〔1〕（清）焦循撰，沈文倬点校：《孟子正义》卷3《梁惠王上》，中华书局1987年版，第361页。

〔2〕同上书，第334页。

〔3〕徐中舒：《先秦史论稿》，巴蜀书社1992年版，第97页。

〔4〕《礼记正义》卷12《王制》，第2895页。

篇，"载芟，春籍田而祈社稷也"〔1〕。毛传："籍田，甸师氏所掌，王载耒耜所耕之田，天子千亩，诸侯百亩。籍之言借也，借民力治之，故谓之籍田，朕亲率耕，以给宗庙粢盛。"〔2〕该诗是一首描写春种、夏长、秋收、冬祭的农事诗，从中可见周代农民开垦、播种、收获直至祭祖的整个过程。全诗如下：

周颂·载芟

载芟载柞，其耕泽泽。千耦其耕，徂隰徂畛。侯主侯伯，侯亚侯旅，侯彊侯以。有嗿其馌，思媚其妇，有依其士。有略其耜，俶载南亩，播厥百谷。实函斯活，驿驿其达。有厌其杰，厌厌其苗，绵绵其麃。载获济济，有实其积，万亿及秭。为酒为醴，烝畀祖妣，以洽百礼。有飶其香。邦家之光。有椒其馨，胡考之宁。匪且有且，匪今斯今，振古如兹。〔3〕

《周颂·臣工》《周颂·噫嘻》也有相关内容，其中《周颂·噫嘻》多被认为是成康时期的诗作：

周颂·噫嘻

噫嘻成王，既昭假尔。

率时农夫，播厥百谷。

骏发尔私，终三十里。

亦服尔耕，十千维耦。〔4〕

---

〔1〕《毛诗正义》卷19《载芟》，第1296页。

〔2〕同上。

〔3〕同上书，第1296—1299页。

〔4〕同上书，第1278—1279页。

"千耦其耕"和"十千维耦"，形象地描述出了籍田时集体劳动的壮观场面。所以说，"商周革命"是中国传统农耕社会形态的一次重大变革，对中国文明以及文化的发展具有重要影响。由此开始，土地制度与政治权利、经济利益、社会形态密切相关，逐渐成为历代社会制度的核心问题。

西周末年，土地交易频繁出现，"田里不鬻"的旧制难以维持。新开辟的土地和新兴的土地所有者并不由周王分封，也不会享有必要的等级特权。旧有体制的维护者为了继续保持其特权，必然加强对私田的侵夺，新兴势力为了获得土地及其利益的正当性，则在积极寻求变革，两者之间必然会产生矛盾。王室衰微，诸侯并起。公室卑弱，卿士始强，这一历史趋势无可避免，春秋战国的时代开启。

《史记》载："懿王之时，王室遂衰，诗人作刺。"[1]周厉王在位时，好利，大夫芮良夫谏言："王室其将卑乎？夫荣公好专利而不知大难。夫利，百物之所生也，天地之所载也，而有专之，其害多矣。天地百物皆将取焉，何可专也？所怒甚多，而不备大难。以是教王，王其能久乎？夫王人者，将导利而布之上下者也。使神人百物无不得极，犹日怵惕惧怨之来也。故颂曰：'思文后稷，克配彼天，立我蒸民，莫匪尔极。'大雅曰：'陈锡载周。'是不布利而惧难乎，故能载周以至于今。今王学专利，其可乎？匹夫专利，犹谓之盗，王而行之，其归鲜矣。荣公若用，周必败也。"[2]厉王夺山泽之利无疑是在与民争利，但实际上这些举措与之后宣王的"料民"、幽王任用虢石父为卿增加国利，都是西周末年王室为应对经济衰微而被迫进行的

---

[1]《史记》卷4《周本纪》，第140页。
[2] 同上书，第141页。

变革。

宣王即位后，被视为中兴之主，但他"不籍千亩"、"料民于太原"、干涉鲁国国君废立等举措，成为被后世批评的对象，也是"礼崩乐坏"的直接表现。后世遂有："周宣王不籍千亩，虢文公以为大讥，卒有姜戎之难，终损中兴之名。"[1]其实，宣王施行的以上"弊政"，与其父厉王与民争利类似，都是为了重振周室进行的制度变革。

按照周制，籍田之礼体现的是对上帝的尊重和对农事的重视。清华简《系年》记载："昔周武王监观商王之不恭上帝，禋祀不寅，乃作帝籍，以登祀上帝天神，名之曰千亩，以克反商邑，敷政天下。"[2]此处记载说明，帝籍是祭祀上帝的一种仪式，是周武王为了表达对上帝的尊重，或者是其为了获得上帝对灭商活动的支持而进行的祭祀仪式。大臣虢文公的谏言也提及籍田是为了神灵的享祀："夫民之大事在农，上帝之粢盛于是乎出，民之蕃庶于是乎生，事之供给于是乎在，和协辑睦于是乎兴，财用蕃殖于是乎始，敦庞纯固于是乎成，是故稷为大官。……是时也，王事唯农是务，无有求利于其官，以干农功，三时务农而一时讲武，故征则有威，守则有财。若是，乃能媚于神而和于民矣，则享祀时至而布施优裕也。今天子欲修先王之绪而弃其大功，匮神乏祀而困民之财，将何以求福用民？"[3]农务固然重要，但就籍田而言，其首要作用是"媚神"，为了继承周武王以来重农的传统。周宣王"不籍

---

[1]（宋）范晔撰，（唐）李贤等注：《后汉书》卷61《黄琼传》，中华书局1965年版，第2034页。

[2] 清华大学出土文献研究与保护中心编，李学勤主编：《清华大学藏战国竹简（二）》，中西书局2011年版，第136页。

[3]《国语集解》，第15—21页。

千亩"并不代表他不重视农业，反而是与民休息之举。因为每次籍田活动，都要借助大量的民力来耕作，"千耦其耕""十千维耦"的"耦"是指两人合耕，如此壮观的籍田场景，耗费人力物力只是为了"以奉宗庙"。《礼记·月令》载："天子亲载耒耜……帅三公、九卿、诸侯、大夫躬耕帝藉。""帝藉，为天神借民力所治之田也。"[1]金景芳先生认为："籍田是一种礼节性的、象征性的东西。既不能根据它说当时的统治阶级真的参加农业生产劳动，也不能认为当时的天子、诸侯只靠这项收入来过活。"[2]李西兴先生指出："千亩收获主要用来作祭祀品，可见在西周时期，千亩就是王室的祭祀田。"[3]虢文公的谏言中，重农的思想没有错误。但为了向上帝提供祭品，或者为了体现帝王重视农业生产，而令大量农民参与其中，确实是劳民伤财之举。所以，周宣王未予采纳。另外，《系年》记载："宣王是始弃帝籍弗田，立三十又九年，戎乃大败周师于千亩。"[4]《国语》《史记》中也有类似的记载，故"不籍千亩"与"王师败绩于姜氏之戎"之间有着久远的年代相隔，两者并无必然联系。不过从中窥知西周的衰落则是毫无疑问的。为了扩充疆土，宣王先后征伐猃狁、西戎、淮夷，并分封征伐所获的土地。连年的征战，"宣王既丧南国之师，乃料民于太原"[5]。"料民"是周宣王为了核查户口、征收赋税等进行的改革措施。仲山父谏言称："民不可料也！夫古者不料民而知其少多……王治农于籍，

---

〔1〕《礼记正义》卷14《月令第六》，第2936—2937页。

〔2〕金景芳：《论井田制度》，齐鲁书社1982年版，第54—55页。

〔3〕李西兴：《论周宣王"不籍千亩"》，李则鸣：《中国古代史论丛》（第九辑），福建人民出版社1985年版，第134页。

〔4〕清华大学出土文献研究与保护中心编，李学勤主编：《清华大学藏战国竹简（二）》，中西书局2011年版，第136页。

〔5〕《史记》卷4《周本纪》，第145页。

蒐于农隙，耨获亦于籍，狝于既烝，狩于毕时，是皆习民数者也，又何料焉？不谓其少而大料之，是示少而恶事也。临政示少，诸侯避之。治民恶事，无以赋令。且无故而料民，天之所恶也，害于政而妨于后嗣。"[1] 仲山父的谏言更多是基于对旧制的维护，而未能对西周末年面临的一系列经济问题提出解决办法。

对外开疆拓土、对内与民争夺山泽之利以及"料民"等措施，都是西周末年周王进行的改革，但因对外战争的失利和对内的经济改革触及了国人的利益，最终难以推进。同时，井田制遭到破坏、铁犁牛耕技术出现，大量私田得以开辟，社会结构开始发生根本性的转变。

二、农制改革与春秋战国的政治格局

梁启超曾谈及："所谓中国之国民性，传二千年颠扑不破者也。而其大成，实在春秋之季。……由此观之，春秋时代国史之价值，岂有比哉？"[2] 春秋战国时代是我国农业制度史上重要的变革时期，也是我国政治制度史上的"大分流"时期。在此之后的两千多年间，中国施行的是以自然经济为主体，以一家一户的小农经济为主要生产方式的农业经济制度。土地是百姓生存和发展的基础，是农业文明的基本载体，它维系着封建大一统王朝的经济基础——税收的来源，税收又支撑着国家军事力量和官僚管理机构的运转。在这一制度上，中国古代社会实施重农抑商的政策，统治者将求雨、祭祀天地看作社稷的头

---

[1]《国语集解》，第 23 页。

[2] 梁启超：《春秋载记小序》，《饮冰室合集》第 8 册，中华书局 1936 年版，第 2—3 页。

等大事，而这一切的根源都可以追溯到春秋战国时期井田制的瓦解和新的农业制度的建立。

春秋时期，周王室势力衰微，齐桓公、晋文公等霸主不断挑战周天子的权威。至战国时期，齐、楚、秦、燕、赵、魏、韩七雄并立。春秋战国时期，变法改革引发政局的演变，政局的演变转而又刺激着变法改革的兴起。农业作为古代社会决定性的生产部门，农制改革必然对春秋战国时期的政治格局有着深远的影响。从管仲改革到商鞅变法，制度的变革必然会引起思想领域上的重大创新，从孔子到农家学派的诞生，重农思想不断被注入新的活力。

（一）春秋早期的社会背景和政局转变

在许、申、郑、晋、秦等诸侯国和犬戎的支持下，周平王迁都洛邑，充当名义上的"天下共主"。《史记·周本纪》记载："平王立，东迁于雒邑，辟戎寇。平王之时，周室衰微，诸侯强并弱，齐、楚、秦、晋始大，政由方伯。"[1]《国语·郑语》中对春秋初年的局面有如下解释："及平王之末，而秦、晋、齐、楚代兴，秦景、襄于是乎取周土，晋文侯于是乎定天子，齐庄、僖于是乎小伯，楚蚡冒于是乎始启濮。"[2]春秋以降，随着周王室力量的衰微，各诸侯国之间陷入连年征战，战争带来的土地掠夺和土地兼并也是愈演愈烈。晋献公在位期间大量兼并小国，《吕氏春秋·贵直》篇中记载："献公即位五年，兼国十九。"[3]《左传·隐公十年》中记载："六月壬戌，公

---

〔1〕《史记》卷4《周本纪》，第149页。
〔2〕《国语集解》，第477页。
〔3〕许维遹撰，梁运华整理：《吕氏春秋集释》卷23《贵直论》，中华书局2009年版，第1532页。

败宋师于菅。庚午，郑师入郜。辛未，归于我。庚辰，郑师入防。辛巳，归于我。"[1]鲁僖公时，"公伐邾，取訾娄"[2]。晋、鲁等诸侯国通过兼并战争，将大量土地支配权和人口转移到自己手中，壮大自身实力。

春秋时期连年的兼并战争，贵为"天下共主"的周天子也不可避免地被卷入各国之间的争夺，一再出让土地。周平王迁往洛邑之后，最初作为天下共主，还保有六百里"王畿之地"，但从周桓王开始，周王朝的土地已陆续归各诸侯国所有，《左传·桓公七年》中记载："秋，郑人、齐人、卫人伐盟、向。王迁盟、向之民于郑"[3]。鲁庄公二十一年（前673年），即周惠王四年，"与之武公之略，自虎牢以东"[4]。因为郑武公有功于周惠王，而得到周王室虎牢以东的土地。"王巡虢守。虢公为王宫于玤，王与之酒泉"[5]，周惠王又把酒泉之地赏赐给虢公。《左传·僖公二十五年》载，晋文公有功于周王室，周王室"与之阳樊、温、原、攒茅之田"[6]，也难免郑庄公发出"王室而既卑矣，周之子孙日失其序"[7]的感叹，周王室的衰微逐渐成为春秋初期诸侯之间的普遍共识。

"周室既衰，暴君污吏慢其经界，徭役横作，政令不信，上下相诈，公田不治。"[8]早在西周后期，井田制的瓦解即初见端倪，至春秋时期，愈演愈烈。《诗经》描写公田的景象是

---

[1]《春秋左传注》，第68页。

[2] 同上书，第493页。

[3] 同上书，第119页。

[4] 同上书，第217页。

[5] 同上书，第217—218页。

[6] 同上书，第433页。

[7] 同上书，第75页。

[8]（汉）班固撰：《汉书》卷24《食货志第四》，中华书局1962年版，第1124页。

"无田甫田，维莠骄骄"[1]，实为公田荒芜的一个佐证。春秋以来，原来耕作于公田的百姓也逃离，转而向其他地区开垦私田，寻求新的"乐土"。随着分封制和井田制的崩溃，旧有的平衡被打破，原有的社会秩序混乱，因此需要建立新的制度以安定社会。就农业社会而言，权力来源于对土地和人口的控制，周王室衰微之因，就在于逐渐丧失对土地和人口的支配权力。土地和人口给国家带来源源不断的赋税，赋税维系着强大的国家军队，随着这种平衡的不断打破，国家将丧失以粮食为主的赋税，贵族的奢靡生活和军队的编制也难以维系。针对井田制的不断瓦解，自春秋始，各国就积极寻求变法革新之路，以期在新的局面下"富国强兵"。

（二）春秋时期的农业制度变革

最早做出变法改革的是齐桓公，管仲在齐桓公的支持之下，在齐国推行"相地而衰征"的土地制度改革，《国语·齐语》对这一制度做出如下说明：

> 相地而衰征，则民不移；政不旅旧，则民不偷；山泽各致其时，则民不苟；陵、阜、陆、墐，井田畴均，则民不憾；无夺民时，则百姓富；牺牲不略，则牛羊遂。[2]

三国时期的史学家韦昭注曰："相，视也。衰，差也。视土地之美恶及所生出，以差征赋之轻重也。"[3]从本意来看，"相地而衰征"即根据土地的好坏情况来额定缴纳的赋税，管仲认为

---

[1]《毛诗正义》卷5《甫田》，第747页。
[2]《国语集解》，第227—228页。
[3] 同上书，第227页。

实行这一赋税制度，百姓就不会随意迁徙。结合春秋时期井田制瓦解、私田大量开垦的背景，通过量定土地好坏、划定赋税，齐桓公对全国的土地情况可以有进一步的了解，许多新开垦的私田也会向诸侯缴纳赋税，无疑加强了国家对土地和人口的管理。除了"相地而衰征"，管仲还对农业种植很重视，《管子》中记载其言有："仓廪实而知礼节，衣食足而知荣辱，上服度则六亲固。四维张则君令行。"[1]在管仲看来，只有衣食丰足，百姓才能恪守礼纪，遵守国家的法制和秩序，国家才得以长治久安。为了保障百姓衣食充足，管仲提出开放山泽之利予百姓，强调不违农时，还明确提出了均田予百姓以保障农业生产等思想。

管仲"相地而衰征"制度变革后，晋国颁布了"作爰田"。《左传·僖公十五年》记载："晋侯使郤乞告瑕吕饴甥，且召之。子金教之言曰：'朝国人而以君命赏，且告之曰："孤虽归，辱社稷矣。其卜贰圉也。"'众皆哭。晋于是乎作爰田。"[2]杜预注云："分公田之税应入公者，爰之于所赏之众。"唐代孔颖达疏引服虔、孔晁云："爰，易也；赏众以田，易其疆畔。"[3]"爰田"应为"易田"，晋惠公"爰田"的目的在于将部分公室的土地赏赐予民，并且重新划定土地的疆域及归属。

鲁宣公十五年（前594年），鲁国实行"初税亩"改革，《春秋穀梁传》记载：

　　初者，始也。古者什一，藉而不税。初税亩，非正

---

〔1〕　黎翔凤撰，梁运华整理：《管子校注》卷1《牧民第一》，中华书局2004年版，第2页。

〔2〕　《春秋左传注》，第360—361页。

〔3〕　同上书，第361页。

也。古者三百步为里，名曰井田。井田者，九百亩，公田居一。私田稼不善，则非吏；公田稼不善，则非民。初税亩者，非公之去公田而履亩十取一也，以公之与民为已悉矣。古者公田为居，井灶葱韭尽取焉。[1]

相比较齐、晋两国的土地制度改革，"初税亩"明确提出了"非公之田"与公田一样按照"履亩十取一"缴纳实物税。以法律的形式承认土地私有的合法化，在一定意义上更会刺激私田的大量开垦。

（三）春秋时期农业制度变革的影响

齐、晋、鲁的土地制度变革给三国的政治格局带来了深刻的影响。从积极方面来看，齐襄公时期，齐国国政混乱不堪，《史记》中记载："襄公之醉杀鲁桓公，通其夫人，杀诛数不当，淫于妇人，数欺大臣，群弟恐祸及，故次弟纠奔鲁。"[2]但是齐桓公即位后，经过管仲改革，在对外战争中不断取得胜利，成就最早的春秋霸业。"葵丘之会，天子使宰孔致胙于桓公"[3]，齐国富国强兵离不开管仲的制度改革。《史记·管晏列传》记载："管仲既任政相齐，以区区之齐在海滨，通货积财，富国强兵，与俗同好恶。"[4]齐桓公成为春秋霸主后对春秋初年的政治格局产生了重要的影响。《国语·齐语》记载：

---

〔1〕（清）钟文烝撰，骈宇骞、郝淑慧点校：《春秋榖梁经传补注》卷15《宣公第六》，中华书局1996年版，第457—459页。

〔2〕《史记》卷32《齐太公世家》，第1485页。

〔3〕《国语集解》，第237页。

〔4〕《史记》卷62《管晏列传》，第2132页。

　　桓公知诸侯之归己也，故使轻其币而重其礼。故天下诸侯罢马以为币，缕纂以为奉，鹿皮四个。诸侯之处垂橐而入，橐载而归。故拘之以利，结之以信，示之以武，故天下小国诸侯既许桓公，莫之敢背，就其利而信其仁、畏其武。桓公知天下诸侯多与己也，故又大施忠焉。可为动者为之动，可为谋者为之谋，军谭、遂而不有也，诸侯称宽焉。通七国之鱼盐于东莱，使关市几而不征，以为诸侯利，诸侯称广焉。筑蔡兹、晏、负夏、领釜丘，以御戎狄之地，所以禁暴于诸侯也；筑五鹿、中牟、盖与、牡丘，以卫诸夏之地，所以示权于中国也。教大成，定三革，隐五刃，朝服以济河，而无怵惕焉，文事胜矣。是故大国惭愧，小国附协。[1]

　　齐桓公取得霸业之后，许多小国纷纷依附，齐桓公依靠齐国强大的军事维持着春秋时期周边各小国之间的秩序，例如派兵灭亡不服从的小国后将土地分给其他诸侯；取消来往的鱼盐之税；在边境建立要塞，以阻挡犬戎入侵，保障诸国的安全。齐桓公通过行"文政"取得了小国的拥护，重新构建了春秋以来新的政治局面。正如孔子所言："天下有道，则礼乐征伐自天子出；天下无道，则礼乐征伐自诸侯出。"[2]

　　鲁僖公九年（前651年），齐桓公在葵丘举行会盟，小国纷纷归附。在"葵丘会盟"的第二年，晋献公离世，强大的晋国陷入连年内乱之中。《史记·晋世家》记载："秦缪公乃发兵送夷吾于晋。齐桓公闻晋内乱，亦率诸侯如晋。秦兵与夷吾

---

[1]《国语集解》，第239—241页。

[2]（清）刘宝楠撰，高流水点校：《论语正义》卷19《季氏第十六》，中华书局1990年版，第651页。

亦至晋，齐乃使隰朋会秦俱入夷吾，立为晋君，是为惠公。"[1]
晋国内乱为天下周知，甚至齐、秦两国都出手干预晋的国君继
任。至公元前 645 年，"缪公壮士冒败晋军，晋军败，遂失秦
缪公，反获晋公以归"[2]。晋国在与秦的韩原之战中战败，晋惠
公成为"阶下之囚"被押送至秦国。在这一历史背景下，晋国
开始推行"作爰田"。《左传·僖公十五年》记载：

> 晋侯使郤乞告瑕吕饴甥，且召之。子金教之言曰：
> "朝国人而以君命赏，且告之曰：'孤虽归，辱社稷矣。其
> 卜贰圉也。'"众皆哭。晋于是乎作爰田。吕甥曰："君
> 亡之不恤，而群臣是忧，惠之至也。将若君何？"众曰：
> "何为而可？"对曰："征缮以辅孺子。诸侯闻之，丧君有
> 君，群臣辑睦，甲兵益多，好我者劝，恶我者惧，庶有益
> 乎！"众说。晋于是乎作州兵。[3]

晋惠公为秦穆公所俘后，晋国国内必定人心惶惶，在这种
背景之下进行的田制和兵制改革，颇有安定人心、团结国民的
目的。而施行"作爰田"的土地政策，予公室之田给国内的卿
大夫和百姓，为晋惠公笼络了国内的人心，也为后来晋文公的
改革和霸业提供了一定的基础。

但是，实施新的土地制度，必然会涌现新的受益阶级。井
田制、分封制与礼乐制互为表里，西周的灭亡、周王室日益衰
微以及诸侯之间兼并战争的愈演愈烈，都是分封制名存实亡的
印证。在诸侯与周天子从属地位失衡的同时，随着井田制的不

---

[1]《史记》卷 39《晋世家》，第 1650 页。
[2] 同上书，第 1653—1654 页。
[3]《春秋左传注》，第 360—363 页。

断瓦解，私田的大量开垦，卿大夫手中所控制的土地和人口已经危及诸侯的统治地位。

齐国"相地而衰征"、晋国"作爰田"和鲁国"初税亩"改革，为诸侯增添了赋税来源，刺激了私田的大量开垦，推动了土地所有制的变革。但是更为关键的是，土地制度的改革一定程度上促进了齐、晋、鲁三国部分卿大夫的实力增长。《管子·大匡》有："赋禄以粟，按田而税。"[1]可见齐国开始征收实物税就源自"相地而衰征"的制度改革。春秋晚期，齐国田氏"其收赋税于民以小斗受之，其禀予民以大斗"[2]，也是在这一税制之下，收买人心、吸引百姓归附的政治举措。

晋国"作爰田"使得大量诸侯所占有的土地转移到了晋国卿大夫之手，尤其是范氏、中行氏、智氏以及韩、魏、赵三家，国君实力遭到削弱的同时，卿大夫所属的土地和人口数量增加，公室日衰，而私室日强，这成为"三家分晋"的重要原因之一。

类似的例子还有鲁国的"三桓"，"三桓"指鲁国卿大夫孟孙氏、叔孙氏和季孙氏，他们都是鲁桓公的后人。《左传·昭公三十一年》记载：

> 赵简子问于史墨曰："季氏出其君，而民服焉，诸侯与之，君死于外而莫之或罪，何也？"对曰："……天生季氏，以贰鲁侯，为日久矣。民之服焉，不亦宜乎！鲁君世从其失，季氏世修其勤，民忘君矣。虽死于外，其谁矜之？社稷无常奉，君臣无常位，自古以然。"[3]

---

〔1〕《管子校注》卷7《大匡第十八》，第368页。
〔2〕《史记》卷46《田敬仲完世家》，第1881页。
〔3〕《春秋左传注》，第1519—1520页。

《论语·季氏》篇记载孔子之言："禄之去公室五世矣。"[1]"五世"指的是鲁宣公、成公、襄公、昭公和定公五位国君，季孙氏长久以来得民之心，而公室失信于民，故而到了春秋中后期，"三桓"已经掌握鲁国的实际大权。"初税亩"也是"三桓"颁布的政治法令，在一定意义上促进了井田制度的瓦解，但是"三桓"的执政未使鲁国富强，鲁国最终在"三桓"与公室的斗争中逐渐走向衰弱与灭亡，为齐国吞并。

（四）战国时期农业制度演变与社会变革

相较于春秋时期，战国时代"礼崩乐坏"已经成为定局。"陵夷至于战国，贵诈力而贱仁谊，先富有而后礼让。"[2]常言"春秋无义战"，但是从侧面来看，春秋时期的战争还是会引发礼、义观念的思考，诸侯争霸打出"尊王攘夷"的口号，还能在名义上表示对周天子的尊重。但是到了战国时期，诸侯之间不再顾及礼、义，而是赤裸裸地发动兼并战争，吞并与之相邻的小国。春秋时期，还会有"初税亩，非礼也"[3]的感慨，而到了战国时期，各国加快了变法改革的步伐，寻求更为激进彻底的制度改革以增强自身实力。

1. 战国时期井田制的变革

战国初年的改革，最早由卿大夫代政的魏国开始，在继承"作爰田"的基础上，魏文侯任用李悝进一步改革原有的土地制度，李悝废沟洫，标志着魏国井田制度的废除，也是中国井田制废除的开始。李悝的变革，使得战国初年魏国的国力提高，后来各国的改革都深受李悝变法的影响，《史记·孙子吴

---

〔1〕《论语正义》卷19《季氏第十六》，第655页。

〔2〕《汉书》卷24《食货志第四》，第1124页。

〔3〕《春秋左传注》，第766页。

起列传》记载："魏文侯以为将，击秦，拔五城。"[1]吴起曾与李悝共事于魏文侯，吴起亲历李悝变法对于魏国国力提升的益处，吴起逃亡楚国之后，变法思想颇受李悝影响。

在各国土地制度变革中，以商鞅最为彻底。商鞅在李悝的基础上，进一步以法令的形式"为田开阡陌封疆"[2]，在废除井田制的同时，对旧有的行政管理进一步改革。《汉书·地理志》对商鞅授田有如下记载："孝公用商君，制辕田，开阡陌，东雄诸侯。"颜师古注："张晏曰：'周制三年一易，以同美恶，商鞅始割裂田地，开立阡陌，令民各有常制。'孟康曰：'三年爰土易居，古制也，末世侵废。商鞅相秦，复立爰田，上田不易，中田一易，下田再易，爰自在其田，不复易居也。'《食货志》曰'自爰其处而已'是也。辕爰同。"[3]《史记·商君列传》记载："而令民父子兄弟同室内息者为禁。而集小乡邑聚为县，置令、丞，凡三十一县。"[4]商鞅认为父子兄弟应该分室而居，以国君直接任命令、丞的郡县制取代原有的分封制，从根本上保障一家一户的小农经济的建立和发展。在这些变法改革的基础之上，与分封制度互为表里的井田制度被取缔，发展为一家一户土地私有的小农经济。在商鞅的基层组织改革之下，土地和税收被一层层向上集中至国君的手上，也奠定了此后中国两千多年农业经济的基本格局。

2. 国家制度建立下的农业变革

战国时期，中央集权国家的雏形开始出现，因此农业制度的变革也转向为此服务，农业成为维系国家稳定的基石。《申

---

〔1〕《史记》卷65《孙子吴起列传》，第2166页。

〔2〕《史记》卷68《商君列传》，第2232页。

〔3〕《汉书》卷28《地理志第八》，第1641—1642页。

〔4〕《史记》卷68《商君列传》，第2232页。

子》曰："四海之内，六合之间，曰'奚贵'，曰'贵土'，土，食之本业。"[1] 申不害在重视君主之"术"的同时，深刻意识到土地和农业生产才是社会的根本，是统治阶级重农思想的进一步体现。

春秋战国时期，战争是国力强弱的主要验证手段，农业生产带来的赋税和食物，是维系军队的根本，农业生产与战争是密不可分的，兼并战争的胜利带来了割地和赔款，又使得获胜方所掌控的人口和财富进一步累计，这也是春秋战国时期争霸和兼并战争的根本目的。

早在春秋时期，管仲改革在提出"相地而衰征"的同时，也指出"作内政而寓军令"，管仲认为："为高子之里，为国子之里，为公里。三分齐国，以为三军。择其贤民，使为里君。乡有行伍卒长，则其制令，且以田猎，因以赏罚，则百姓通于军事矣。"[2] 管仲在重视农事的同时，强调将其与军事紧密结合。

晋国在提出"作爰田"时，同样指出了"作州兵"的重要意义：

　　吕甥曰："君亡之不恤，而群臣是忧，惠之至也。将若君何？"众曰："何为而可？"对曰："征缮以辅孺子。诸侯闻之，丧君有君，群臣辑睦，甲兵益多，好我者劝，恶我者惧，庶有益乎！"众说。晋于是乎作州兵。[3]

─────────

〔1〕（宋）李昉等撰：《太平御览》卷37《地部二》，中华书局1960年版，第177页。

〔2〕《管子校注》卷8《小匡第二十》，第413页。

〔3〕《春秋左传注》，第360—363页。

"作爰田"与"作州兵"是相辅相成的,"作州兵"意为以州人为兵,沈钦韩《补注》申之曰:"按《周官》,兵器本乡师所掌。州共兵器而已,今更令作之也。此谓作州兵为扩大甲兵制造场所。"洪亮吉诂曰:"作州兵盖亦改易兵制,或使二千五百家略增兵额,故上云'甲兵益多',非仅修缮兵甲而已。"[1] 相比较晋国先前维持的二军的数量,晋文公时"于是乎蒐于被庐,作三军"[2],可以认为"作州兵"的目的在于扩大兵源,补充兵备。

在此基础上,商鞅进而提出了"农战"学说,将二者视为"立国之本"。《商君书》处处体现着商鞅鼓励耕战的思想,商鞅在《农战》篇开篇明义:"国之所以兴者,农战也。"[3] 商鞅认为国家最为重要的事情就是耕地和战争,"国待农战而安,主待农战而尊……常官则国治,壹务则国富,国富而治,王之道也。故曰:王道作,外身作壹而已矣"[4]。农战是国家长治久安的根本,只有重视"农战",才能称王天下。

商鞅实行的多项改革政策也很好地践行了他的"农战"思想。如在农业方面,他提出"僇力本业,耕织致粟帛多者复其身"[5],鼓励百姓耕织。重视农战思想的背后是统治者对农业和政局稳定重要性的进一步认识。

3. 农业制度变革与阶级制度变革

农业制度改革与新的阶级产生也有着密不可分的关系。周武王在分封天下,确定以诸侯、卿大夫、士的等级制度维护统

---

〔1〕《春秋左传注》,第 363 页。

〔2〕同上书,第 445 页。

〔3〕蒋礼鸿撰:《商君书锥指》卷1《农战第三》,中华书局 1986 年版,第 20 页。

〔4〕同上书,第 22 页。

〔5〕《史记》卷 68《商君列传》,第 2230 页。

治之时，给予特权阶级的正是土地以及依附在土地上的百姓和奴隶，贵族通过井田制将他们管控在自己的统治之下，以公田取得对劳动者的剥削，以"野人"供养"国人"。但是当井田制瓦解和商鞅等人废除旧贵族的特权后，在新的格局下，新的统治阶级——地主阶级随之产生。

随着井田制和分封制的彻底瓦解，战国时期的政治格局对改革提出了新的要求。首先，若要保障新的体制得以运行，就必须废除旧有特权，举贤任能。这些旧贵族占据了大量的土地和人口，阻碍了国君征收税额。从另一角度出发，韩、赵、魏以及田齐都是取代原来晋国和齐国的诸侯，是夺权成功的卿大夫阶层，正是由于他们拥有"世卿世禄"的特权，才使得他们能够在与公室长期的斗争中实现权力和民心的不断积累；对于诸侯尤其是新兴掌权阶级来说，削弱贵族的特权，也可以进一步维护自身的统治，防止权力的继续下移。为此，李悝向魏文侯提出"食有劳而禄有功"的政策，西汉刘向《说苑·政理》篇中有如下记载：

> 魏文侯问李克曰："为国如何？"对曰："臣闻为国之道：食有劳而禄有功，使有能而赏必行，罚必当……夺淫民之禄，以来四方之士。其父有功而禄，其子无功而食之，出则乘车马，衣美裘，以为荣华，入则修竽琴钟石之声，而安其子女之乐，以乱乡曲之教。如此者，夺其禄以来四方之士，此之谓夺淫民也。"[1]

---

〔1〕（汉）刘向撰、向宗鲁校证：《说苑校证》，中华书局 1987 年版，第 165—166 页。

后世史学家多认为李克就是李悝，从以上对话中可以看出，李悝认为赏赐要依据功能和对国家的贡献，他更是讽刺只知享乐的旧贵族为"淫民"，主张剥夺他们的俸禄招徕人才。吴起在魏国期间，深受李悝变法思想的影响，逃亡至楚国，吴起主张剥夺疏远旧贵族的食俸，以赡养将士，求取人才。"武侯疑之而弗信也。吴起惧得罪，遂去，即之楚。楚悼王素闻起贤，至则相楚。明法审令，捐不急之官，废公族疏远者，以抚养战斗之士。"[1]商鞅也认为："宗室非有军功论，不得为属籍。"[2]为了更好地变法革新，商鞅更是"作为筑冀阙宫庭于咸阳，秦自雍徙都之。"[3]意图在加强国君权威的同时，远离旧贵族世代聚居之地，进一步减少改革的阻力。

旧贵族阶层的特权垄断被打破，国家需要建立新的奖励制度来刺激百姓的生产和组织积极性，这一奖励机制在农业方面反映为奖励耕织，在军事领域则是孕育了军功爵制。战国时期，各国都重视军事的发展和改革。例如，赵武灵王吸取与游牧民族作战的经验，建立了骑兵；吴起、孙膑等大批军事人才都受到各国诸侯的礼待。连年的战争使得各国实行普遍的征兵制度，《商君书·境内》篇中记载有："入使民属于农，出使民壹于战。"[4]"临淄之中七万户，臣窃度之，不下户三男子，不待发于远县，而临淄之卒固已二十一万矣。"[5]可见当时齐国和秦国也达到全民皆兵的程度。《商君书·兵守篇》更是有女子从军的记载："三军，壮男为一军，壮女为一军，男女之老弱

---

〔1〕《史记》卷65《孙子吴起列传》，第2166页。
〔2〕《史记》卷68《商君列传》，第2230页。
〔3〕同上书，第2232页。
〔4〕《商君书锥指》卷2《算地第六》，第48页。
〔5〕（宋）司马光编著，（元）胡三省音注:《资治通鉴》卷2《周纪二》，中华书局1956年版，第70页。

者为一军。"[1]秦、赵长平之战，秦昭襄王诏年满十五岁的男子
必须参军，"王自之河内，赐民爵各一级，发年十五以上悉诣
长平，遮绝赵救及粮食"[2]。频繁且持续的战争使得大量百姓都
被纳入战争体系。

战争的极端重要性，孕育了军功爵制。军功爵制并不是
商鞅独创，只是战国文献多有散佚，有学者认为"战国七雄"
都建立过军功爵制，但是秦灭六国的过程中，大量政府档案
毁坏，因此目前可考的军功爵制主要参考秦国的史料。《史
记·商君列传》中对军功爵制有如下记载："有军功者，各以
率受上爵……宗室非有军功论，不得为属籍。明尊卑爵秩等
级。各以差次名田，臣妾衣服以家次。有功者显荣，无功者
虽富无所芬华。"[3]军功爵制规定，有军功者可以授予相应的爵
位，不同的爵位对应不同等级的田宅、衣物等赏赐，原秦国的
宗室、贵族，没有军功的不再荣华。商鞅的军功爵制共为二十
等，晋升依据在战场上的杀敌数量。从以上可以看出，军功爵
制将赏赐土地居于首位，土地在小农社会是百姓赖以生存的根
基，而且作为"不动产"，是财产传承的最为重要的工具。对
于普通下层百姓而言，军功爵制是改变阶级地位的最佳途径，
这就刺激了秦国国内参军人数的增加。在此基础上，也有利于
加强军队战斗力，将士们奋勇杀敌、士气高涨，使得对外战争
的胜算提高。而战争的胜利又进一步使得秦国获得更多土地，
为军功爵制的开展提供了现实的可能，形成了良性循环。直到
秦一统六国之时，维系大一统王朝的新兴统治阶级——军功地
主已成为不可小觑的一股势力。

---

[1]《商君书锥指》卷3《兵守第十二》，第74页。
[2]《史记》卷73《白起王翦列传》，第2334页。
[3]《史记》卷68《商君列传》，第2230页。

为了更好地维护新兴制度，"法"之重要也被统治者所重视，各国变法改革的主要人物如李悝、商鞅、申不害等都是法家的代表人物，自然重视法律的制定和实施。李悝著《法经》，吴起在楚国也"明法审令"。《史记·商君列传》记载太子触犯法律也要处以相应的刑罚：

> 太子犯法。卫鞅曰："法之不行，自上犯之。"将法太子。太子，君嗣也，不可施刑，刑其傅公子虔，黥其师公孙贾。明日，秦人皆趋令。行之十年，秦民大说，道不拾遗，山无盗贼，家给人足。民勇于公战，怯于私斗，乡邑大治。秦民初言令不便者有来言令便者，卫鞅曰："此皆乱化之民也。"尽迁之于边城。其后民莫敢议令。[1]

综上所述，农业是古代社会起决定性作用的生产部门，作为社会发展的根本动力推动政治格局的转变，而农业制度的根本使命就在于解决社会的生产和分配问题。西周末年以来井田制瓦解，私田不断开垦带来的新型生产关系，各国的"变法"内容，核心问题都在于如何获取更多可支配的土地和人口，从而获得维系国家机器运转的赋税，以实现"王道"。在各国的制度变革中，商鞅的改革最为彻底，一方面是因为秦孝公"于是布惠，振孤寡，招战士，明功赏……宾客群臣有能出奇计强秦者，吾且尊官，与之分土"[2]，心怀大志，广求贤才，以求秦国富国强兵。商鞅的治国理念正是秦孝公所需要的，才得到了秦孝公的鼎力支持。另一方面，秦国相较六国民风淳朴，国内

---

〔1〕《史记》卷 68《商君列传》，第 2231 页。
〔2〕《史记》卷 5《秦本纪》，第 202 页。

旧贵族势力相对弱小。商鞅在广泛吸取春秋战国时期各国变法改革的经验下，彻底废除原有的井田制，承认土地的私有，改行"一家一户"的小农经济，将土地和百姓紧密结合，保障秦国对外征战所需的粮食等必需品。奖励耕战，更是激发了秦国的活力，使得三代以来的贵族世袭制度出现缺口，实现阶级流动。重视法治，彰显法律的权威性，以免出现"法之不行，自上犯之"的僵局，使得秦国治安良好、民风淳朴，整个社会遵法有序，避免了大的内乱的发生，为秦国的强大奠定了良好的社会基础。这些举措都是在新的政治格局之下，对资源进行适应社会发展的重新分配。商鞅改革使得社会大多数的百姓安居乐业，他的变法长期在秦国施行，为秦始皇的统一奠定了制度基础。

（五）重农思想的演变

时代迁移、制度变革，必然会带来思想领域的重大创新。周代"以农立国"，上至统治者，下至黎民百姓都重视农业生产，例如《诗经》中存在大量对于农业生活的记载，《豳风·七月》以"七月流火，九月授衣"[1]开篇，分节气、分月份介绍了西周时期每个月的农业生产概况和该月典型的物候，描绘了一年四季温馨的农家生活。从农业技术上看，《小雅·信南山》中记载："信彼南山，维禹甸之。畇畇原隰，曾孙田之。我疆我理，南东其亩。"[2]原本地形崎岖的终南山被开垦为成片而平整的田地，人们在此开掘沟渠，进行农业生产，全诗记载了终南山地区百姓安居乐业的田园生活，勾勒了一幅

---

[1]《毛诗正义》卷8《七月》，第829页。
[2]《毛诗正义》卷13《信南山》，第1009—1010页。

美好的丰收盛景。

　　春秋时期，井田制逐渐被破坏，"礼崩乐坏"的局面已经初步显现，但是思想文化空前开放。王国维对春秋战国时期的文化高度赞扬，他将这个时代称为"能动时代"，形象概括了春秋战国时期创新思想不断泉涌而出的时代风貌："国民之智力成熟于内，政治之纷乱乘之于外，上无统一之制度，下迫于社会之要求，于是诸子九流，各创其学说，于道德政治文学上灿然放万丈之光焰，此为中国思想之能动时代。"[1]在这一"能动时代"，农学思想也在不断变革和创新。春秋初年，管仲云："仓廪实而知礼仪，衣食足则知荣辱。"[2]孔子言："所重：民、食、丧、祭"[3]，"足食，足兵，民信之矣"[4]。孔子认为只有粮食充足，才能谈及丧祭；只有百姓"足食"，国君才能取信于民。孔子和管仲所持的都是农业教化的思想，他们重视农业生产的目的是守礼，即社会秩序的稳定。

　　战国时期，随着井田制的瓦解，封建土地私有制逐步确立，"礼崩乐坏"已经成为定局，这一时期各家学派针对社会变革和国家建设展开了积极的辩论。诸子百家均认识到农业的重要性，例如墨子提出"农事缓则贫，贫且乱政之本"[5]，就是将农业作为国家治理的基础和根本，他认为国家想要长治久安必然要重视农业生产。孟子在"以人为本"的思想基础上，提

---

〔1〕　姚淦铭、王燕编：《王国维文集》第3卷《论近年之学术界》，中国文史出版社1997年版，第36页。
〔2〕　《管子校注》卷1《牧民第一》，第2页。
〔3〕　《论语正义》卷23《尧曰第二十》，第764页。
〔4〕　《论语正义》卷15《颜渊第十二》，第491页。
〔5〕　吴毓江撰，孙启治点校：《墨子校注》卷9《非儒下》，中华书局1993年版，第437页。

出"民为贵，社稷次之，君为轻"[1]，最早提出"民贵君轻"的思想主张。

墨子生活在春秋末战国初，自称出身"鄙人"，同情"农与工肆之人"。墨家学派的主要思想是"兼爱""非攻""节用"，墨家代表的是处于社会下层的农业与手工业小生产者的利益。与其他学派"重农""贵农"相比较，墨家的农业思想更是一种"爱农"思想。

"非攻"是墨子思想的核心内容之一，"非攻"的思想也充分体现在墨子的农学思想中。墨子认为："今大国之攻小国也，攻守者农夫不得耕，妇人不得织，以守为事。攻人者亦农夫不得耕，妇人不得织，以攻为事。故大国之攻小国也，譬犹童子之为马也。"[2]墨子认识到，战国时期各国之间连年的攻伐使得百姓都被卷入战争中，战争对农业生产的巨大破坏，影响着百姓的生存和生产。墨子代表小生产者的利益，他的农学思想必然与"节用"思想相关。墨子提出："使丈夫为之，废丈夫耕稼树艺之时；使妇人为之，废妇人纺绩织纴之事。今王公大人惟毋为乐，亏夺民衣食之时以拊乐，如此多也。"[3]农业成果来之不易，国君不应该重视享乐，不得滥用民力。墨子重视农业生产和粮食安全，他在《七患》篇中说："食者，国之宝也……食者，圣人之所宝也……国无三年之食者，国非其国也；家无三年之食者，子非其子也。"[4]墨子认为，国家需要储存粮食，而且至少要储备能支用三年以上的粮食："令民家有

────────────

[1]《孟子正义》卷 28《尽章下》，第 973 页。
[2]《墨子校注》卷 11《耕注》，第 658—659 页。
[3]《墨子校注》卷 8《非乐上》，第 381 页。
[4]《墨子校注》卷 1《七患》，第 37 页。

三年畜蔬食，以备湛旱，岁不为常。"[1]百姓家中也需要储存足够三年食用的食物，以便应对旱涝等灾害。

墨家与其他学派的不同在于，墨家思想不仅"重农"，更是"爱农"。墨子在《尚贤》篇提出："虽在农与工肆之人，有能则举之。"[2]在墨子看来，举贤不应该因为身份而有区分，他意图提高小生产者的政治地位。

孟子在其生活的时代，也追求自己的思想能为统治阶级所采纳，因此孟子的农学思想在"以人为本"的前提下，向"王道"思想转变。孟子认为："不违农时，谷不可胜食也；数罟不入洿池，鱼鳖不可胜食也；斧斤以时入山林，材木不可胜用也。谷与鱼鳖不可胜食，材木不可胜用，是使民养生丧死无憾也。养生丧死无憾，王道之始也。"[3]国君要调节农业资源的开发和利用，保障百姓农业生产的进行，使得百姓安居乐业，这才是作为国君的"王道"。

孟子更是提出了"制民以产"的思想。《孟子·梁惠王上》云："是故明君制民之产，必使仰足以事父母，俯足以畜妻子，乐岁终身饱，凶年免于死亡，然后驱而之善，故民之从之也轻……王欲行之，则盍反其本矣。五亩之宅，树之以桑，五十者可以衣帛矣；鸡豚狗彘之畜，无失其时，七十者可以食肉矣；百亩之田，勿夺其时，八口之家可以无饥矣。谨庠序之教，申之以孝悌之义，颁白者不负戴于道路矣。老者衣帛食肉，黎民不饥不寒，然而不王者，未之有也。"[4]孟子认为国君行仁政就要从根本入手，让百姓有固定的产业和收入，以此保

---

[1]《墨子校注》卷15《杂守》，第976页。
[2]《墨子校注》卷2《尚贤上》，第67页。
[3]《孟子正义》卷2《梁惠王上》，第54—55页。
[4]《孟子正义》卷3《梁惠王上》，第94—95页。

障人民的生活水准。

　　法家的农业思想主要是从统治者的立场出发，是一种"王道"思想。李悝从增加国家赋税、调节国家资源分配额的角度，提出"尽地利之教"和"平籴法"。商鞅的农学思想是对李悝"重农思想"的进一步发展，"属于农，则朴；朴，则畏令……夫治国者，能尽地力而致民死者，名与利交至"[1]，商鞅认为百姓务农就会淳朴，而百姓淳朴就会遵守法令；如果百姓愿意"尽地利"，国家就会收获名利。这是对李悝"尽地利之教"思想的延续，商鞅对李悝思想的发展在于将"重农"思想与"农战"学说相结合。

　　"重农抑商"思想贯穿整部《商君书》。《壹言》篇中有"治国者贵民壹，民壹则朴，朴则农，农则易勤，勤则富"[2]，认为只有一切以农业为主的国家才能富强。《垦令》篇中指出，统治者应通过禁止商人买卖粮食、整顿吏治、削减士大夫阶层的俸禄、不允许百姓搬迁、国家管理山林川泽等多项措施，使百姓致力于务农，从而促进土地的开垦。这些思想多为后世大一统王朝的统治者所重视。

　　荀子是战国末期人，此时商鞅在秦国的变法已经初见成效，荀子在游历秦国时发出"佚而治，约而详，不烦而功，治之至也"[3]的感叹。荀子周游列国，又担任过齐国稷下学宫的祭酒，因此荀子在继承儒家思想的基础上，更多地批判吸收了各家学派思想之所长，荀子的农业思想更有"儒法结合""外儒内法"的特点。荀子认为的"足国之道"，即"节用裕民而

---

〔1〕《商君书锥指》卷2《算地第六》，第44—45页。
〔2〕《商君书锥指》卷3《壹言第八》，第61页。
〔3〕（清）王先谦撰，沈啸寰、王星贤点校：《荀子集解》卷11《强国篇第十六》，中华书局1988年版，第303页。

善臧其余。节用以礼，裕民以政"[1]。荀子强调，君主应该节用以爱民，富国在于"礼""政"共举，体现了荀子兼采儒、法两家的思想特点。

"轻田野之税，平关市之征，省商贾之数，罕兴力役，无夺农时，如是，则国富矣。夫是之谓以政裕民。"[2]荀子吸收了商鞅重农抑商的思想，强调国君应该通过实行正确的政令以使百姓富足。

"兼足天下之道在明分。掩地表亩，刺草殖谷，多粪肥田，是农夫众庶之事也。守时力民，进事长功，和齐百姓，使人不偷，是将率之事也。高者不旱，下者不水，寒暑和节而五谷以时孰，是天下之事也。若夫兼而覆之，兼而爱之，兼而制之，岁虽凶败水旱，使百姓无冻馁之患，则是圣君贤相之事也。"[3]荀子认识到要保障农业生产的进行，需要圣君贤相、治民之官、百姓的共同协作。在重视农业生产的同时，荀子认为国家也要加强对农业生产的管理。与商鞅严酷的法治思想相比，荀子提到国君应该"爱民"。荀子是站在统治阶层的角度思考重农的意义的。

（六）农家学派的产生

春秋战国时期，农业变革的标志性事件是出现了专注于农学的学派——农家。《孟子·滕文公上》载："有为神农之言者许行……其徒数十人，皆衣褐，捆屦织席以为食……陈良之徒陈相，与其弟辛，负耒耜，而自宋之滕。"[4]这条史料中对农家

---

[1]《荀子集解》卷6《富国篇第十》，第177页。
[2] 同上书，第179页。
[3] 同上书，第183—184页。
[4]《孟子正义》卷10《滕文公上》，第365—367页。

代表人物许行和陈相的记载，揭示了农家子弟的人物形象。许行和他的弟子多是穿着粗布衣物，靠编鞋子和织草席为生，陈相和他的弟弟陈辛则是背着耒耜见滕文公。

农家的政治主张是"贤者与民并耕而食，饔飧而治"[1]，即国君和百姓应该同甘共苦。而滕文公广建仓库储存粮食和布帛，并非行圣人之政，可见农家的重民和平等主张。农家提倡社会互助，君主和百姓平等的思想。

"从许子之道，则市贾不贰，国中无伪，虽使五尺之童适市，莫之或欺。布帛长短同，则贾相若；麻缕丝絮轻重同，则贾相若；五谷多寡同，则贾相若；屦大小同，则贾相若。"

曰："夫物之不齐，物之情也。或相倍蓰，或相什百，或相千万，子比而同之，是乱天下也。巨屦小屦同贾，人岂为之哉？从许子之道，相率而为伪者也，恶能治国家？"[2]

从以上这段材料中，可以看出"许子之道"认为相同长短的布和同等重量的粮食等，应该不分精美简略，有着一样的价格。这种认识显然不符合当时的社会背景，孟子对此也提出了反对意见，认为"从许子之道""恶能治国家"[3]，这说明许子的主张是不符合当时统治者利益的。这也是为什么，从《庄子·天下篇》到《汉志·诸子略》长达三百余年间，在诸如《荀子·非十二子》《尸子·广泽》《吕氏春秋·不二》《韩非

---

[1]《孟子正义》卷10《滕文公上》，第367页。
[2] 同上书，第398—399页。
[3] 同上书，第399页。

子·显学》等各家具有代表性的著作中，都未提及农家之说，直至东汉时期《汉书·艺文志》才将农家列入"九流十家"〔1〕。

西汉时期，首次出现了"农家"一词。刘歆在编撰《七略》时，其中"诸子略"中列有农家。《七略》如今已散佚，但在东汉时期班固据刘歆《七略》编撰的《汉书·艺文志》中，对农家的著述有如下记载：

> 《神农》二十篇。六国时，诸子疾时怠于农业，道耕农事，托之神农。
>
> 《野老》十七篇。六国时，在齐、楚间。
>
> 《宰氏》十七篇。不知何世。
>
> 《董安国》十六篇。汉代内史，不知何帝时。
>
> 《尹都尉》十四篇。不知何世。
>
> 《赵氏》五篇。不知何世。
>
> 《氾胜之》十八篇。成帝时为议郎。
>
> 《王氏》六篇。不知何世。
>
> 《蔡癸》一篇。宣帝时，以言便宜，至弘农太守。
>
> 右农九家，百一十四篇。〔2〕

据班固记载，农学学派凡九家，共有一百一十四篇，其中《神农》《野老》都出于六国时期。《文献通考》中有："神农之言，许行学之，汉世野老之书，不传于后。"〔3〕神农学派的代表

---

〔1〕 孙伟鑫：《先秦两汉农家成家考》，《山东农业大学学报》（社会科学版）2020年第1期，第1—6页。

〔2〕《汉书》卷30《艺文志第十》，第1742—1743页。

〔3〕（元）马端临撰：《文献通考》卷218《经籍考四十五》，中华书局1986年版，第1773页。

人物就是《孟子·滕文公上》中"托神农之言"著书立说的许行。《野老》今已亡佚，《汉书·艺文志》中自注："六国时，在齐、楚间。"[1]北宋时期编修的《太平御览》引虞般佑《高士传》中云："野老，六国时人。游秦楚间，年老隐居，掌劝为务。著书言农家事，因以为号。"[2]

　　班固对农家做了如下阐述："农家者流，盖出于农稷之官。播百谷，劝耕桑，以足衣食，故八政一曰食，二曰货。孔子'所重民食'，此其所长也。及鄙者为之，以为无所事圣王，欲使君臣并耕，悖上下之序。"[3]班固认为农家最早出自"农稷之官"，其职责在于指导百姓播种百谷，规劝百姓耕田织桑，以满足日常生活所需。

〔1〕《汉书》卷30《艺文志第十》，第1742页。

〔2〕《太平御览》卷510《逸民部十》，第2322页。

〔3〕《汉书》卷30《艺文志第十》，第1743页。

◉ 前沿问题探索

核心问题：对中国传统农业发展过程的研究，包括农耕器具、耕作技术、农田灌溉、田亩制度、农作物、畜牧业、粮食加工、家庭副业、乡村聚落和农业宗教等诸多方面。其中有关畜牧业的研究一直是农史研究的重要领域之一，而牛耕向来是畜牧业的研究热点，我们应该如何看待牛耕在中国传统社会中的重要地位？

刘兴林（南京大学　教授）：牛耕的起源问题是一个老话题，从近代到现当代一直都有人关注。《国语·晋语》中有"宗庙之牺，为畎亩之勤"，春秋时期已有牛耕的结论是没有问题的。有人根据甲骨文字（如"物"字）分析，认为商代有牛耕。牛的驯养、犁架的形成和套架用具的使用是牛耕实现的三个要素，以前也有人提出过这种观点。我对这三个要素进行了细致的分析考证，并认为这三个要素全部具备的时期才有可能出现牛耕，缺一不可。人类驯养了牛，可以用来食用、骑乘或拉车；有了犁架，还可能用人力牵拉。没有将驯服的牛套到犁架上的一套用具和技术，牛耕就不可能出现。所以，我认为套驾用具在三个要素中至关重要。

从牛的驯化和驾驭上看，新石器时代晚期是役使牛的上限年代。目前学界对史前时期牛的驯化的研究都是基于骨骼分析。家养的牛不一定就是驯顺和可供役使的，它仍可以是人们食用的对象，没有证据说明史前时期的牛与牵引有何关联，但毕竟牛只有在驯化和家养以后才有被役使的可能，也就是说牛耕的出现不可能早于新石器时代晚期。商代是一个值得关注的时期。河南安阳殷墟妇好墓出土的一件墨绿玉雕卧牛有穿牛鼻的做法，而对殷墟黄牛骨骼的研究也发现，牛的掌骨、趾骨等骨骼部位有因劳役造成的病变现象，为商代已有对牛的役使提供了证据。西周、春秋时期都有牵牛、用牛的相关记载。

再从犁架的使用上看，石犁在新石器时代中期即已使用。良渚文化出现了较为轻便的三角形分体石犁，且发现数量较多。浙江平湖庄桥坟出土良渚文化的带木犁底的石犁，是将石犁安装在木犁架上使用的证明，虽然还不清楚木犁架的整体结构。湖北随州叶家山西周早期曾国墓铜器上的铭文中，有类似汉画像石《牛耕图》中的曲柄一体犁的象形，说明西周时期犁架已经比较成熟了。周代流行曲柄犁，并且出现铜犁，套装在犁底上，出现了较为成熟的犁架。

从架牛方式及相关的套驾用具上来看，夏代以前已经出现牛的套驾。过去在讨论牛耕起源时，人们只关注犁和牛，对于如何将牛或其他畜力（如马）与犁连接在一起则往往避而不谈，似乎有了牛，有了犁，二者就可以很自然地结合了，就一定出现了牛耕。有了牛和犁，没有合适的工具将它们联结起来，仍然不能进行牛耕，只能人力牵拉。因此我认为，将犁架套在犁辕之上的畜力用具才是牛耕问题的关键，没有畜力用具，就不会有牛耕。夏代时期我国开始出现马车，商代时期马车已经很常见。在马车流行的时期，马的套驾方式不可能不对犁耕或牛车产生影响，或者说它们难分先后，马车上的"衡"不就是汉画《牛耕图》上常见的二牛所抬的杠吗？现在有一种观点认为，马车是夏代以前由西亚地区传入我国的，而西亚又恰是二牛抬杠耕作出现较早的地区，这种牛耕的方式是否也是传入的？如确系传入，传入的时代与马车一样也应在我国的夏代以前。也就是说，牛的套驾技术问题本是在夏代以前就已解决了的。

因此，从牛的驯养、犁架的形式和畜力用具三方面综合考虑，新石器时代晚期到夏代可能已经具备了牛耕的基本条件，商代则有较大可能开始使用牛耕，西周以降牛耕技术逐渐走向成熟。我认为，说商代使用牛耕还是比较可靠的结论。

另外，汉代牛耕确实已经比较普遍了，但牛耕的推广受到了耕牛饲养数量的限制，耕牛在一般小农家庭中还不是十分普遍的生产资料，这一点从汉代铁犁的生产和推广情况中也可以看出，所以对汉代牛耕的使用程度以及牛耕对农业的促进作用也要客观地进行分析。

土地制度、小农经济与历代政治治乱闭环的形成

摘　要： 秦汉之后，历代有关土地的问题往往呈现"土地分配—土地兼并—土地制度改革"的过程，并在朝代更迭后再次进入新一轮的循环。农民耕作土地和缴纳赋税，但当土地兼并过剧及负担过重时，自耕农难以通过土地占有关系的调整保证自身利益，那时就可能发生揭竿而起的情况。这是在发展长期"停滞"的传统社会中，以土地为核心的农耕社会形态必然会产生的结果，是小农经济内敛化的必然发展趋势。在生产技术未出现巨大变革的情况下，传统中国难以走出这一历史"怪圈"。

关键词： 土地制度　历史循环　小农经济

国家的治乱、土地制度的变迁与小农经济的兴衰紧密相关。春秋战国时期，诸子百家纷纷提出新的政治理念与思想主张，以期寻找解决纷乱社会问题的方法。商鞅等法家代表人物提出的中央集权制，最终在秦国彻底实施。秦国以耕战为立国基础，将周代的世卿世禄制转变为军功爵制、郡县制，打破了以血缘维系的世袭制和宗法制。

军功爵制以国家授田及土地私有制为基础，通过赏赐爵禄、田宅、税邑、隶臣等激励军士，"有军功者，各以率受上

爵"，不再以社会等级、血缘"属籍"等为标准。凡有军功者，皆可获得爵禄与封邑，取消了旧贵族的世袭特权，彻底激发了秦人耕战的积极性。秦国军功有二十等爵：公士、上造、簪袅、不更、大夫、官大夫、公大夫、公乘、五大夫、左庶长、右庶长、左更、中更、右更、少上造、大上造、驷车庶长、大庶长、关内侯、彻侯。秦二十等军功爵，累积爵级至关内侯（十九级）、彻侯（二十级），即可食租税或食邑；自大庶长以下至公士十八等爵，"则如吏职"。秦人通过兼并战争获取爵禄，分享六国之资，也造就了一批起自军功、不再世袭的新官僚和军功地主，瓦解了世卿世禄制和宗法制，形成了以自耕农为基础的主要社会结构。此外，地方治理改采邑制为郡县制，直接派遣官员到地方任职；世卿世禄制被官僚制取代，加强了中央对地方的控制，有效避免了春秋战国时期以下克上局面的产生。为了保证制度的施行，秦又严明刑法，制定秦律，明确赏罚的依据。这种新的土地分配制度与治理模式的变革，成为秦国统一六国的根本。秦以后，加强中央集权成为中国历代政治治理的发展趋势。

秦统一六国后，对实行分封制还是郡县制，有过激烈的争议。《史记》载：

　　丞相绾等言："诸侯初破，燕、齐、荆地远，不为置王，毋以填之。请立诸子，唯上幸许。"始皇下其议于群臣，群臣皆以为便。廷尉李斯议曰："周文武所封子弟同姓甚众，然后属疏远，相攻击如仇雠，诸侯更相诛伐，周天子弗能禁止。今海内赖陛下神灵一统，皆为郡县，诸子功臣以公赋税重赏赐之，甚足易制。天下无异意，则安宁之术也。置诸侯不便。"始皇曰："天下共苦战斗不休，以有侯王。赖宗庙，天下初定，又复立国，是树兵也，而求其宁息，岂不难哉！廷尉议是。"[1]

博士齐人淳于越进曰："臣闻殷周之王千余岁，封子弟功臣，自为枝辅。今陛下有海内，而子弟为匹夫，卒有田常、六卿之臣，无辅拂，何以相救哉？事不师古而能长久者，非所闻也。今青臣又面谀以重陛下之过，非忠臣。"始皇下其议。丞相李斯曰："五帝不相复，三代不相袭，各以治，非其相反，时变异也。今陛下创大业，建万世之功，固非愚儒所知。且越言乃三代之事，何足法也？异时诸侯并争，厚招游学。今天下已定，法令出一，百姓当家则力农工，士则学习法令辟禁。今诸生不师今而学古，以非当世，惑乱黔首。"[2]

秦朝长期存在的分封制与郡县制的争论，表面上是儒、法两种思想的论争，实质上是新的大一统政权建立后，内部对如何分配土地等资源存在的矛盾与分歧。尽管秦始皇采纳了李斯的建议，全面施行郡县制，然而自秦以后中央集权体制不断强化的过程中，分封制仍然是中国传统社会"家天下"治理模式下的重要补充，分封制不仅在汉初再次得以推行，而且其余绪一直持续到两千多年后的清代。可以说，帝制时期的中国，历代都是郡县制与分封制同时存在。分封制对加强统治阶层内部凝聚力的重要性不能忽视，而且其具体的表现方式也在不断发生变化。

秦朝国祚较短，其速亡的关键在于，秦始皇无视天下苦于

---

〔1〕（汉）司马迁撰：《史记》卷6《秦始皇本纪》，中华书局1959年版，第238—239页。
〔2〕同上书，第254—255页。

"战斗不休"，未能及时推行休养生息之策，维系好与自耕农之间的关系。秦国推行的耕战政策，催生了大量的自耕农。随着秦平定六国后，全面推行郡县制，这种政策也拓展到了各地，自耕农成为秦朝维系统治的基础。一统六国后，秦始皇不惜民力，继续穷兵黩武、大行土木，北征匈奴、南服百越。司马迁在《史记》中总结道："北有长城之役，南有五岭之戍，外内骚动，百姓罢敝，头会箕敛，以供军费，财匮力尽，民不聊生。重之以苛法峻刑，使天下父子不相安。"[1] 自耕农是赋税、徭役的主要承担者，秦始皇的一系列政治军事行为极大增加了自耕农的负担。班固《汉书·食货志》记载：

> 古者税民不过什一，其求易供；使民不过三日，其力易足。……至秦则不然，用商鞅之法，改帝王之制，除井田，民得卖买，富者田连阡陌，贫者亡立锥之地。又专川泽之利，管山林之饶，荒淫越制，逾侈以相高；邑有人君之尊，里有公侯之富，小民安得不困？又加月为更卒，已，复为正一岁，屯戍一岁，力役三十倍于古；田租口赋，盐铁之利，二十倍于古。或耕豪民之田，见税什五。故贫民常衣牛马之衣，而食犬彘之食。重以贪暴之吏，刑戮妄加，民愁亡聊，亡逃山林，转为盗贼；赭衣半道，断狱岁以千万数。[2]

秦始皇三十一年（前216年），"使黔首自实田"，从而加强对农户的控制。土地载于户籍，国家征发赋税由此有了依

---

〔1〕《史记》卷89《张耳陈余列传》，第2573页。

〔2〕（汉）班固撰：《汉书》卷24《食货志第四》，中华书局1962年版，第1137页。

据。户籍中有年纪、土地等内容，户籍制度也就远远超过"告奸"的需要，成为国家统治人民的一项根本制度。此后，"始皇乃使将军蒙恬发兵三十万人北击胡，略取河南地。三十三年，发诸尝逋亡人、赘婿、贾人略取陆梁地，为桂林、象郡、南海，以適遣戍。……三十四年，適治狱吏不直者，筑长城及南越地。"[1]一系列的征发，严重影响了自耕农的劳作与利益。

赏不至而罚不止，据云梦秦简记载，秦律中仅徒刑（强制服役的刑罚）就有城旦、舂、鬼薪、白粲、司寇等多种；死刑则包括具五刑、族刑、定杀、阬（坑）、磔、枭首、弃市、戮、凿颠、抽肋、镬烹、囊扑、腰斩、车裂等。在繁杂的劳役下，农民稍有不慎就会触犯刑罚，苦不堪言。"秦之时，高为台榭，大为苑囿，远为驰道，铸金人，发遗戍，入刍稿，头会箕赋，输于少府。丁壮丈夫，西至临洮、狄道，东至会稽、浮石，南至豫章、桂林，北至飞狐、阳原，道路死人以沟量。"[2]秦二世即位后，"重以无道：坏宗庙与民，更始作阿房之宫；繁刑严诛，吏治刻深；赏罚不当，赋敛无度。天下多事，吏不能纪；百姓困穷，而主不收恤。然后奸伪并起，而上下相遁；蒙罪者众，刑戮相望于道，而天下苦之。自群卿以下至于众庶，人怀自危之心，亲处穷苦之实，咸不安其位，故易动也。"[3]人人自危，严刑酷法日深，"当食者多，度不足，下调郡县转输菽粟刍藁，皆令自赍粮食，咸阳三百里内不得食其谷。用法益刻深。"[4]秦朝统治者无视民利的暴政，极大地伤害了曾经因秦制

---

〔1〕《史记》卷 6《秦始皇本纪》，第 252—253 页。

〔2〕刘文典撰，冯逸、乔华点校：《淮南鸿烈集解》，中华书局 2013 年版，第 437—438 页。

〔3〕《史记》卷 6《秦始皇本纪》，第 284 页。

〔4〕《史记》卷 6《秦始皇本纪》，第 269 页。

而获益的人群——自耕农的直接利益。

　　秦末的暴政，最终导致了中国历史上第一次大规模的农民起义——陈胜吴广起义的爆发。贾谊《过秦论》对此有一段精彩的论述：

> 　　然陈涉瓮牖绳枢之子，氓隶之人，而迁徙之徒也；才能不及中人，非有仲尼、墨翟之贤，陶朱、猗顿之富；蹑足行伍之间，俯仰阡陌之中，率疲弊之卒，将数百之众，转而攻秦，斩木为兵，揭竿为旗，天下云集响应，赢粮而景从。山东豪俊遂并起而亡秦族矣。且夫天下非小弱也，雍州之地，崤函之固，自若也。陈涉之位，非尊于齐、楚、燕、赵、韩、魏、宋、卫、中山之君也；锄耰棘矜，非铦于钩戟长铩也；谪戍之众，非抗于九国之师也；深谋远虑，行军用兵之道，非及向时之士也。然而成败异变，功业相反，何也？试使山东之国与陈涉度长絜大，比权量力，则不可同年而语矣。然秦以区区之地，致万乘之势，序八州而朝同列，百有余年矣；然后以六合为家，崤函为宫；一夫作难而七庙隳，身死人手，为天下笑者，何也？仁义不施而攻守之势异也。[1]

贾谊此处强调了对百姓施以仁政的说法，此说固然可取，但亦有不足。

　　原因在于：第一，秦国以耕战立国，但秦始皇统治后期忽视了耕战结合的本质。农耕为征战提供物质基础，征战为农耕提供安全保障。《商君书·慎法》曰："故吾教令民之欲利者非

---

[1]《史记》卷48《陈涉世家》，第1964页。

耕不得，避害者非战不免，境内之民莫不先务耕战而后得其所乐。"[1]《韩非子·五蠹》强调："富国以农，距敌恃卒。"[2]两者相辅相成。秦始皇统一六国后，征发三十万人筑长城，五十万人戍五岭，七十万人营建阿房宫和骊山陵墓，在全国范围内大修驰道、直道、五尺道、新道，开凿灵渠，又先后五次巡游，而此时全国人口不过两千万，百姓疲于劳役、徭役繁重，严重影响了农耕生产。第二，未能顺应历史形势进行制度变革。贾谊曾言："夫兼并者高诈力，安危者贵顺权，此言取与守不同术也。秦离战国而王天下，其道不易，其政不改，是其所以取之守之者无异也。"[3]战国时，秦国参与兼并战争，只有鼓励耕战结合，才能不被其他六国吞并。秦国统一六国后，则势必进行制度调整，从处理外部矛盾转变为解决内部诉求，即从鼓励征战转变为施行休养生息政策，保证其统治基础——自耕农的利益。但实际上，秦始皇却自恃统一六国之势，延续秦制、强行秦政，不仅打击了六国旧贵族的利益，更伤害了立国之本的自耕农的积极性。陈胜、吴广揭竿而起后，六国旧贵族顺势响应。秦国原本依靠耕战制度培养出的利益获得者自耕农，反而成为亡秦的先行者。

"前事不忘，后事之师"，秦亡成为历代统治者的镜鉴。在以农业为主要经济模式的中国传统社会，统治者只有充分认识到"重农"与"民本"的重要性，才能保证国家的长治久安。

秦末以后，中国历史上最重要的政治力量——农民阶层登上了历史舞台，传统中国的一系列重大历史事件，紧紧围绕着

---

[1] 蒋礼鸿撰：《商君书锥指》卷5《慎法》，中华书局1986年版，第139页。

[2] （清）王先慎撰，锺哲点校：《韩非子集解》卷19《五蠹》，中华书局1998年版，第450页。

[3] 《史记》卷6《秦始皇本纪》，第283页。

土地、农民、农业问题展开。"民本"中的"民"，在很大程度上指的就是中国传统社会的自耕农。秦亡之后，楚汉相争，最终刘邦取得天下。这在表面上看是政治权力的一次更迭，实质上体现的是六国旧贵族与新兴农民阶层之间的较量。刘邦建立汉朝，六国旧贵族退出历史舞台，这是一种历史的必然选择。

在灭秦战争中，有两股重要的势力：一是以陈胜、吴广为代表的农民阶层；二是以项梁、项羽为代表的六国旧贵族。项羽是楚将项燕之后、项梁之侄，"项氏世世为楚将，封于项"[1]，项羽集团中纠合了许多六国贵族旧势力。秦始皇在兼并六国之地后，"徙天下豪富于咸阳十二万户"[2]，并剥夺了六国贵族的权力，以削弱六国贵族对地方的影响，加强中央集权，引起六国旧贵族的不满和仇视。项羽少时就曾立下豪言："彼可取而代也。"[3]秦末天下大乱，刘邦击破秦军攻入武关至灞上，"使人约降子婴"[4]。项羽"杀子婴及秦诸公子宗族"，"项籍为从长，遂屠咸阳，烧其宫室，虏其子女，收其珍宝货财，诸侯共分之。项羽为西楚霸王，主命分天下王诸侯，秦竟灭矣"[5]。

项羽出身楚国贵族，在消灭秦国的过程中得到了六国旧贵族的支持，大肆屠杀秦人，焚烧秦王宫室，继续推行分封制，"乃分天下，立诸将为侯王"[6]，建立了以西楚霸王为核心的权力结构。历史已经证明，周代以后，分封制度只能是古代社会中央集权体制下的补充，不能成为主导的土地分配或者政治分配方式。灭秦后，反秦势力对分封的不满，逐步演变为内部矛

〔1〕《史记》卷7《项羽本纪》，第295页。
〔2〕《史记》卷6《秦始皇本纪》，第240页。
〔3〕《史记》卷7《项羽本纪》，第296页。
〔4〕《史记》卷6《秦始皇本纪》，第275页。
〔5〕同上。
〔6〕《史记》卷7《项羽本纪》，第316页。

盾。一方面，六国旧贵族内部因分封产生矛盾，项羽杀死韩
王，分封田安为济北王，"故秦所灭齐王建孙田安，项羽方渡
河救赵，田安下济北数城，引其兵降项羽，故立安为济北王，
都博阳"，[1]田荣没有被分封，"田荣者，数负项梁，又不肯将
兵从楚击秦，以故不封"[2]。另一方面，以刘邦为代表的新兴农
民阶级势力，也因分封问题产生不满。这说明以项羽为代表施
行的分封制度，必然会重蹈春秋战国以来诸侯势力对土地及其
资源分配权力进行再争夺的覆辙。

楚汉之争以刘邦取得胜利告终，刘邦出身小吏，其做泗
水亭长时，"常告归之田，吕后与两子居田中耨"，[3]刘邦与后
来的吕后以及子女汉惠帝刘盈、鲁元公主都要亲自参加田间劳
作，对农民的疾苦与诉求有着切身体会。刘邦入关后体恤百
姓，与父老"约法三章：杀人者死，伤人及盗抵罪。余悉除去
秦法"[4]。一改苛政，使其赢得了关中民心。刘邦即位后，施行
了一系列维护农户利益的措施，与民休息，恢复生产，"兵皆
罢归家"[5]，增加从事农业生产的劳动力。留在关中的诸侯国士
卒免除徭役十二年，回乡的士卒则可免除徭役六年，发给粮食
供养一年。将因战乱、饥荒而成为奴婢的人释放为平民。刘邦
即位初期也推行过分封制，但很明显他清楚地认识到分封制的
风险，对其做出了调整。一方面，他分封功臣，安抚原来的六
国贵族，"齐王韩信习楚风俗，徙为楚王，都下邳。立建成侯
彭越为梁王，都定陶。故韩王信为韩王，都阳翟。徙衡山王吴

---

〔1〕《史记》卷7《项羽本纪》，第316页。

〔2〕同上书，第317页。

〔3〕《史记》卷8《高祖本纪》，第346页。

〔4〕同上书，第362页。

〔5〕同上书，第380页。

芮为长沙王，都临湘。番君之将梅鋗有功，从入武关，故德番君。淮南王布、燕王臧荼、赵王敖皆如故"[1]。但随后不久，刘邦就迅速将异姓诸侯王一一铲除。另一方面，他吸取秦朝灭亡的教训，以"天下初定，骨肉同姓少，故广强庶孽，以镇抚四海，用承卫天子也"[2]，分封刘贾、刘交等同姓为王，又规定："非刘氏而王者，若无功上所不置而侯者，天下共诛之。"[3]分封九位皇族子弟为王各领封国。同时在其他地区沿袭郡县制，郡国并行以拱卫皇室。在实行之初，藩王可以根据封国情况自主制定因地制宜的政策，有利于各封国的发展。"会孝惠、高后时，天下初定，郡国诸侯各务自拊循其民"，[4]诸藩为发展经济纷纷降低赋税鼓励流民安置，这些措施使得天下初步安定。

文、景二帝继续推行休养生息的政策，重视农业生产。汉文帝强调："夫农，天下之本也，朕亲率天下农耕以供粢盛，皇后亲桑以奉祭服，其具礼仪。"[5]汉景帝认为："农，天下之本也，黄金珠玉，饥不可食，寒不可衣……其令郡国务劝农桑，益种树可得衣食物。"[6]汉初，实行"三十税一"，与秦朝时的苛政相比，农民的赋税负担大为减轻，出现了"文景之治"的治世景象。

诸侯国随着势力的强大，与中央的离心力逐渐增强。例如刘濞的吴国，"吴有豫章郡铜山，濞则招致天下亡命者铸钱，

---

〔1〕《史记》卷8《高祖本纪》，第380页。
〔2〕《史记》卷17《汉兴以来诸侯王年表》，第802页。
〔3〕同上书，第801页。
〔4〕《史记》卷160《吴王濞列传》，第2822页。
〔5〕《汉书》卷4《文帝纪》，第117页。
〔6〕《汉书》卷5《景帝纪》，第152页。

煮海水为盐，以故无赋，国用富饶"[1]。吴国利用自然优势，免除百姓赋税，其他郡国的百姓纷纷来投，百姓信服。"以铜盐故，百姓无赋。卒践更，辄与平贾。岁时存问茂材，赏赐闾里。佗郡国吏欲来捕亡人者，讼共禁弗予。如此者四十余年，以故能使其众。"[2]晁错认为吴王刘濞"即山铸钱，煮海水为盐，诱天下亡人，谋作乱"[3]，故向汉景帝提出削藩的建议："今削之亦反，不削之亦反。削之，其反亟，祸小；不削，反迟，祸大。"[4]晁错的建议受到景帝的认可，决心削藩。公元前154 年，削夺豫章郡、会稽郡的诏书刚刚到达，吴王刘濞就联合楚王刘戊、赵王刘遂、济南王刘辟光、淄川王刘贤、胶西王刘印、胶东王刘雄渠等刘姓宗室诸侯王，以"请诛晁错，清君侧"为名进行反抗。景帝诛杀晁错后，七国并未退兵，袁盎见吴王时，刘濞称"我已为东帝，尚何谁拜"[5]。景帝最终决心用武力镇压叛乱，历时三个月，七王皆死，除保留楚国另立新王外，其余六国皆被废除，西汉中央政权取得了胜利，巩固了中央集权统治。

与汉景帝削藩不同，其继任者汉武帝针对诸侯王问题，接受了主父偃颁布"推恩令"的建议："诸侯王或欲推私恩分子弟邑者，令各条上，朕且临定其名号"[6]。"推恩令"规定：诸侯王死后，除嫡长子继承王位外，其他子弟也可分割王国的一部分成为侯国，由郡守统辖。"诸侯稍微，大国不过十余城，小侯不过数十里，上足以奉贡职，下足以供养祭祀，以蕃辅京

〔1〕《史记》卷 160《吴王濞传》，第 2822 页。

〔2〕 同上书，第 2823 页。

〔3〕 同上书，第 2825 页。

〔4〕 同上。

〔5〕《史记》卷 35《吴王濞传》，第 2831 页。

〔6〕《史记》卷 21《建元已来王子侯者年表》，第 1071 页。

师。"[1]侯国越分越多，诸侯国再无力与中央抗衡。汉武帝还以诸侯王所献助祭"酬金"成色不好、斤两不足为由，夺爵削地106 人，占当时列侯的一半。同时，汉武帝设立刺史制度，把全国分为 13 个州部，每州部设刺史一人，代表朝廷监督郡国、豪强地主和地方官吏。

西汉虽然解决了诸侯割据的隐患，但此后豪强势力开始崛起，土地兼并日益严重，"豪富吏民訾数巨万，而贫弱愈困"[2]，失去土地的自耕农依附豪强地主，忍受着"收太半之赋"[3]的残酷剥削，或者沦为奴隶，过着"与牛马同栏"[4]的悲惨生活，阶级矛盾日益尖锐。地方上的豪强地主兼并土地，"役财骄溢，或至兼并豪党之徒，以武断于乡曲"[5]。他们聚敛财富，横行乡里，"强宗豪右，田宅逾制，以强凌弱，以众暴寡"[6]，"二千石违公下比，阿附豪强，通行货赂，割损正令"[7]，郡吏以下"皆畏避之"[8]，成为与地方官府分庭抗礼的一股势力。

西汉末年，土地兼并愈演愈烈。汉哀帝时，在太傅师丹的建议下，由丞相孔光、大司空何武草拟的土地改革方案，提出限制豪强大族兼并土地、畜养奴婢的"限田限奴"政令："诸侯王、列侯、公主、吏民占田不得超过三十顷；诸侯王的奴婢以二百人为限，列侯、公主一百人，吏民三十人；商人不得占有土地，不许做官，超过以上限量的，田蓄奴婢一律没收入

---

〔1〕《史记》卷 17《汉兴以来诸侯王年表》，第 803 页。

〔2〕《汉书》卷 24 上《食货志第四上》，第 1142 页。

〔3〕《史记》卷 2《惠帝纪》，第 85 页。

〔4〕《汉书》卷 99 中《王莽传》，第 4110 页。

〔5〕《史记》卷 30《平准书》，第 1420 页。

〔6〕《汉书》卷 19 上《百官公卿表》，第 741 页。

〔7〕同上。

〔8〕《汉书》卷 90《酷吏·严延年传》，第 3668 页。

官。"〔1〕政策实行后，"时田宅奴婢，贾（价）为减贱"〔2〕，产生了良好的效果。后因外戚丁、傅和宠臣董贤为代表的权贵以为"不便"，哀帝因受迫认为"且须后"〔3〕，政令便被搁置。太傅师丹被降爵，免为庶人，闲居乡里。

西汉中后期的土地兼并加剧直接损害了自耕农的利益，更影响了国家体制的正常运行，土地制度的变革势在必行。公元9年，王莽仿照《周礼》制度推行新政，实行土地国有："今更名天下田曰'王田'，奴婢曰'私属'，皆不得买卖。"〔4〕如一家男丁八人，则可拥有九百亩的土地，如男丁不足八人，但土地超过九百亩，则必须将超出的部分让于其他人，而原来没有土地的人国家则会相应地给予土地。他还说明自己变革的缘由，认为三代所遵行的唐、虞之道——井田制"一夫一妇田百亩，什一而税，则国给民富而颂声作"，后"秦为无道，厚赋税以自供奉，罢民力以极欲坏圣制，废井田"〔5〕，实行土地私有后，天下大乱"强者规田以千数，弱者曾无立锥之居"〔6〕。王莽的亲信中郎区博曾劝阻道："今欲违民心，追复千载绝迹，虽尧舜复起，而无百年之渐，弗能行也。"〔7〕新朝刚刚建立，大规模的改革不可操之过急，已实施但不见任何成效的"王田制"三年后即被废止。王莽的改制未能产生效果，却得罪了新兴的豪强势力，以刘秀为代表的豪强地主势力推翻了王莽新朝，建立东汉政权。刘秀即位后，大赐功臣以爵位、田宅与土地，封

---

〔1〕《汉书》卷11《哀帝纪》，第336页。
〔2〕《汉书》卷24上《食货志第四上》，第1143页。
〔3〕同上。
〔4〕《汉书》卷99中《王莽传》，第4111页。
〔5〕同上书，第4110页。
〔6〕同上。
〔7〕同上书，第4130页。

三百六十多位功臣为列侯，但对分封制度进行了变革，不再授予其军政权力。建武六年（30 年），光武帝刘秀下诏恢复西汉前期"三十税一"的赋税制度，减轻了农民的负担。东汉政权的建立得益于豪强地主阶级的支持，但豪强地主对土地的兼并影响了自耕农的利益，并直接威胁着国家赋税的来源。为了加强对垦田的控制，刘秀于建武十五年（39 年）下诏"度田"，令各郡县丈量土地，核实户口，"又考实二千石长吏阿枉不平者"[1]。刘秀的度田引发了豪强地主的反抗："郡国大姓及兵长、群盗处处并起……青、徐、幽、冀四州尤甚。"[2] 为了消除祸乱，刘秀"遣使者下郡国，听群盗自相纠摘，五人共斩一人者，除其罪"[3]，并将叛乱的本地豪强迁往他处，打击了豪强的势力。

东汉末年，外戚与宦官交替专权，朝政腐败，加之自然灾害频发，民不聊生。张角创立的太平道发展壮大，提出"苍天已死，黄天当立，岁在甲子，天下大吉"[4] 的口号。黄巾军农民起义爆发后，朝廷派出大臣到地方，给予其行政权、军权和财权以镇压叛乱，他们与各地的豪强地主联系，逐步形成割据势力。其中曹操为了获取政治上的优势，把汉献帝接到了许县，"挟天子以令诸侯"。曹操最初在众多的军阀势力中，占据州少、粮食短缺、实力薄弱，不比袁绍、袁术。"自遭荒乱，率乏粮谷。诸军并起，无终岁之计，饥则寇略，饱则弃馀，瓦解流离，无敌自破者不可胜数。袁绍之在河北，军人仰食桑

---

〔1〕（宋）范晔撰，（唐）李贤等注：《后汉书》卷 1 下《光武帝纪》，中华书局 1965 年版，第 66 页。

〔2〕《后汉书》卷 1 下《光武帝纪》，第 67 页。

〔3〕同上。

〔4〕《后汉书》卷 71《皇甫嵩传》，第 2299 页。

甚。袁术在江、淮，取给蒲蠃。民人相食，州里萧条。"[1] 曹操率先实行屯田制，建安元年（196 年）"是岁用枣祗、韩浩等议，始兴屯田"[2]，屯田之民免服兵役和徭役。

汉代已有屯田制，"孝武以屯田定西域，此先代之良式也"[3]。西汉汉文帝前元十一年（前 169 年），汉文帝以罪犯、奴婢和招募的农民戍边屯田。汉武帝时，调发大批戍卒屯田西域。西汉的屯田主要集中于西、北部边陲，规模不大，而曹操时屯田的规模之大是空前的。曹操利用在黄巾起义中掳获的劳动力、耕牛、农具，耕种无主和荒芜的土地，收获"谷物百万斛"，缓解了社会危机，"于是州郡例置田官，所在积谷，征伐四方，无运粮之劳，遂兼并群贼，克平天下"[4]。曹操施行屯田对安置流民、开垦荒地、恢复农业生产发挥了重要的作用，"数年中所在积粟仓廪皆满"，粮食"丰足军用"为官渡之战取胜创造了物质条件，也为以后统一北方奠定了基础。

曹魏的屯田制度推行至魏末时，因征收的田租较前代严重，"新募民屯田民不乐，多逃亡"[5]，屯田官舍本逐末经商的情形十分严重，"诸典农各部吏民，未作治生，以要利入"[6]，屯田制逐步遭到破坏。魏元帝下诏"罢屯田官，以均劳役"[7]，后晋武帝又重申前令，废除民屯制。之后，贵族、官僚争相侵占田地，隐匿户口。原来的屯田客或投靠豪门，或游食商贩，

---

〔1〕（晋）陈寿撰，陈乃乾校点：《三国志》卷 1《魏书·武帝纪》，中华书局 1959 年版，第 14 页。
〔2〕同上。
〔3〕同上。
〔4〕同上。
〔5〕《三国志》卷 11《魏书·袁涣传》，第 334 页。
〔6〕《三国志》卷 12《魏书·司马芝传》，第 388 页。
〔7〕《三国志》卷 4《魏书·三少帝纪》，第 153 页。

或服役为兵，有一半人不再从事农业生产，导致农业荒废，百姓穷困，国库空虚。

西晋灭吴后，西晋政权为恢复小农经济，颁布占田令："男子一人占田七十亩，女子三十亩。其外丁男课田五十亩，丁女二十亩，次丁男半之，女则不课，男年十六以上为正丁，十五以下至十三、六十一以上至六十五为次丁，时而以下六十六以上为老小不事。远夷不课田者输义米，户三斛，远者五斗，极远者输算钱，人二十八文。"[1]占田制规定，除老幼以外的人可依据性别和年龄获得不同数量的土地。占田制即限制每户占有土地的数量，是西晋统治者针对士族大肆兼并土地，在人民大量降为佃客的情形下提出的。

占田令涉及平民占田及其负担、官吏占田及其荫户等诸多内容。关于贵族占田，根据封国大小，对他们在京城所拥有的土地进行明文限制："及平吴之后，有司之奏：诏书'王公以国为家，京师不宜复有田宅。今未暇作诸国邸，当使城中有往来处，近郊有刍藁之田'今可限之，国王公侯，京城得有一宅之处。近郊田，大国田十五顷，次国十顷，小国七顷。城内无宅城外有者，皆听留之。"[2]普通官员的占田也不尽相同，"当时官品第一者，准许占田五十顷，以下官品每低一级减少五顷，至于第九品则为十顷"[3]。愍怀太子司马遹"广买田业，多畜私财"[4]，豪强石崇"水碓三十余区，仓头八百余人……田宅

---

〔1〕（唐）房玄龄等撰：《晋书》卷26《食货志》，中华书局1974年版，第790页。

〔2〕同上。

〔3〕同上。

〔4〕《晋书》卷53《愍怀太子传》，第1459页。

称是"[1]，尚书山涛"占官三更稻田"[2]，强弩将军庞宗在蓝田被充公之田达二万余亩，淮南豪强兼并水田使"孤弱失业"，占田制似乎并不能阻止士族兼并土地。关于占田和课田的关系问题，学界仍有争议，说法不一。如有学者认为占田七十亩是最高限额，课田五十亩则是一个成年男子必须完成的可供政府征税的义务耕作量。[3]

南北朝时期，战乱频仍，"时民困饥流散，豪右多有占夺，（李）安世乃上疏曰：'臣闻量地画野，经国大式；邑地相参，致治之本。井税之兴，其来日久；田莱之数，制之以限。……然后虚妄之民，绝望于觊觎；守分之士，永免于凌夺矣。'高祖深纳之，后均田之制起于此矣。"[4]北魏太和九年（485年），孝文帝颁布"均田制"：

> 诸男夫十五以上，受露田四十亩，妇人二十亩，奴婢依良。丁牛一头受田三十亩，限四牛。所授之田率倍之，三易之田再倍之，以供耕作及还受之盈缩。
>
> 诸民年及课则受田，老免及身没则还田。奴婢、牛随有无以还受。
>
> 诸桑田不在还受之限，但通入倍田分。于分虽盈，没则还田，不得以充露田之数。不足者以露田充倍。
>
> 诸初受田者，男夫一人给田二十亩，课莳余，种桑

〔1〕《晋书》卷33《石崇传》，第1008页。

〔2〕《晋书》卷41《李憙传》，第1189页。

〔3〕唐长孺：《西晋田制试释》，《魏晋南北朝史论丛（外一种）》，河北教育出版社2000年版，第47—52页；高敏主编：《魏晋南北朝经济史》，上海人民出版社1996年版，第331页。

〔4〕（北齐）魏收撰：《魏书》卷53《李孝伯传》，中华书局1974年版，第1176页。

五十树，枣五株，榆三根。非桑之土，夫给一亩，依法课莳榆、枣。奴各依良。限三年种毕，不毕，夺其不毕之地。于桑榆地分杂莳余果及多种桑榆者不禁。

诸应还之田，不得种桑榆枣果，种者以违令论，地入还分。

诸桑田皆为世业，身终不还，恒从见口。有盈者无受无还，不足者受种如法。盈者得卖其盈，不足者得买所不足。不得卖其分，亦不得买过所足。

诸麻布之土，男夫及课，别给麻田十亩，妇人五亩，奴婢依良。皆从还受之法。

诸有举户老小癃残无授田者，年十一已上及癃者各授以半夫田，年逾七十者不还所受，寡妇守志者虽免课亦授妇田。

诸还受民田，恒以正月。若始受田而身亡，及卖买奴婢牛者，皆至明年正月乃得还受。

诸土广民稀之处，随力所及，官借民种莳。役有土居者，依法封授。

诸地狭之处，有进丁受田而不乐迁者，则以其家桑田为正田分，又不足不给倍田，又不足家内人别减分。无桑之乡准此为法。乐迁者听逐空荒，不限异州他郡，唯不听避劳就逸。其地足之处，不得无故而移。

诸民有新居者，三口给地一亩，以为居室，奴婢五口给一亩。男女十五以上，因其地分，口课种菜五分亩之一。

诸一人之分，正从正，倍从倍，不得隔越他畔。进丁受田者恒从所近。若同时俱受，先贫后富。再倍之田，放此为法。

诸远流配谪、无子孙、及户绝者，墟宅、桑榆尽为公

田，以供授受。授受之次，给其所亲；未给之间，亦借其
所亲。

诸宰民之官，各随地给公田，刺史十五顷，太守十
顷，治中别驾各八顷，县令、郡丞六顷。更代相付。卖者
坐如律。[1]

但关于北魏均田制的实施情况史书记载的较少，有些学
者因此认为法令是一纸空文，对均田制实际推行与否持否定
态度，但大多数学者认为均田制在全国范围实施过。张金龙
认为均田诏载"均给天下之田"是一道强有力的法令，均田
制颁布后得到了贯彻执行。[2]北朝后期的碑文和文书资料是
佐证均田制实施的重要依据。均田制法令提到"劝课农桑，
兴富民之本"[3]，太和二十年（496年）七月诏云："又京民始
业，农桑为本，田稼多少，课督以不，具以状言。"[4]这表明
北魏迁都洛阳后仍实施均田制。从源怀上表："然主将参僚，
专擅腴美，瘠土荒畴给百姓，因此困弊，日月滋甚。诸镇水
田，请依《地令》分给细民，先贫后富。"[5]也可以看出均田制
的实施。"时细民为豪强陵压，积年枉滞，一朝见申者，日有
百数"[6]表明，至迟到宣武帝初年，均田制已在该地区推行。

对均田制的起源，学者的认识存在分歧。杨志玖认为：
"均田制是在北魏初期土地国有、计口授田的基础上，针对豪

[1]《魏书》卷110《食货志》，第2853—2855页。

[2] 张金龙：《北魏均田制实施考论》，《首都师范大学学报》（社会科学版）2017
年第1期，第1—20页。

[3]《魏书》卷7上《高祖纪》，第156页。

[4]《魏书》卷7下《高祖纪》，第180页。

[5]《魏书》卷41《源贺传》，第926页。

[6] 同上书，第826页。

族对土地和人口的兼并荫庇，农民的流亡和起义而颁行的一种制度。"[1]赵俪生则认为："'计口授田'，是拓跋氏在实行均田制之前实行了一百多年的一种制度……是边疆少数民族给汉人封建成法中所输入的新血液。"[2]韩国磐认为："魏初的课农和计口授田，必然会发展成为均田制。"[3]他们都认为"计口授田"是后来北魏政权推行均田制的基础。陈连庆提到了魏晋以来的屯田、占田制，唐长孺也将北魏均田制与"计口授田"、西晋占田制度联系起来。武建国的观点与以上学者截然相反，他认为均田制源于"中国古代社会源远流长的土地国有制传统"[4]。此外，朱绍侯也指出均田制受中国古代土地制度中的授田传统的直接影响。[5]

唐朝建立之后，沿袭了均田制，并推行了租庸调制，以人丁为依据，所谓"有田则有租，有身则有庸，有户则有调"[6]。唐朝国力强盛，曲辕犁等新兴工具被应用到农业生产中，耕作效率大大提高，经济社会持续发展。但唐朝中后期，土地兼并之势日益剧烈，国有土地不断地转化为私有土地，政府控制的土地日益稀少，逐渐无地授田。国家赋税被转嫁给原授田农户，农户或逃亡，或出卖土地投靠贵族官僚地主为佃户，均田制瓦解。唐德宗建中元年（780 年），宰相杨炎建议施行两税法，将以征收谷物、布匹等实物为主的租庸调法改为以征收金

〔1〕 杨志玖：《论均田制的实施及其相关问题》，《历史教学》1962 年第 4 期，第 11 页。

〔2〕 赵俪生：《中国土地制度史》，齐鲁书社 1984 年版，第 95 页。

〔3〕 韩国磐：《北朝隋唐的均田制度》，上海人民出版社 1984 年版，第 44 页。

〔4〕 武建国：《均田制研究》，云南人民出版社 1992 年版，第 59 页。

〔5〕 参见朱绍侯：《魏晋南北朝土地制度与阶级关系》，中州古籍出版社 1988 年版。

〔6〕 （宋）欧阳修、宋祁撰：《新唐书》卷 52《食货志》，中华书局 1975 年版，第 1354 页。

钱为主，一年分夏、秋两季征收。两税法实质上就是以户税和地税来代替租庸调的新税制。两税法"唯以资产为宗，不以丁身为本"，改变了自战国以来以人丁为主的赋税制度。[1]"两税制下土地合法买卖，土地兼并更加盛行，富人勒逼贫民卖地而不移税，产去税存，到后来无法交纳，只有逃亡。于是土地集中达到前所未有的程度，而农民沦为佃户、庄客者更多。"[2]两税法的推行是中国赋役制度史的重大事件。

宋朝开始全面推行两税法，实行"不立田制""不抑兼并"的土地政策。国家不再执行强化国家土地所有制的措施，不再运用政权力量进行土地再分配，不再调整土地占有关系；国家不再干预土地私有制的发展，对土地买卖和兼并持自由放任的态度。因此，宋代"势官富姓，占田无限，兼并伪冒，习以成俗"[3]。北宋中期，土地兼并日渐严重，王安石曾有《兼并》一诗即反映了这种情况：

> 三代子百姓，公私无异财。人主擅操柄，如天持斗魁。
> 赋予皆自我，兼并乃奸回。奸回法有诛，势亦无自来。
> 后世始倒持，黔首遂难裁。秦王不知此，更筑怀清台。
> 礼义日已偷，圣经久埋埃。法尚有存者，欲言时所咍。
> 俗吏不知方，掊克乃为材。俗儒不知变，兼并可无摧。

---

[1]（唐）陆贽，王素点校：《陆贽集》卷22《中书奏议》，中华书局2006年版，第722页。

[2] 马金华主编：《中国赋税史》，对外经济贸易大学出版社2012年版，第41页。

[3]（元）脱脱等撰：《宋史》卷173《食货志上一》，中华书局1977年版，第4164页。

利孔至百出，小人私阖开。有司与之争，民愈可怜哉。[1]

宋神宗时，王安石以"摧抑兼并、均济贫乏"为宗旨推行变法，"陆续颁布了青苗法、免役法（募役法）、市易法、农田水利法及方田均税法等新法。虽然有所反复，但是北宋后期六十年基本上是沿着王安石摧抑兼并的路线行进"[2]。但总体来说，宋代抑制兼并的措施并不成功。李华瑞从频繁的社会流动、反对抑制兼并的思想、官府的苛政、权贵势力的膨胀四个方面，论证了宋代土地兼并难以抑制的实际情况。[3]

明朝在土地管理和基层管理上，开始推行"赋役黄册"、"鱼鳞册"和里甲制度。这三大制度相互配合、相辅相成，构成户籍制度、土地制度、赋役制度，以及基层社会治理高度结合的有效机制。洪武十四年（1381 年），朱元璋发现因土地隐匿给国家税收造成损失的严重问题后，开始编造完整、详细的鱼鳞图册，在相当大的程度上摸清了地权、清理了隐匿。不过，这些制度的有效运行是以静态且相对封闭的基层社会为前提的，随着社会经济发展、人口流动和土地交易频繁，僵硬的管理制度与社会现实显得越来越脱节。明代中期后，以里甲制度为基础的赋役制度积重难返，百姓承受的各种徭役杂派愈益繁重，而国家财政收入不断降低，财政越来越入不敷出。张居正等为保证国家赋役的征收，提出了实行"一条鞭法"的建议。"一条鞭法"的内容是："总括一县之赋役，量地计丁，丁

〔1〕王水照主编：《王安石全集》第 5 册《临川先生文集（一）》，复旦大学出版社 2016 年版，第 198 页。

〔2〕李华瑞：《宋代的土地政策与抑制"兼并"》，《中国社会科学》2020 年第 1 期，第 191 页。

〔3〕同上书，第 192—194 页。

粮毕输于官。"〔1〕就是把各州县的田赋、徭役以及其他杂征总为一条，合并征收银两，按亩折算缴纳，大大简化了征收手续，同时使地方官员难于作弊。"一条鞭法"有三个目的：一是简化税制；二是增加收入；三是方便征收。万历九年（1581年），张居正在明神宗的支持下，开始在全国推行"一条鞭法"。此后，赋役征收不再依靠里甲制度，农民有了更多的人身自由和职业选择，促进了工商业和商品生产的发展，推动了户丁税向地亩税的过渡，以及实物税向货币税的转变。但以上制度的变革依然只是国家对资源配给方式的再调整。明朝末年，连年大旱导致粮食短缺，加之连年与起义军和后金开战，民不聊生。李自成农民起义以"均田免粮"为口号，推翻了明朝。

　　清朝建立后，将明朝藩王的土地以及战乱的土地收归国有。康熙七年（1668年），为了加速垦荒、增加赋税，清廷推行"更名田"，下诏"查故明废藩田房，悉行变价，照民地征粮，其废藩名色，求行除革"〔2〕。通过实施"更名田"，清廷把一部分藩产无偿地交与原耕佃农承种，使其成为拥有合法土地所有权、只缴纳封建国家赋税的自耕农民。此外，清政府开始推行"摊丁入亩"。"摊丁入亩"又称作"摊丁入地""地丁合一"，是将历代相沿的丁税并入田赋征收的赋税制度，这一制度的实施标志着在中国实行了两千多年的人头税（丁税）的废除。康熙初年，直隶灵寿县知县陆陇其曾言："每遇审，有司务博户口加增之名，不顾民之疾痛，必求溢于前额。故应删者不删，不应增者而增，甚则人已亡而不肯开除，子初生而责其

---

〔1〕（清）张廷玉等撰：《明史》卷78《食货志》，中华书局1974年版，第1902页。

〔2〕《清实录·圣祖实录》卷27，中华书局1985年版，第375页。

登籍。沟中之瘠，犹是册上之丁；黄口之儿，已入追呼之檄。始而包赔，既而逃亡，势所必然。"[1]这句话表明，当时户丁编审中的虚报和浮夸之风普遍存在，而官员利用特权隐匿人丁，或托为客籍以规避赋役，应缴的丁银便落在贫苦农民身上。

总之，以上因素形成了历代兴衰的闭环。朝代初期，调整土地占有关系，分配农民土地，或者鼓励开垦荒地，保证国家赋税来源。朝代中期，土地兼并加剧，自耕农破产，新的利益集团出现，国家改革土地制度或者赋税制度，以期保证赋税来源或者维护自耕农利益。朝代后期，吏治腐败，变革往往失效，农民揭竿而起，朝代更迭出现，进入新一轮的历史循环。这种闭环的形成，是以土地为核心的农耕社会形态的必然结果，是未出现技术巨大变革的情况下小农经济内敛化的必然发展趋势。

---

[1]（清）陆陇其:《三鱼堂外集》卷1《编审人丁议》，浙江古籍出版社 2018 年版，第 270 页。

◉ 前沿问题探索

核心问题一："内卷化"是当今社会的热点问题之一，"内卷化"最早源于美国人类学家格尔茨 1963 年出版的著作《农业内卷化》，在该书中格尔茨将"内卷化"定义为，社会或者文化的模式在某阶段达到确定形式之后，发展便停滞不前而无法转换为更加高级的状态的情况。卜凯提出了中国小农人均土地过少往往带来贫困的问题，其根源就是土地必须精耕细作。这导致中国社会的转型一直出现一个问题，即人口相对集中、土地相对集中；黄宗智也借用"内卷化"理论来分析中国的小农经济，他认为在中国人多地少的国情之下，容易发生劳动投入越来越高但是劳动回报却越来越低的情况，以致形成一个顽固难变的封闭体系。黄宗智的研究集中在华北地区，卜凯的研究集中在南方江淮地区。您的研究与卜凯、黄宗智研究的"内卷化"问题有些相似，请问您是如何看待农业"内卷化"问题的？

盛邦跃（南京农业大学　教授）：黄宗智的著作《中国研究的范式问题讨论》《长江三角洲的小农家庭与乡村发展》《华北的小农经济与社会变迁》在学界享有盛名，旨在理论化地研究历史时期中国农业、农村以及农村存在的相关问题并找出解决方法。黄宗智作为华盛顿大学的历史学博士，接受过严格且体系化的学术培训和锻炼，他在理论方面的研究是卜凯不能够比肩的。但是，卜凯的优势在于他本人是一个具有实践精神的农业经济研究者，通过一系列的农村调查和长期观测发现问题并提出解决方法。卜凯从农业经济学家的角度进行研究，更强调基于调查基础而得出结论，结论往往没有更进一步上升到理论的高度，他的结论实际上是对客观现实的一种分析，得出政策上的建议。黄宗智也做一些调查并加以研究，他更注重的是要上升到一种理论层面。实际上，黄宗智的研究和卜凯的研究不能算是一个相同的领域，不能够很好地进行比较。学界对于黄宗智的普遍观点是他作为一个历史学出身的学者在中国社会经济变迁等领域的研究很有见地，对于历史时期中国农业经济的相关研究具有独到之处。卜凯作为康奈尔大学农学院的毕业生，试图以美国的农业科技来改变旧中国农业落后的局面，实地考察发现旧中国的农业落后单靠技术不能解决以后，转而进行实地调研以求解决中国农业落后的根本问题。学界对于卜凯的普遍观点是他是一名农业经济学家。在我看来，卜凯的工作更有利于政府的决策，可以提供政策咨询。黄宗智的研究更像是提出自己的相关理论，用一个理论概括某种社会现象。两个人在学术上很难进行明确的比较。农史研究既要进行理论和方法论研究，也要相关的研究成果能被政府采纳。就我个人而言，更倾向于卜凯所做的工作具有较强现实意义。

"内卷化"这个概念和问题，不是我研究的方向，我很难对这个问题发表我的看法。你提到黄宗智的研究集中于华北地区，其实不然，他的《长江三角洲的小农家庭与乡村发展》就是对南方地区的研究。但是卜凯农村调查的相关研究表明，中国近代农业的现代化不可能追求大规模的雇工经营。旧中国落后的工业无法解决因为大规模经营带来的剩余劳动力吸纳的问题。人多地少是近代中国包括当代中国的一个社会现实，在工业已经相当发达的今天，一旦遭遇经济危机，还是有大量的农民工返乡，可见近代的人口集中、土地集中以及"内卷化"问题恐怕很难单纯用一种理论来解释。近代中国农业社会转型困难的原因是多元化的，"内卷化"理论没能够解释清楚，卜凯的农村调查也没有解决问题。我认为研究近代中国农业还是要从多维度入手，避免研究片面化。不能为了证明一个理论或者一个概念的正确，将很多问题都用这一理论进行阐释，这样可能对一些理论和概念产生新的学术争论和异议，这不是我们研究者希望看到的。

核心问题二：中国农业历史悠久，农业文化积淀丰厚，流传至今的古农书尚有四百多种，这在世界农业史上绝无仅有。农书系统记载了我国古代的农业技术经验和生产知识，内容涉及土壤耕作、粮食油料作物栽培、果树蔬菜、花卉药材、畜牧兽医、水利、农具、救荒、农学理论、农业经营管理、农村生活等各个方面，是系统反映传统农业历史特点的古籍文献。历代农书是农业传统文化的重要载体，也是保持中华民族文化特色并进行文化传承的主要依据之一。从这样的角度看，历经劫难流传下来的古农书应当被今人所了解、认识和利用。在您看来，农书有着什么样的价值？

惠富平（南京农业大学　教授）：古农书讲的主要是种植牧养的方法和经验，内容无关功名进取，过去一直颇受冷遇，能潜心农学并写出古农书的人不多，古农书的刊印数量、流传范围有限，著录散乱，亡佚现象十分严重。有些重要农业典籍在其故乡早已销声匿迹，反而流传于他国。古农书这种科技典籍的命运，实际上在很大程度上反映出古代中国学术的特点。当今时代，我国社会发生了翻天覆地的变化，人们的思想观念也与以往大不相同，但许多文化传统留存至今，并且仍具有旺盛的生命力。

古农书的编撰者多是些贴近农村生活或直接经营农业的地主、读书人和隐士，还有不少是通晓农桑、关心民众疾苦的地方官吏；封建政府有时也从重农劝耕的政治需要出发，组织编撰农学书籍，指导农业生产。古人写农书的动机、目的虽有不同，所采用的写作方法和体裁、体例也各种各样，但都在客观上保存和总结了劳动人民长期积累的生产经验以及作者本人研讨农学的心得，使得中华农业文化不断积累、传承，今天仍历历在目。要了解过去的农业，我们只需翻开农书便可知其大概。否则，我国先民创造的丰富多彩的农业文化便会淹没在历史的烟云之中，无从追寻。尤其是古农书所记载的精湛农业技艺，及其所反映的传统农业技术知识体系、卓越的农学思想，至今仍令人惊异，不仅在中外科学史上具有重要意义，还对现代农业的发展具有一定借鉴作用。另外，农书作者个人及其群体所具有的科学探索精神和务实思想在中国学术史上别具一格，值得推崇。展示古农书内容的精华和生命力，是当今农业经济发展服务追求的目标。

农书研究在 20 世纪初已有不少人涉足并形成一定特点。近代，西方科学技术大规模传入中国，国人应接不暇，在农学方面出现不顾本土条件，全面兼收的倾向，有识之士不无忧虑。一些学者着手研究中国农学，弘扬国粹，主张兼采中西之法发展中国农业，在古农书搜求编目及一些重要古农书如《齐民要术》《农政全书》等的研究与介绍方面取得一定成绩。早期古农书研究的代表人物有钱天鹤、栾调甫、万国鼎等。不过当时的古农书研究基本局限于介绍重点古农书和局部探讨方面，属于一些先行者的自觉行为，在近代中国的社会环境之下难以形成潮流。

新中国成立后，党和政府致力于发掘祖国优秀文化遗产，古为今用，有组织地开展了农业历史文献的整理与研究工作，南京农学院、西北农学院、华南农学院、北京农业大学还成立了专门的农史研究机构，农书研究勃然兴起。20 世纪 50 年代初至 90 年代中期，经过一批农史学家的艰苦努力，各种重要农书相继得以校注整理，同时产生了近千种农书研究论著，其中王毓瑚《中国农学书录》、石声汉《中国古代农书评介》《从齐民要术看我国古代的农业科技知识》、南京农学院中国农业遗产研究室编著《中国农学史》、陈恒力《补农书研究》等都是古农书研究的重要著作。不少单篇古农书研究论文也各有特色和创见，如梁家勉《〈齐民要术〉的撰者、注者和撰期》、万国鼎《〈齐民要术〉所记农业技术及其在中国农业技术史上的地位》、夏纬瑛《〈夏小正〉及其在农业史上的意义》、游修龄《从大型农书体系的比较试论〈农政全书〉的特色和成就》等。在中国经济思想史研究中，胡寄窗、赵靖等人考察了《齐民要术》等农书中所反映的古代农业经济思想问题。与此同时，还涌现出一批著名农书研究专家，代表人物有石声汉、万国鼎、王毓瑚、夏纬瑛、梁家勉、缪启愉、马宗申等。

　　总体上看，这一时期的古农书研究有以下特点：第一，将近现代农学理论与传统考据学方法相结合，阐释古农书的内容，发掘其科学内涵。第二，以几部大型综合性古农书的研究为重点，兼顾专业性古农书和小型地方性古农书。有关《齐民要术》《农政全书》的研究文章均不下百篇，《吕氏春秋》"上农"等四篇以及《氾胜之书》《四民月令》《王祯农书》《农桑辑要》《陈旉农书》《元亨疗马集》《植物名实图考》等的研究介绍文章也有不少。第三，研究角度不一，研究内容丰富。有的文章着眼于某一本、某一类或某一时代的古农书，全面考察其内容特色；有的文章则立足现代农学理论，从古农书某一方面的内容入手，进行深入探讨，在土壤耕作、作物栽培、农具、水利、蚕桑、园艺、林业、生态、经营管理等方面各有见树。第四，有比较明显的阶段特点。20世纪50年代初至"文化大革命"之前，农书研究多伴随古农书校注整理进行，既有全面的介绍性文章，也有高水平的研究论著。"文化大革命"期间，农史研究停滞。1978 年以后，农史学术开始复苏，研究重点亦发生了变化，农书整理研究已不再是农史研究的主流。但古农书研究仍取得许多成果，呈现出整体性研究特色，某些方面的研究层次有所提高，研究角度及研究方法也有改变。有的学者全面分析明清时期的农书与农学成就；有的对月令体农书与救荒类农书加以综合考述；有的进行中西农书比较研究；有的从农书所见的农具揭示我国当时的农业科技水平；有的研究农书中的农业技术地理问题等。第五，古农书研究有组织地展开，研究单位及学者个人之间分工协作，既各有侧重，又相互构成一定体系。

此外，日本学者对中国古农书的研究也很引人注目。日本向来重视中国古农书，不仅收藏了大量中国农业历史文献，还利用这个有利条件对中国农业历史和农业典籍进行了长期不懈的研究，成就显著。天野元之助、熊代幸雄、西山武一、渡部武等都是中国农史学界熟知的日本学者。日本学者对中国农书的研究主要可分为以下几个方面：一是考证古农书的版本；二是分析古农书产生的时代背景；三是探讨中国古农书的技术内容；四是中国古农书的综合性论述；五是对农家月令书的专门研究；六是日本古农书与中国古农书的比较研究。特别是日本学者通过对贾思勰《齐民要术》的长期研究，发表了很多学术论著，并提出了"贾学"概念，这个概念已被中国农史学界普遍接受，认为"贾学"可与"红学"相颉颃。总之，日本学者对中国农书的研究相当系统和深入，而且持久不断，至今仍有不少学者热衷于这方面的研究工作，并时有新意，彰显了我国古农书的博大精深与独特魅力。

农学肇兴、社会转型与近代中国农业的变革

闵祥鹏

摘　要：近代农学的兴起，与西学东渐的时代浪潮紧密相连，与中华民族救亡图存的命运息息相关。中国自古为农耕之国，农民问题是近代中国变革中的根本问题。改变中国积贫积弱的面貌，首先要改变中国农业的落后面貌，改变农民的悲惨命运。因此，近代中国的历次重大变革，都紧紧围绕农民觉醒以及与之相关的地权问题。从太平天国农民运动中的《天朝田亩制度》，到孙中山三民主义中民生主义的核心举措——平均地权，以及新民主主义革命中的土地革命、农村包围城市的革命道路等，近代中国需要解决的基本问题就是农民问题。近代农学的引入与农史研究的开拓，就是在这一历史背景下兴起的。

关键词：农学　农业　近代中国

近代以来，随着外文报纸在中国的出现，西方农学的相关信息开始传入中国。如上海第一家外文报纸——《北华捷报》（*North-China Herald*）中，不仅刊载各国农业新闻，也有介绍中国农业源流、农业与人口问题的相关文章[1]，但农学论著并不

---

[1] "Chinese Agriculture", *The North-China Herald and Supreme Court & Consular Gazette*, Shanghai, 1871, p.736.

多见。直至 1896 年，在梁启超编纂的《西学书目表》（刊载于《时务报》）中，农政类的书籍不过 7 册。其中第一本是《农学新法》，由贝德礼著，李提摩太和蔡尔康共同翻译。确切地说，《农学新法》只能算是一篇 3000 多字的文章，出自 1893 年《万国公报》举办的征文活动。该文主要介绍农业化学方面的一些基本知识。但在《西书提要农学总叙》中，梁启超对其有很高的评价："西人言农学者，国家有农政院，民间有农学会，农家之言，汗牛充栋，中国悉无译本，只有《农学新法》一书，不及三千言。"〔1〕可见，《农学新法》的翻译对推介农学有着开拓之功。

图 7　《时务报》

---

〔1〕　梁启超：《西书提要农学总叙》，《时务报》1896 年第 7 册，第 4—5 页。

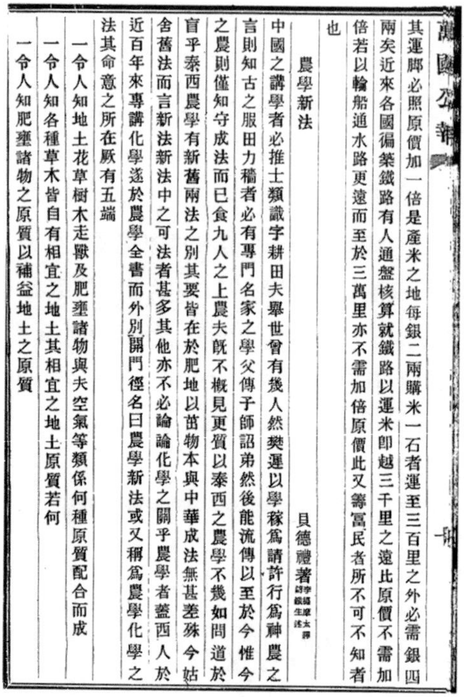

萬國公報

其運脚必照原價加一倍是產米之地每銀二兩購米一石者運至三百里之外必需銀四兩矣近來各國徧築鐵路有人通盤核算就鐵路以運米即越三千里之遠比原價不需加倍若以輪船通水路更遠而至於三萬里亦不需加倍原價此又籌富民者所不可不知者也

農學新法　貝德禮著　李提摩太譯　鑄鐵生述

中國之講學者必推士類識字耕田夫舉世曾有幾人然樊遲以學稼爲請許行爲神農之言則知古之服田力穡者必有專門名家之學父傳子師詔弟然後能流傳以至於今惟今之農則僅知守成法而已食九人之上農夫既不概見更質以泰西之農學不幾如問道於盲乎泰西農學有新舊兩法之別其要皆在於肥地以茁物本與中華成法無甚差殊今姑舍舊法而言新法新法中之可法者甚多其他亦不必論論化學之關乎農學者葢西人於近百年來專講化學遂於農學全書而外別闢門徑名曰農學新法或又稱爲農學化學之法其命意之所在厥有五端

一令人知地土花草樹木走獸及肥壅諸物與夫空氣等類係何種原質配合而成

一令人知各種草木皆自有相宜之地土其相宜之地土原質若何

一令人知肥壅諸物之原質以補益地土之原質

图 8　贝德礼《农学新法》(《万国公报》1893 年第 52 期)

一、农学首倡者与革命先行者孙中山

中国农学的首倡者，是革命先行者孙中山先生。在救亡图强思想的引领下，1890 年，年仅 24 岁的孙中山便提出了破解当时农桑不振的方法：“道在鼓励农民，如泰西兴农之会，为之先导。此实事之欲试者一。”[1] 孙中山也是最早提出创办农会、振兴农业的知识分子。之后，他又在好友陆皓东的引荐下，结

〔1〕 孙中山:《致郑藻如书》，广东省社会科学院历史研究室、中国社会科学院近代史研究所中华民国史研究室、中山大学历史系孙中山研究室合编:《孙中山全集》(第一卷)，中华书局 1981 年版，第 2 页。

识了同乡近代启蒙思想家郑观应。避居澳门的郑观应，当时正在撰写《盛世危言》。该书中收录的《农功》一文，有不少学者认为是由孙中山撰写，郑观应修改而成的。文中提到："今吾邑孙翠溪西医颇留心植物之理……犹恐植物新法未精，尚欲游学欧洲，讲求新法，返国试办。"[1]文章的撰写者虽有争议，但文中表明少时务农的孙中山对农学一直有着深入思考。

　　1894 年 1 月，满怀报国之志的孙中山，完成了自己 8000余字的长文《上李鸿章书》。这是他向李鸿章进言的治国之策，其中强调农业是优先发展的急务，"农政之兴尤为今日之急务"，直言洋务运动以来农政未能效仿是当时引进西学中的

图 9　年轻时代的孙中山（《东方杂志插画汇订》1911 年第 5 期）

---

[1]　对于《农功》一文的作者学界有争议，该文被收录于郑观应的《盛世危言》一书中，也曾收录于孙中山的相关著作集中。就内容而言，学界多认为《农功》包含了诸多孙中山之后的农学思想。

重大疏漏："窃以我国家自欲行西法以来，惟农政一事，未闻仿效，派往外洋肄业学生，亦未闻有入农政学堂者，而所聘西儒，亦未见有一农学之师，此亦筹富强之一憾事也。"因此，他倡议推介农学、设立农政学堂、筹办农学会。"农学既明，则能使同等之田产数倍之物，是无异将一亩之田变为数亩之用，即无异将一国之地广为数国之大也。如此，则民虽增数倍，可无饥馑之忧矣。此农政学堂所宜亟设也。"[1]"农政有官，农务有学，耕耨有器"，这是他从农业制度、农业技术以及农业种植等方面提出的富国之策。

孙中山向李鸿章进言，也有另外一个目的，即获得出国考察的护照，自费游历诸国学习农政，以便归国后植桑垦荒、兴办学堂。为此，他请郑观应撰写推荐信，请郑的好友盛宣怀向李鸿章举荐他。郑观应在信中说："敝邑有孙逸仙者，少年英俊，曩在香港考取英国医士，留心西学，有志农桑生殖之要术，欲游历法国讲求养蚕之法，及游西北省履勘荒旷之区，招人开垦，免致华工受困于外洋。……孙逸仙医士拟自备资斧，先游泰西各国，学习农务，艺成而后返中国，与同志集资设书院教人；并拟游历新疆、琼州、台湾，招人开垦，嘱弟恳我公求傅相，转请总署给予游历泰西各国护照一纸，俾到外国向该国外部发给游学执照，以利遄行。"[2]这年6月，孙中山带着郑观应等人的推荐信抵达天津，但未能得到李鸿章的接见。

此时的李鸿章，正为即将爆发的中日甲午战争焦头烂额。

---

[1] 孙中山：《上李鸿章书》，广东省社会科学院历史研究室、中国社会科学院近代史研究所中华民国史研究室、中山大学历史系孙中山研究室合编：《孙中山全集》（第一卷），中华书局1981年版，第11页。

[2] 《辛亥革命史丛刊》编辑组：《辛亥革命史丛刊》（第一辑），中华书局1980年版，第90页。

1894 年 6 月，正是中日甲午战争即将开战的关键时刻，[1] 中日双方已进入剑拔弩张、一触即发的紧张状态。面对外敌压境的军情，焦头烂额的李鸿章只能将精力放在迫在眉睫的战事，无心与这位年仅 28 岁的医生畅谈兴办学校、培养人才、兴办农政、修筑铁路等"长久之计"。况且在这种战局下，孙中山与李鸿章交谈"欧洲富强之本，不尽在于船坚炮利、垒固兵强，而在于人能尽其才，地能尽其利，物能尽其用，货能畅其流……而不急于此四者，徒惟坚船利炮之是务，是舍本而图末也"[2]，自然也是不合时宜。不过，孙中山出国考察农务的诉求，还是得到了一定的支持，他最终拿到了护照。

李鸿章也许未曾料到，这次被拒绝的会面成了推动中国最后一个王朝覆亡的支点。正因未获接见，一腔热血的孙中山清醒地意识到清朝上层权贵的短视与腐朽，在回顾这次失败的经历时，他"怃然长叹，知和平之法，无可复施。然望治之心愈坚，要求之念愈切，积渐而知和平之手段，不得不稍易以强迫"[3]。被拒之门外，更坚定了他从事革命，而非改良救国的决心。正是借助出国考察农务的护照，孙中山从上海经日本到达

---

〔1〕　1894 年 6 月 2 日，日本伊藤内阁决议出兵朝鲜。6 月 5 日，日本设立"大本营"，由参谋总长、参谋次长、陆军大臣、海军军令部长等参与，以便指挥战事。6 月 6 日，中方则派遣直隶提督叶志超和太原镇总兵聂士成率淮军在朝鲜牙山登陆。6 月 9 日，日本派先遣队 400 多人进入朝鲜首都汉城（今韩国首尔），同时根据《中日天津条约》知照中方，其后又在 6 月 12 日派兵 800 人进驻汉城。在日军先遣队出发前，日本外务大臣陆奥宗光训令驻朝公使大鸟圭介"得施行认为适当之临机处分"，授权寻机发动战争。

〔2〕　孙中山：《上李鸿章书》，广东省社会科学院历史研究室、中国社会科学院近代史研究所中华民国史研究室、中山大学历史系孙中山研究室合编：《孙中山全集》（第一卷），中华书局 1981 年版，第 8 页。

〔3〕　孙中山：《伦敦被难记》，广东省社会科学院历史研究室、中国社会科学院近代史研究所中华民国史研究室、中山大学历史系孙中山研究室合编：《孙中山全集》（第一卷），中华书局 1981 年版，第 52 页。

檀香山，开启了"驱逐鞑虏，恢复中华，创立合众政府"的革命征途。1894 年 11 月 24 日，孙中山在檀香山创立中国第一个民主革命团体——兴中会。当然，孙中山的檀香山之行对外公开陈述的宗旨是募集款项用以建立农学会。[1]筹办农学会，成为孙中山革命初期掩护行动的重要方式。

邹鲁也曾撰文提及："李（鸿章）不能纳，惟予以农学会筹款护照，总理以李既无洞烛大局之眼光，且年已垂暮，无意事业，实难期其有大作为，值清军叠败于日，内外威信扫地，总理以时机可乘，乃赴檀香山，欲纠集海外华侨，以收臂助。"[2]1895 年 3 月，孙中山与陆皓东、郑士良等回到广州计划发动第一次反清起义，同样还是利用筹办农学会、研究农桑新法作为掩护。在广州双门底王家祠云冈别墅的农学会，实际上也是兴中会广州分会。

10 月 6 日，广州《中西日报》署名孙文的《创立农学会征求同志书》一文，广邀同志，共创农学会：

创立农学会征求同志书

间尝综览古今，旷观世宙，国家得臻隆盛、人民克享雍熙者，无非上赖君相之经纶，下借师儒之学术，有以陶熔鼓舞之而已。是一国之兴衰，系乎上下之责任，师儒不以独善自诿，君相不以威福自雄。然后朝野交孚，君民一体，国于是始得长治久安。我中国衰败至今，亦已甚矣！用兵未及经年，全军几致覆没，丧权赔款，蒙耻启羞，割地求和，损威失体，外洋传播，编成谈笑之资，虽欲讳之

〔1〕〔美〕薛君度：《黄兴与中国革命》，杨慎之译，湖南人民出版社 1980 年版，第 36 页。

〔2〕邹鲁：《中国国民党史稿》，中华书局 1960 年版，第 12 页。

而无可讳也。追求积弱之故，不得尽咎于廊庙之上，即举国之士农工商，亦当自任其过焉。

盍观泰西士庶，忠君爱国，好义急公，无论一技之能，皆献于朝，而公于众，以利民生富强之基。故民间讲求学问之会，无地不有；智者出其才能，愚者遵其指授，群策群力，精益求精，物产于以丰盈，国脉因之巩固。说者徒美其国多善政，吾则谓其国多士人，盖中华以士为四民之首，此外则不列于儒林矣！而泰西诸国则不然，以士类而贯四民：农夫也，有讲求耕植之会；工匠也，有讲求制器之会；商贾也，有讲求贸易之会。皆能阐明新法，著书立说，各擅专门，则称之曰农士、工士、商士，亦非溢美之词。以视我国之农仅为农，工仅为工，商仅为商者，相去奚啻霄壤哉？故欲我国转弱为强，反衰为盛，必使学校振兴，家弦户诵，无民非士，无士非民，而后能与泰西诸国并驾齐驱，驰骋于地球之上。若沾沾焉以练兵制械为自强计，是徒袭人之皮毛，而未顾己之命脉也。恶乎可？意则当国诸公，以为君子惟大者远者之是务，一意整军经武，不屑问及细事耶？果尔，则我侪小民，更宜筹更小者近者，以称小人之分量矣。

某也，农家子也，生于畎亩，早知稼穑之艰难。弱冠负笈外洋，洞悉西欧政教，近世新学靡不博览研求。至于耕植一门，更为致力。诚以中华自古养民之政，首重农桑，非如边外以游牧及西欧以商贾强国可比。且国中户口甲于五洲，倘不于农务大加整顿，举行新法，必至民食日艰，哀鸿遍野，其弊可预决也。故于去春，子身数万里，重历各国，亲察治田垦地新法，以增识见，决意出己所学，以提倡斯民。犹念我粤东一省，于泰西各种新学闻之最先，缙绅先生不少留心当世之务，同志者定不乏人。今特创立农学会于省城，以收集思广益之实效。首以翻译为本，搜罗各国农桑新书译成汉文，俾开风气之先。即于会中设立学堂，以教授俊秀，造就其为农学之师。且以化学详核各处土产物质阐明相生相克之理，著成专书，以教农民，照法耕植。再开设博览会，出重赞以励农民。又劝纠集资本，以开垦荒地。此皆本会之要举也。至于上恳国家立局设官，以维持农务，是在当道者。"先天下之忧而忧，后天下之乐而乐"，范文正抱此志于未达之时，千载尤令神往。今值国家多难，受侮强邻，有志之士正当惟力是视，以分君上之忧，安可自外生成，无关痛痒，为西欧士民所耻笑哉！古有童子，能执干戈以卫社稷，曾见许于圣门。某窃师此义，将躬操耒耜，以农桑新法启吾民矣。世之同情者，谅不以狂妄见摈，而将有以匡其不逮也欤！

如有同志，请以芳名住址开列，函寄双门底圣教书楼或府学宫万蟾书屋代收，以便届期恭请会议开办事宜。是为言。

香山孙文上言　光绪乙未八月十六日[1]

文章署名为孙文，但起草人则是兴中会会员区凤墀。区凤墀是孙中山的中文老师，也是一位基督教华人传教士。1890年10月，他曾前往柏林大学东方研究所教授中文，四年后返回广州，恰逢兴中会初创。虽然他从事传教工作，但多年的海外经历，使他强国的民族意识变得更加强烈，积极投入兴中会的活动中。他不仅以孙中山的名义起草了《创立农学会征求

---

[1]　孙文：《创立农学会征求同志书》，《中西日报》（广州）1895年10月6日。

同志书》，而且还计划创办农学院，他的同事曾致信伦敦总部："区先生目前正在致力于创办一所农学院，全部建筑所需费用和将来的日常开支都由他们华人自己去筹措。"[1]筹划广州起义时，区凤墀与孙中山实际上居住在一起，因此《创立农学会征求同志书》中翻译农书、设立农学学堂、筹办博览会等措施，虽非孙中山先生执笔，却与他之前的农业思想一脉相承，同样体现了当时革命派对中国农学发展的众多前瞻性思考。

图 10　区凤墀

区凤墀（1847—1914），广东顺德人。基督教华人传教士，兴中会会员。孙中山曾取中文名字"日新"，出自《大学》中"苟日新，日日新，又日新"，区凤墀将"日新"改为粤语同音的"逸仙"，之后孙逸仙（Sun Yat-sen）的名字广为人知。

---

[1] Rev. Herbert R Wells to Rev. Wardlaw Thompson, 21 October 1895, CWM, South China, Incoming Correspondence 1803—1936, Box 13(1895—1897), Folder 1(1895)，转引自黄宇和：《孙文革命：〈圣经〉和〈易经〉》，广东人民出版社 2016 年版，第 180 页。

　　《创立农学会征求同志书》的撰写时间是 8 月 16 日，距离兴中会广州起义的时间（9 月 9 日）不足一月，所以该文不仅是一篇展示革命派农政思想的时文，也是以农务推动革命的战斗檄文。尤其是文末提到："如有同志，请以芳名住址开列，函寄双门底圣教书楼或府学宫万蟾书屋代收，以便届期恭请会议开办事宜。"该地点不仅是农会会址，也是兴中会分会所在地。孙中山之所以选择筹办农学会为其掩护，一方面是在寻找同道者，另一方面也表明他对农政的熟悉与关注。正是这种熟悉与关注，使得孙中山筹办的农学会得到了广州士绅刘学询等人的资金支持。但广州起义的失败，导致农学会被迫关闭。

　　农学在孙中山的早期活动中，不仅仅是一种掩护，而且占据着非常重要的地位。中国台湾学者李敖指出，孙中山在农学方面的文字，"除了收在郑观应《盛世危言》中的两篇外，还有 1892 年发表在澳门报上的《致郑藻如书》……孙中山在给他的信中，提议在中国设'如泰西兴农之会，为之先导'。孙中山在发表这封信的两年后（1894 年）才发表《上李鸿章书》，提出改良农村的计划；又过一年（1895 年），在《创立农学会征求同志书》中更提出具体的主张。这些重要文献表明，孙中山早期革命活动的路线是'医农双轨'。"[1] 这从他的活动经历中也可以得到印证。

二、维新运动与农学研究的兴起

　　孙中山创办的农学会会址双门底圣教书楼隔壁，就是康有

---

〔1〕 李敖：《孙中山研究》，《李敖大全集》第 7 卷，中国友谊出版公司 2010 年版，第 209—210 页。

为的万木草堂，两位近代风云人物曾比邻而处。孙中山曾试图联系康有为，康有为要求："孙某如欲订交，宜先具门生帖拜师乃可。"广州成立农学会时，康有为的弟子陈千秋也曾受到邀请，但康有为不同意。在中国道路的未来走向上，革命派与改良派之间的分歧似乎是难以弥合的。但对于振兴农务，双方的观点并无根本性差异。

广州起义失败后，广州农学会关闭，但近代农学兴起的浪潮已经无法逆转。振兴农务，是以孙中山为代表的革命派的主张，也是晚清时期无法回避的现实问题。

改良派同样重视农务。甚至有人认为，康有为早期的农学主张是抄自郑观应的《农功》一文，而该文被视为孙中山之作。1895 年，康有为上书光绪，提出养民之法：一曰务农，二曰劝工，三曰惠商，四曰恤穷。务农为首要之法。康有为于澳门筹划创办《知新报》，该报以"启发民智为先务"，创刊公启中指出："本报拟略依《格致汇编》之例，专译泰西农学、计学、工艺、格致等报，而以政事之报辅之。"

1896 年，罗振玉、徐树兰、朱祖荣、蒋黼等在上海创立"学农社"，拟定《公启》《章程》刊登在《知新报》和《时务报》上，其中提到："农学为富国之本，中土农学不讲已久，近上海同志诸君创设农学会，拟复古意，采用西法，兴天地自然之利，植国家富强之原。"[1]

上海农学会的创办过程，有维新派的积极参与。谭嗣同为该会拟定了《农学会会友办事章程》，梁启超为《农学报》的创刊号作序。梁启超在序中直指当时农学之弊："故学者不农，农者不学，而农学之统，邈数千年绝于天下，重可慨矣！"并

---

[1]　罗振玉等：《务农会章》，《知新报》第 13 册，1897 年。

希望"农学会发端经始，在开风气，维新耳目。译书印报，实为权府之胼胝"[1]。该报的撰稿人除了主编罗振玉、蒋黼外，还有梁启超、张謇、史念祖、马良、陈虬、谭嗣同、汪大钧、张之洞、刘坤一、袁世凯等。译稿人主要有王丰镐、吴治俭、吴尔昌、朱树人、陈寿彭、胡浚康、沈纮、罗振常等。该报初时拟名《农会报》，出版时定名《农学报》。内容分奏折录要、各省农事、西报选译、东报选译、农会博议诸栏，又译有农学入门、蚕桑答问、农学初阶、农具图说等，还有论说、章程、农书、文篇、公牍等。[2]

《农学报》翻译介绍了许多国外农学专著，以日本农学著作为多，包括竹中邦香和山本正义《水产学》、宇田川榕庵《植学启原》、井上甚太郎《气候论》、内藤菊造《山羊全书》、

图 11 《农学报》封面

　　《农学报》，原名《农学》，又自称《农会报》，创办于清光绪二十三年四月二十四日（1897 年 5 月 25 日），由上虞罗振玉（叔蕴）、吴县蒋黼（伯斧）等创设的农学会主办。第 15 册起报名固定为《农学报》。第 18 册以前为半月刊，第 19 册［光绪二十四年（1898 年）正月］起改为旬刊。《农学报》连续出版了近 9 年，到 1906 年停刊，共发行 315 册，是中国最早的农学刊物。

〔1〕　梁启超：《农学报序》，《农学报》1897 年第 1 册。
〔2〕　徐松荣：《维新派与近代报刊》，山西古籍出版社 1998 年版，第 139 页。

今关常次郎《制纸略法》、铃木审三《森林保护学》、池田政吉《土壤学》、藤田丰八《救荒说》、松村松年《驱除害虫全书》、福羽逸人《果树栽培总论》、横井时敬《农用种子学》、中城恒三郎《葡萄新书》、河相大三《牛乳新书》（湖北农务局译本）、竹内茂与远藤虎雄《秋蚕秘书》、安井真八郎《蔷薇栽培法》、奥田贞卫《森林学》、服部彻《田圃害虫新说》、森要太郎《日本农业书卷》、今关常次郎《农业经济篇》、福羽逸人《果树栽培全书》、本多静六《造林学》、福羽逸人《蔬菜栽培法》、本田幸介《特用作物论》、松村松年《日本昆虫学》、原熙《养畜篇》、山田幸太郎《圃鉴卷》、石川千代松《农用动物学》、横井时敬《农业纲要》、驹藤太郎《寄生虫学》、高橘树编《制茶篇》、吉井源太《日本制纸论》、佐佐木裯太郎《小学农业教科书》《农业霉菌论》、本多静六《学校造林法》、井上伍鹿《蚕病要论》、高田鉴三《作物篇》、中川源三郎《农业气象学》、新渡户稻造《农业本论》、横井时敬《农业读本甲种》、武田丑之助《动物采集保存法》、出田新《农作物病理学》（附图）、西村荣十郎《器具学》（附图）、《美国养鸡法》、泽村真《农艺化学实验法》、松村任三《植物学教科书上卷》（附图表）、上野英三郎《农业工学教科书：农业土木编》（附图表）、佐佐木中次郎《屋内之虫》、牧野富太郎《日本植物图说：白瑞香》（附图）、草野正行等《农学校用气候教科书》（附图表）、泽村真《农艺化学实验法》（附表）、江间定次郎《应用昆虫学教科书》（附图）、高桥久四郎《果树》（附图）等。欧美农学专著有英国傅兰雅《种植学》、屈克氏《家禽疾病篇》、旦尔恒理《农学初级》、仲斯敦《农务化学问答》、恒里汤纳耳《农学津梁》，法国喝茫勒窝溎《喝茫蚕书》，德国师他代尔曼《斐利迭礼玺大王农政要略》、洪迭廓资《农政学》，美国徐瑟甫来曼《美国植棉书》、金福兰格令希兰《农务土质论序》等。此外，还有朝鲜赵浚《新编集成牛医方》等。《农学报》的刊布，极大地推动了近代农学的传播以及新式种植技术的推广。

《农学报》刊布的涉及农史方面的论著主要有三类。一是介绍中国古代农业情况的重要农书。如《农书》《农桑衣食撮要》《范子计然》《神农书》《氾胜之书》《癸书》《家政法》《养鱼经》等。明代屠本畯疏、徐燉补疏的《闽中海错疏》主要介绍水产动物的形态、习性、生活环境和分布。清代郝懿行撰写的《记海错》是海产专书。

二是考证植物源流。最早刊发的是英国人夏特猛（Hartmann Henry）著、陈寿彭译辑的《阿芙蓉考》[1]，另有《泊夫蓝考》[2]《植物名汇》《罂粟源流考》[3] 等。泊夫蓝即番红花（学名：*Crocus sativus L.*），又称藏红花、西红花，是一种鸢尾科番红花属植物，也是一种常见的药物及香料。《泊夫蓝考》由藤田丰八译自日文报纸，主要介绍了番红花传入日本的过程。

三是介绍西方农业历史。如译自日本《水产报》的《记希腊罗马古代水产业》[4]，译自英国《农务报》的《英国务农本末》[5]，译自日本《农学报》的《美国蚕业沿革考》，译自大

［1］〔英〕夏特猛著、陈寿彭译辑：《阿芙蓉考》，《农学报》1897年第9册，第32—37页。

［2］《泊夫蓝考》，〔日〕藤田丰八译，《农学报》1900年第110册，第7—8页。

［3］《罂粟源流考》，《农学报》1904年第276册，1905年第277册，第11—34页。

［4］《记希腊罗马古代水产业》，〔日〕古城贞吉译，《农学报》1897年第8册，第14—16页，第9册，第12—13页。

［5］《英国务农本末》，胡濬康译，《农学报》1897年第12册，第9—12页。

阪《朝日新闻》的《论东亚农业》等[1]。1900年罗振玉撰写的《日本农政维新记》，是《农学报》重要的农史专论。罗振玉在开篇写道："日本当幕府末世，国势亦颇岌岌矣，今皇践祚，百度维新，三十余年而成效昭著。其君若臣，擘画之迹，箸在方策，今读其今世农史，由明治初纪至十有六年，其间农政革新，经营缔造，有可观者。"[2]该文是对日本明治维新后农业制度改革历程与相关经验的介绍与总结。

随着农学的传播以及政府对农学的重视，各省农务局、农政学堂、试验场纷纷成立。1897年，孙诒让等筹资在温州创办蚕学馆。同年，杭州知府林启在杭州筹办蚕学堂[3]，这是我国最早的农业教育机构。1898年3月，学堂正式开学，"学生三十人，备取学生三十人，额外二十人，留学日本者二人，日本蚕师轰木长，为其国宫城县农学校讲业管主云"[4]。

振兴农务也是光绪帝维新变法的重要内容之一。1898年6月20日，曾宗彦递上《铁路将兴，洋货愈畅，漏卮愈大，急宜振兴农工二务以筹抵制而收利权折》，建议为清廷采纳。光绪帝又下《为广为翻译农务诸书谕》："农务为富国根本，亟宜振兴。各省可耕之土，未尽地力者尚多。着各督抚督饬各该地方官劝谕绅民，兼采中西各法切实兴办，不得空言搪塞。须知讲求农田种植之道，全在地方官随时维持保护，实力奉行。如果办有成效，准该择尤奏请奖叙。上海近日创设农学会，颇开

---

〔1〕《美国蚕业沿革考》，《农学报》1903年第222册，第3—5页；《美国蚕业沿革考（续）》，《农学报》1903年第223册，第3—4页；《论东亚农业》，《农学报》1903年第223册，第4—5页。

〔2〕 罗振玉：《日本农政维新记》，《农学报》1901年第129册，第1页。

〔3〕《禀牍录要：杭州府林太守请筹款创设养蚕学堂禀》，《农学报》1897年第10册，第2—4页。

〔4〕《各省事状：蚕学开学》，《农学报》1898年第29册，第5页。

风气。着刘坤一查明该学会章程。咨送衙门查核颁行。其外洋农学诸书，着各省学堂广为编译，以便肄习。"[1]1898 年 8 月 18 日，康有为上折，请开农学堂，以兴农殖民而富国本。他以日本引入西方农学为例，"日本近用泰西之法，治农极精。官则有农商部以统率之，地方各有劝农局以董劝之，民间则有农会、农报以讲求之，学校则有农业教育馆以教育之，译编农书，则有《农学阶梯》《农学读本》《农理学初步》《小学农书》及农业教授、农业教科之书，土壤培壅则有改良化学之法，农具则有机器之用，全国则有农事调查表、谷菜耕作表、农务统计表、全国人口耕地比较图表；山林则有山林局，有树林学讲义、町村林制论以讲求之"。他请求光绪帝下旨："各省府州县，皆立农学堂，酌拨官地公费，令绅民讲求，令开农报以广见闻，令开农会以事比较。每省开一地质局，译农学之书，给（绘）农学之图；延化学师考求各地土宜，以劝植土地所宜草木。"[2]以此实现国家的富强。8 月 21 日，他的建议得到了光绪帝的支持，"着即于京师设立农工商总局。派直隶霸昌道端方、直隶候补道徐建寅、吴懋鼎为督理。……其各省府州县皆立农务学堂，广开农会，刊农报，购农器，由绅富之有田业者试办，以为之率。其工学商学各事宜，着一体认真举办，统归督办农工商总局大臣随时考察。……庶几农业兴而生殖日蕃，商业盛而流通益广，于以植富强之基"[3]。梁启超后来在《戊戌政变记》中曾谈其原因，"谨案：中国向来言西法者知有兵耳。

---

〔1〕　朱寿朋编撰：《光绪朝东华录》，中华书局 1958 年版，第 4110 页。

〔2〕　康有为：《请开农学堂地质局以兴农殖民而富国本折》(1898 年 8 月 18 日)，康有为撰，姜义华、张荣华编校：《康有为全集》第 4 集，中国人民大学出版社 2007 年版，第 383—384 页。

〔3〕　《大清德宗景（光绪）皇帝实录》(六)卷 423，华文书局股份有限公司 1964 年版，第 3856 页。

而皇上注意富民，整饬农业，采及西法，可谓知本。集会结社向为国禁。康有为前后开强学会、保国会，及湖南志士所开南学会，皆被参劾。上悉不问。强学会虽封禁，旋改为官报局。于是各省学会极盛，更仆难数。农学会梁启超与诸同志共创之于上海者也，至是乃采章颁行，破旧例愚民抑遏之风、开维新聚众讲求之业。以智民而利国，岂汉唐宋明之主专务遏制其民者所能比哉"[1]。正是基于农学对社会的重要作用，光绪帝推动各地创办农务局、农务学堂、农学会等机构。1898 年，刘坤一、张之洞等人奉旨于各省设立农务局，这是近代首次设立的省级农业行政机构。戊戌变法失败后，《农学报》因专注农学推广而非政治，发行未受影响。

三、清末新政与农务兴办

光绪二十六年（1900 年），庚子之变爆发。清政府战败后，被迫签订《辛丑条约》，晚清的保守势力面对岌岌可危的困局，不得不主动寻求变法。1901 年 1 月 29 日，慈禧太后用光绪皇帝的名义颁布上谕令各地上言，"着军机大臣、大学士、六部九卿、出使各国大臣、各省督抚，各就现在情形，参酌中西政要，举凡朝章国故，吏治民生，学校科举，军政财政"[2]等问题提出建议。清末新政拉开序幕。

两江总督刘坤一、湖广总督张之洞联名上奏三折，史称"江楚会奏变法三折"，为清政府实施新政规划蓝图。首折《变

---

〔1〕梁启超著，汤志钧、汤仁泽编：《梁启超全集》第 1 集，中国人民大学出版社 2018 年版，第 504 页。

〔2〕中国第一历史档案馆编：《光绪宣统两朝上谕档》第 26 册，广西师范大学出版社 1999 年版，第 460 页。

通政治人才为先遵旨筹议折》，谈人才培养，历数各国学科划分，"英分经、教、法、医、化、工六科，又另设专门农、商、矿学。法与英略同。德又另设专门工学。日本高等学校亦分六门：一法科，二文科，三工科，四理科，五农科，六医科，每科所习学业，各有子目。其余专门各有高等学校"。[1] 参考东西学制，两人建议高等学校设置七个专门学科，农学为其中之一。第三折《遵旨筹议变法谨拟采用西法十一条折》提出新政具体的实施方案，其中第四条为"修农政"：

> 中国以农立国，盖以中国土地广大，气候温和，远胜欧洲，于农最宜，故汉人有天下大利必归农之说。夫富民足国之道，以多出土货为要义。无农以为之本，则工无所施，商无可运。近年工、商皆间有进益，惟农事最疲，有退无进。大凡农家率皆谨愿愚拙不读书识字之人，其所种之物，种植之法，止系本乡所见，故老所传，断不能考究物产，别悟新理、新法，惰陋自甘，积成贫困。今日欲图本富，首在修农政，欲修农政必先兴农学。查外国讲求农学者，以法、美为优，然译本尚少，近年译出日本农务诸书数十种，明白易晓，且其土宜风俗与中国相近，可仿行者最多。其间即有转译西国农书，一切物性土宜之利弊，推广肥料之新法，劝导奖励之功效，皆备其中。查光绪二十四年九月，曾奉旨令各省设农务局。拟请再降明谕，切饬各省认真举办。查汉唐以来，皆有司农专官，并请在京专设一农政大臣，掌考求督课农务之事宜，立衙

---

〔1〕 张之洞:《变通政治人才为先遵旨筹议折》（光绪二十七年五月二十七日），苑书义、孙华峰、李秉新主编:《张之洞全集》第2册，河北人民出版社1998年版，第1395页。

门，颁印信，作额缺，不宜令他官兼之，以昭示国家敦本重农之意，责成既专，方有成效。即如我朝官制，于礼部外另设乐部，其意可师京师农务大学校，即附设农政衙门之内，其衙门宜建于空旷处所，令其旁有隙地，以资考验农务实事之用。劝导之法有四：一曰劝农学。学生有愿赴日本农务学堂学习，学成领有凭照者，视其学业等差，分别奖给官职。赴欧洲、美洲农务学堂者，路远日久，给奖较优。自备资斧者，又加优焉，令其充各省农务局办事人员。一曰劝官绅。各省先将农学诸书广为译刻，分发通省州、县，由省城农务总局将农务书所载各法，本省所宜何物，择要指出，令州、县体察本地情形，劝谕绅董，依法试种，年终按照饬办门目，填注一册，土俗何种相宜，何法已能仿行，何项收成最旺，通禀上司，刊布周知，有效者奖，捏报者黜。每县设一劝农局，邀集各乡绅董来局讲求，凡谷、果、桑、棉、林木、畜牧等事，择其与本地相宜者种之养之，向来不得法者改易之，贫民无力者助之资本，种养得法者官赏以酒肉、花红，数年之后行之有效，绅董给奖，中者奖以督、抚匾额，上者奖以衔封，出力兼捐资者奖以御书匾额，地方官有效得奖者加级，准其随带，公罪可从宽免，最优者奖实在升阶。地方官不举办农政者，照溺职例参革。一曰导乡愚。各项嘉种新器，乡民固无从闻知，僻县亦难于购致。宜由各省总局多方访求，筹款购办仿制，昔齐桓公献戎菽，宋仁宗求占城早稻，汉武帝令大司农从赵过造便巧田器，皆农务宜求嘉种新器之明证。应先于省城设农务学校，选中学校普通学毕业者肄业其中，并择地为试验场，先行考验实事，以备分发各县为教习，并将各种各器发给通省，令民间试办，先则概不取价，有效则略取价值，务令极廉。其试办之法，先其通用者，后其专门者，如讲求各种肥料，仿造各种风车，水车，去害稼各虫，每年换种各物，以助地力之类；先其易者，后其难者，如山乡劝种番薯、洋芋，水泽种苇，斥卤种稗之类；先其本轻者，后其费巨者，如种树先榆、柳、果实，后松、杉，畜牧先鸡、鸭、牛、羊，后骡、马之类。先其保已有之利者，后其开未见之利者，如察病蚕，讲制茶、求棉种之类；先其获利速者，后其见效迟者，如种蒲桃取酒、种桐柏取油、种樟取脑为先，求蜂种求鱼种为后之类。一曰垦荒缓赋税。今日筹度支者，多以垦荒为言。夫垦荒而责以升科，此荒之所以不垦也。计发、捻平定以后，已四十年。晋、豫大祲以后，已二十年。生齿之蕃已复其故，平原沃壤、江岸沙洲大率皆已垦种无遗，其因亏本争讼而荒废者，仅千百中之所谓荒者，不过官吏捏饰，豪民匿报，实系未垦者，深山之岩谷、沿海之斥卤而已。垦山地者，人劳利薄，又以村孤人少，时有不虞，故开辟有限。垦海滩者，捍潮变碱，费多效迟，人烟稀少，守望不易，故听其荒废。然而材木之利必资于山，统计中国全局，仍是山岭多于平地。至沿海北起榆关南迄通海延袤二千余里，若山岭听其为榛莽，海滨听其为斥卤，实为可惜。今日欲兴农务，惟有将垦荒升科之期格外从缓，而又设法以鼓舞之，能开山地者报官给照，宽期升科，多开者种杂粮至十石种以上，种树至一千株以上，酌予奖赏。查各省高山，无论多土多石，皆能种树，真系不毛者甚少。故欧、美各国，从无无树之童山，而考课林木之实在有效与否，尤为显易。此事易责成州、县，由总局委员依限往查，其山上有无树木一览而知，不能掩饰，如此则山地之利开矣。垦海滩者亦报官给照资本较巨升科之期尤须从宽，种杂粮种草木俱听其便，断不必强令开作稻田。并拟采用徐贞明之说，一人能开若干顷者，奖以职衔封典，如此则海滩地之利开矣。至于沿江沿河沙洲，皆系沃壤，私垦者尺寸无遗，随年增长，贫民畏坍涨之无常而不敢报，势豪贪无粮之腴壤而不尽报，往往争讼胶葛，械斗繁滋。今宜查明实数，除已报垦纳粮者不计外，亦造册给照，宽期升科，即以此田作为试验农学新法之地。即责成原垦之人，自愿照新法试行者，呈明愿种何物，或种美国肥大之棉，或种代蔗造糖之西国萝卜、美国芦粟等类，或仿照美洲牧牛、牧豕、机器耕田之法，以及各种相宜之种植、畜牧，因洲田皆系水滨大地，故于西法农务相宜，数年以后，官督绅董，查明有成效者，即给予管业，且予奖赏，苟且欺饰，并不遵行者，其地本系官地，罚令入官，如此则洲地之利开矣。所有种植、畜牧各物，无论山地、海滩地、洲地，凡系新增名目，运往各处，十年之内概免厘税。地利既辟，农学之效即见，风气开，仿行必众，其为益于国家者宏且远矣，岂在目前征粮纳税之微末乎！此外，则沿海有种蚝种蚬之法，内海有捕海鱼采海味之利，本多而利厚，外国最为讲求注意。近年反仰给东洋，坐失己利，应责成该处州、县，劝集公司举办，绅富助资借本与该公司者，分别旌奖。至东三省地方广阔，土脉最厚，荒地尤多，然必须力强资饶才能率众者，方能前往开垦，非零星农民所能济事。拟请特定章程，一人能开田若干顷者，从优奖以实官，绅富助资借本者，分别旌奖，以期鼓舞，此亦实根本息盗贼之计也。再，蒙古生计以游牧为主，近数十年来，蒙部日贫，藩篱疏薄，亦请敕下蒙古各部落王公暨该处将军大臣，酌拟有益牧政事宜，奏明办理。至向章每年内地各省出口买马者，须在兵部请领马票，进口后仍须赴部烙验，章程甚密，道途亦多周折，购马之费既多，则马价必求减省，故口马之销路不旺。查北省耕地兼用马，运载多用骡，若内地马多，于农事亦有裨益。方今蒙古之与腹省，情同一家，似不必多设限制。拟请敕部酌议，将请领马票之例，量加改定，贩马入口贸易，商民出口购买者，均听其便。但令贩马商民于本省报明咨部，并由各口具报一数以备稽核，则口马之销路既旺，而蒙古生计亦可稍纾矣。[1]

刘、张二人的举措与维新变法时的议案，有诸多相似之处，例如二人重提戊戌变法中设立农务局等举措，请求"再降明谕，切饬各省认真举办"。其他主张在清末新政中得到了一定贯彻。尤其是农业学堂章程的议定，为农学发展奠定了重要基础。1901年，清政府以张百熙为管学大臣处理京师学堂一切事宜，以"端正趋向、造就通才、明体达用"为目标，重订京师大学堂章程。1902年8月15日，张百熙上奏所拟章程，包括《钦定蒙学堂章程》《钦定小学堂章程》《钦定中学堂章程》《钦定高等学堂章程》《钦定京师大学堂章程》《考选入学章程》等6个章程，共8章84节。大学分科课程仿效日本，共分7科：政治科、文学科、格致科、农业科、工艺科、商务科、医术科。但该章程未及施行。1903年7月，清政府又命张百熙、荣庆、张之洞等人按日本学制，重新拟订学堂章程，

---

[1] 张之洞：《遵旨筹议变法拟采用西法十一条折》（光绪二十七年六月初五日），《张之洞全集》第2册，第1436—1439页。

于 1904 年 1 月公布，即《奏定学堂章程》。按照章程《学务纲要》规定："各省宜速设实业学堂。农、工、商各项实业学堂，以学成后各得治生之计为主，最有益于邦本。其程度亦有高等、中等、初等之分，宜饬各就地方情形审择所宜，亟谋广设。"[1] 张之洞又上言："国计民生，莫要于农、工、商实业；兴办实业学堂，有百益而无一弊，最宜注重。兹另拟《初等农、工、商实业学堂章程》一册，附《实业补习普通学堂及艺徒学堂各章程》，《中等农、工、商实业学堂章程》一册，《高等农、工、商实业学堂章程》一册，《实业教员讲习所章程》一册，《实业学堂通则》一册，此皆原订章程所未及而别加编订者也。"[2]

《奏定初等农工商实业学堂章程》中规定初等农业学堂"以教授农业最浅近之知识技能，使毕业后实能从事简易农业为宗旨"，"以全国有恒产人民皆能服田力穑，可以自存为成效"[3]。课程分普通科与实习科。普通科有修身、中国文理、算术、格致、体操，亦可酌加地理、历史、农业、理财大意及图画；实习科分农业、蚕业、林业、兽医 4 科，分设实习科目。

《奏定中等农工商实业学堂章程》中规定中等农业学堂"以授农业所必需之知识艺能，使将来实能从事农业为宗旨"，"以各地方种植畜牧日益进步为成效"[4]。课程分预科及本科。

---

〔1〕《奏定学务纲要》，陈元晖主编，璩鑫圭、唐良炎编：《中国近代教育史资料汇编：学制演变》，上海教育出版社 2007 年版，第 497 页。

〔2〕张百熙、荣庆、张之洞：《重订学堂章程折》，《中国近代教育史资料汇编：学制演变》，第 298—299 页。

〔3〕《奏定初等农工商实业学堂章程》，《中国近代教育史资料汇编：学制演变》，第 448 页。

〔4〕《奏定中等农工商实业学堂章程》，《中国近代教育史资料汇编：学制演变》，第 457 页。

预科课程为修身、中国文学、算术、地理、历史、格致、图画及体操，可加设外语；本科分农业、蚕业、林业、兽医、水产 5 科。农业科普通科目为修身、中国文学、算学、物理、化学、博物、农业理财大意、体操；蚕业、林业、兽医各科减去化学；水产科分渔捞、制造、养殖、远洋渔业 4 类，普通科目增设地理、图画、水产业法规及惯例、水产学大意等 4 科。

《奏定高等农工商实业学堂章程》中规定高等农业学堂"以授高等农业学艺，使将来能经理公私农务产业，并可充各农业学堂之教员、管理员为宗旨"，"以国无惰农、地少弃材，虽有水旱不为大害为成效"[1]。课程分预科及本科。预科科目为人伦道德、中国文学、外国语（英语，入农学科者兼习德语）、算学、动物学、植物学、物理学、化学、图画及体操 10 门。本科分农学、森林学、兽医学 3 科，殖民垦荒区可设土木工学科。农学科科目 21 门，实习科目 25 门；森林科科目 30 门；兽医科科目 32 门；土木工科科目 21 门。均招收普通中学毕业生。预科 1 年，本科农学 4 年，其他科 3 年毕业。

新政起始时，一些农务机构已经开始筹建试行。如 1898 年张之洞开始筹办湖北农务学堂，1900 年开学，聘请美国农学教习白雷尔等人指导研究农桑畜牧之学。首聘美国教授白雷尔为农科教师，采购西式农具良种，聘日本人峰村喜藏为蚕桑教师，还聘请多位留日学生为教师。1900 年聘请曾任《农务报》总编的罗振玉为监督（即校长）。王国维于 1901 年到该校任日文译授。1905 年湖北农务学堂升格为湖北高等农务学堂，分设农、林两科，四年制，前两年预科，后两年正科，并附设

---

[1] 《奏定高等农工商实业学堂章程》，《中国近代教育史资料汇编：学制演变》，第 465 页。

农林中学、农业中学、蚕业中学。湖北农务学堂是中国近代创建较早、影响较大的农务学堂。

　　1898 年上海成立育蚕试验场，1899 年淮安成立饲蚕试验场，开始用新法进行养蚕、育种、防病等方面的试验，这是我国最早建立的农业试验机构。[1]1901 年，江南蚕桑学堂设立，该学堂"以考究栽桑养蚕制种等法，参用东西洋新理，改良土法，俾扩固有之利源开未来之风气为宗旨"，置教习部、试验部、事务部三部，"教习部掌教授学课、考试、生徒试验、成绩、调查事业等事；试验部掌桑树试验之目四，蚕试验之目三，茧丝试验之目三，器具试验之目四，关于答问编纂等事；事务部掌银钱、地基、房屋、什物、文牍、簿籍等事"[2]。

　　为推行新政，张之洞、岑春煊、袁世凯等地方大员积极推动农务改革。1902 年，山西巡抚岑春煊奏请设立了我国第一所农林学校——山西农林学堂。岑春煊特委派严道震聘日本农学士冈田真一郎、林学士三户章造为农林教习，两位教习于该年 4 月抵达山西。学堂经过筹备于 11 月开学，分设农林、种植等课程。

　　1902 年，直隶总督袁世凯创立农务总局，于局内附设直隶农务学堂。直隶农事试验场也在同时建立，场长由农务学堂提调候选道李兆兰兼任，这是第一所专门从事农业试验的省级科研机构。农务局划定保定西关灵雨寺北的土地 40 余亩为直隶农务学堂的校址，直隶省库每年拨发学堂经费、饷银 18400

〔1〕　闵宗殿、王达：《我国近代农业的萌芽》，《农业考古》1984 年第 2 期，第 146—155 页。

〔2〕　李文治：《中国近代农业史资料》（第一辑），生活·读书·新知三联书店 1957 年版，第 871 页。

余两（1908 年增至 36600 余两）。当年，建筑起教室、宿舍、食堂、会客室、实验室、办公室等 110 余间，购置校园周围民地 100 余亩，为学堂实习、试验场地。袁世凯派黄景为学堂总办，李兆兰为提调。袁世凯亲书"儒通天地人技近道矣，学纵亚欧美一以贯之"对联一副，悬挂于学堂正厅，标榜其推行"新政"，举办"学堂"的宗旨。学堂教职员中，有科举出身的，也有留学日本回国的，还聘请了 10 多名日本人前来任教，包括总教员楠原正三，副教员岩田次郎、指宿武吉、飞松常盘、高桥太吉，教员木下米市、中田醇、酒井亲辅、米仓又记等。此后，又有美国人柯兰克、亨德，英国人郎德义来学堂教授英语和动物课。11 月，学堂正式开学，设预备、速成两科（农业、蚕桑两个专业）。各科教材基本上是搬用日本的高、初等农业课本，教学方法也仿照日本农科学校。入学的 60 多名学生，既有本省各州县考选的优等生，也有山东咨送和京旗选送的学生。第二年〔光绪二十九年（1903 年）〕10 月，速成班 18 名学生毕业。[1] 1906 年，农务局及试验场归学堂兼办，试验场逐步成为学校的实习农场，该场"分蚕桑、森林、园艺、工艺等四科……调查全省土壤，讲求蚕桑，种植禾稼，并制造各事"。[2]

1902 年，安徽舒城县斌农中学堂成立，专重农务，辅之以经史大义、算法、体操。五乡农家考取文生 20 名，文童 30 人，每月给伙食费 2000 文，年终由县主严格考察，决定去留。1903 年，山东巡抚周馥接续前任袁世凯的"新政"，筹拨白银

---

〔1〕 苏润之：《我国最早的农科大学：直隶农务学堂（河北农业大学）》，钟叔河、朱纯编：《过去的学校》，湖南教育出版社 1982 年版，第 336 页。

〔2〕 李文治：《中国近代农业史资料》（第一辑），生活·读书·新知三联书店 1957 年版，第 873—874 页。

5000 两，由益都知县李祖年督办创立青州府中等蚕桑实业学堂。1903 年，湖南督抚成立农务工艺学堂。

1903 年，杭州蚕学馆毕业生史家修（史量才）集捐创办上海私立女子蚕业学堂，学校注重栽桑、养蚕、制种、缫丝等实验，并改良旧法，兼授普通及专门学理，以"扩充女子职业，挽回我国利权"为宗旨。该校在上海斜桥南桂墅里，是中国第一所农业类女校。之后杭州、福州等地也出现了桑蚕女学堂。学堂分为预科（2 年）、本科（3 年）及选科（1.5 年，已有中学程度者），招收 15 岁以上、35 岁以下的健康女子入学学习。课程分为预科和本科两类，除开设蚕学、蚕体解剖、蚕体生理、蚕病理、栽桑法、缫丝法、土壤学、肥料学、经济学等专业课程外，也开设修身、国文、数学、理科（动物、植物、物理、矿物、化学）、习字、图画、显微镜、体操等基础课程，以及家政、刺绣、编织等手工课程。当时中国教育以日本为师，所以学堂也开设日文，并聘请杭州蚕学馆的日籍教师为学堂指导。该校最初学生只有 20 余人，但章程严明，管理严格，设施较齐全，教学方法新颖，教学效果显著，是我国实业教育史上的一所名校。史量才一面主持蚕业学堂，一面在外兼职，一度曾以所得薪俸补贴学堂的开支。

1904 年 1 月 13 日，癸卯学制颁布，各地农校纷纷开办。同年，清廷又要求各地振兴农务，"商部奏，请通饬各省振兴农务一折。……商之本在工，工之本在农。非先振兴农务，则始基不立，工商亦无以为资。振兴农务之法，不外清地亩、辨土宜，以及兴水利，广畜牧，设立农务学堂与试验场，请饬各将军督抚，通饬各属，将地亩册、土性表，详晰编造报部等语。所陈不为无见，着各省大吏，速饬各府厅州县，认真确查，极力讲求，一律切实兴办，以广种植而裕利源"[1]。各地农会、试验场以及初等、中等、高等农业学堂等兴起。

1904年，河北中等蚕桑实业学堂开办。为振兴农工商务，山东在兖州设农桑总会所兼蚕桑学堂，在曹州、沂州、济宁及各州县设农桑支会，各会设农桑试验场并附设贷耕局教艺场。[2]1905年，新任湖南巡抚端方将农务工艺学堂分为工艺学堂与农务学堂，命名为湖南省中等农业学堂。1906年，清朝学部奏请在京师设立高等农业学堂和工商学堂各一所；河南创办许长公立中等桑蚕实业学堂。

〔1〕《清实录·德宗实录》卷522，中华书局1987年版，第896页。
〔2〕《拟呈山东农会试办章程》，《农学报》1904年第263册，第3—6页。

◉ 前沿问题探索

核心问题：自古及今，中国农业的发展离不开与世界其他国家和地区的交流活动，现代中国的许多农业技术都来自对西方世界的学习，那么中国农业对世界农业又产生了怎样的影响？

王思明（南京农业大学　教授）：中国农业对世界农业的影响是非常巨大的，主要体现在三个方面。第一，中国农业的四大发明。应内蒙古社会科学院约稿，我曾写过一篇《丝绸之路农业交流对世界农业文明发展的影响》的文章，里面就谈到了中国农业的四大发明。这四大发明对于世界农业的发展进程有着重要意义。第二，中国是世界农业八大起源中心之一或者是五大作物起源地之一，中国农民培育的作物占世界作物总量的五分之一左右，数量非常庞大。第三，中国不但在传统农业技术方面对世界农业发明影响巨大，而且对欧洲近代农业革命也产生了非常重要的影响。保罗·莱瑟（Paul Leser）等学者的研究表明，17—18 世纪中国的农业工具如犁、耧车等传入西欧，推动了西欧的农业革命。

英国此前一直都是实行轮荒耕作制，即三圃制。后来随着中国的轮作复种制的传入，英国放弃了三圃制，开始实行中国的耕作制度。另外耧车也是经过意大利、比利时，然后到了英国，经过英国农业革命先驱塔尔（Jethro Tull）的改进，成为18 世纪通行的畜力条播机。保罗·莱瑟认为真正推动英国第一次农业革命的最大推力并不是来自古罗马，而是来自东亚，来自中国；中国的农学思想、农业思想、农业技术对他们产生了非常重要的影响。甚至欧洲启蒙运动巨头魁奈（Francois Quesnay）都建议法国国王路易十五要向中国皇帝学习，举行重视农业的仪式"籍田大礼"，之后法国还从中国引进了桑蚕生产技术。意大利也是如此。欧洲向中国农业学习的势头一直持续到 20 世纪。

美国国家土壤局局长富兰克林·H·金（Franklin H. King）也来过中国。美国在西部大开发的过程中，几十年间土壤严重退化，出现了沙尘遍地的情况。富兰克林觉得很奇怪：中国农民耕种土地有几千年上万年了，但中国好像并没有出现土壤退化，反而长三角、珠三角地区越种越肥沃，那美国怎么耕种几十年土壤就退化了呢？于是他带了一个考察团来中国考察农业，到过江苏、山东一些地区，后来他写成《四千年农夫：中国、朝鲜和日本的永续农业》，总结了中国农民的八种传统农法，然后号召美国农民向中国农民学习。这八种农法实际上就是中国版的"有机农业"，这种有机农业强调因地制宜、用养结合，用地和养地结合起来，所以能够保持地力常新。

地力常新应该也是今天世界农业可持续发展的一个理论源泉。所以世界可持续发展在讲理论源泉的时候，就经常梳理到中国传统的天、地、人、稼四位合一的体系中去。这是因为中国在几千年前就有了可持续发展这方面的思想，就像孟子说的："数罟不入洿池，鱼鳖不可胜食也；斧斤以时入山林，材木不可胜用也。"打鱼的网不能太细密，否则将小鱼小虾都给一网打尽，那未来就没有食物了；林木也是一样，砍伐要讲究时节，不能滥砍滥伐，要保证林木能够可持续使用。

农史概念、学科发展与中西农学知识的融通

闵祥鹏

摘　要：中国农业有着悠久的历史，但就学术研究领域而言，"农史"一词源自晚清《农学报》等报刊的引介。之后，马叙伦将农史作为农学的重要分支单独列出。国人改变农业落后面貌的迫切愿望，是早期农学发展的内在诉求；西学东渐的历史潮流，是其发展的外在推力。国内与国外的两种合力，汇聚于19世纪末至20世纪初的中国，推动着农学不断发展。

关键词：农史概念　学科发展　中西农学知识

晚清以降，随着全国各地的农学会、农学堂逐渐开办，农史研究开始萌芽。农史是农学学科下面的重要分支，"农史"一词的提出源于晚清思潮巨变下的报刊。在《农学报》第2册的《农会条议》一文中，编者就曾提到西方农政学院开设有专门学习本国史乘的课程[1]，史乘即历史书籍。

---

[1] "十一、外国农政书院撮其功课如下：一算学，由数理以立算数，故谓之学读至递加比例止；二代数，舍数用字，专言其理也，至方程论两根一隐止；三几何，至卷五线面征用，求面积求平势止；四形气，品物分坚实、沉重、征用，则风雨针、寒暑表、燥湿表、抽气筒，又水部、电部、火部、光部止；五化学，化学命名剖解顽质；六方舆，通义读山原、水原、本洲、本国、土地、气候，考拟易以二十三行省及蒙藏考；七本国史乘酌要。"参见马湘伯：《务农会条议》，《农学报》1897年第2册，第60页。

一、农史概念的提出

1902 年，罗振玉在介绍日本东京帝国大学农科教授、农学博士玉利喜造对农书的分类时，提到了"农史"的概念："大别之为农史、农政、农理、农业、统计、农历六门。农史门起神代，迄今兹。农政门分类十一，曰祭典、曰职官、曰法制、曰田积、曰田类、曰赋役、曰土工、曰牧畜、曰备荒、曰山林、曰渔猎。农理门分类九，曰气象、曰植物、曰动物、曰土壤、曰肥料、曰农器、曰土木、曰农用经济、曰农事试验，专载农业与学理关系之说。农业门专类编耕种牧畜之事实。统计门具载全国之地积人口，及耕地、山林、牧场、物产等。农历门以札幌、仙台、东京、大阪、熊本五处为本，记耕种牧畜之年中行事，而谋材料搜集之便，令府县征集民间之旧闻故籍，申上以资采择。此明治十七年以前农政之大略也。"[1] 日本学者将农学分为六门，农史为其一。

日本是东亚地区最早开展农史整理的国家。明治二十四年（1891 年），日本农商省农务局编纂的《日本农史》（全三册）出版，该书分为神代、上世、中世［大化元年（645 年）至天正十四年（1586 年）］、近世［庆长十七年（1612 年）至庆应三年（1867 年）］，共 20 卷，引用文献 332 部，按农政相关的记事进行编年。除此之外，还有今世农史 10 卷，今世是从明治元年到十四年（1868 年—1881 年），引用《太政类典》等公文书 223 部，该部分在明治十五年（1882 年）、十六年（1883 年）又增补 11、12 卷。该书由沟口传三［明治二十二年（1889 年）发行的

---

[1]　罗振玉：《日本农政维新记》，《农学报》1902 年第 132 册，第 3 页。

《农事参考书解题》的编者〕编纂，长田中芳和织田完之进行补充和协助修订。《日本农史》是当时最早的一本农史类书籍。

在罗振玉提及"农史"一词后不久，马叙伦于1902年11月1日在《新世界学报》第7期《农学》栏目发表《农史》一文，该文虽未直接讨论农史学科问题，但将农史作为农学的重要分支单独列出。《新世界学报》的栏目划分依据近代学科体系，分为经学、史学、心理学、伦理学、政治学、法律学、地理学、物理学、理财学、农学、工学、商学、兵学、医学、算学、辞学、教育学、宗教学等18门，分栏刊文。对《农学》栏目，编者于《序例》中言："中国古以农立国，农其可不讲哉？"[1]尽管直至《新世界学报》停刊，该报刊发表的农学方面的文章数量并不多，但其将农学列于学科体系之内，这对农学或农史研究是有首倡意义的。

农史研究作为一种学科化的努力始于20世纪初期。1902年，第一种农业史的专门刊物《历史农业论文》在德国出版。1904年第一个"农业历史与文献学会"在德国宣告成立，1953年又成立了"农业历史与社会学学会"。第一次世界大战后，农史研究有了长足发展。在美国，特纳（Frederick J. Turner）的博士论文《边疆在美国历史中的意义》，被学界评价为对"美国历史的农业阐释"，开创了风行美国数十年、影响广泛的"边疆学派"。1919年美国成立"农业历史学会"，1927年创办了《农业历史》（*Agricultural History*）杂志，1970年又建立了历史农场与农业博物馆协会。

---

[1]《新世界学报》是半月刊，创刊于光绪二十八年八月（1902年9月），由上海新世界学报社编辑出版。该报宗旨是"以通古今中外学术为目的"、"取学界中言之新者为主义"。参见陈黻宸:《新世界学报·序例》，《新世界学报》1902年第1期，第3页。

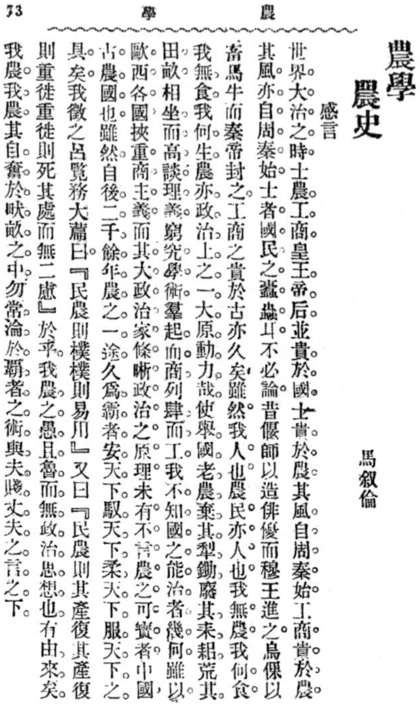

農學　農史

感言

馬叙倫

世界大治之時，士農工商皇王帝后亞貴於國，士嘗於農，其風自周秦始；工商嘗於農，其風亦自周秦始。工商嘗於農，不必論，昔僬僥以造俳優而穆王進之，烏保以……農，民亦人也。我無農，我何食？齋馬牛而秦帝封之，工商之賞於古亦久矣。雖然我人也，農民亦人也，我無農，我何食？我無食，我何生哉。士亦政治上之一大原動力哉，使學國老棄其犂鋤，驅我農，我來耕荒，我何食。歐西各國雖然自後二千餘年，農之一途久為霸者安天下、馭天下、柔天下、服天下、中國以。田畝相坐而高談理義，窮究學術，蓋起而商列肆之工，我未有不言農之能治，覺者幾何，雖以古農國也。我徵之呂覽務大篇曰『民農則樸，樸則易用』，又曰『民農則其產復，其產復具矣』。我徵之呂覽務大篇曰『民農則樸，樸則易用』，於乎我農之愚且魯而無政治思想也，有由來矣。則重徒，重徒則死其處而無二慮，於乎我農我農，其自奮於吠畝之中，勿常淪於霸者之術，與夫喪天夫之言之下。

图 12　马叙伦《农史》（《新世界学报》1902 年第 7 期）

从时间上来看，中国学者对农史的关注并不晚于西方学者。与农史相关的专著，首推陈焕章的《孔门理财学》（*The Economic Principles of Confucius and His School*）。1907 年，康有为的弟子陈焕章入读美国哥伦比亚大学。他在博士论文《孔门理财学》中，以西方经济学视角对中国农业历史与农业经济进行了初步研究。论文中介绍了中国的井田制、常平仓、义仓、社仓、青苗法等传统农业经济制度，并对其优劣进行了比较分析。《孔门理财学》被"哥伦比亚大学历史、经济和公共法律研究丛书"收录出版，成为西方学者了解中国经济史的重要来源。1912 年 12 月，约翰·梅纳德·凯恩斯（John Maynard Keynes）在《经济学杂志》上为《孔门理财学》撰写书评。有学者认为，《孔门理财学》是 20 世纪初期"中国学者在西方刊行的第一部中国经济思想名著，也是国人在西方刊行的各种经济学科论著中的最早一部名著"[1]。西方学者正是通过这本书中所记载的中国农耕经验，了解到了中国的农史。其中包括两位美国著名的农林专家施永高（Walter T. Swingle，1871—1952）与亨利·阿加德·华莱士（Henry Agard Wallace），正是施永高推动了中国第一所农史研究机构的建立。

　　美国农业专家华莱士对《孔门理财学》中提及的常平仓、青苗法等制度极为推崇。1933 年，华莱士就任罗斯福政府农业部部长，此时恰逢世界经济危机，美国农产品价格暴跌，华莱士将常平仓等制度运用到罗斯福新政中，参与并制定了《农业调整法》，提高和稳定了农产品价格，措施极具成效。

图 13　陈焕章（1880—1933）

〔1〕　胡寄窗:《中国近代思想史大纲》，中国社会科学出版社 1984 年版，第 476 页。

1944年，已经成为美国副总统的华莱士访问中国。6月16日《大公报》（重庆）刊发了一则新闻《向华莱士介绍我农业，沈部长编著中国农业两书》：

> 华莱士即将来华，我农林当局将联合各实验事业机关准备盛大欢迎。对于中国农业之介绍，农林部沈部长已编著《中国之农业》及《中国农史》二书，作有系统之叙述。……《中国农史》将为华氏最感兴趣之文献。华氏早年研究农学史，在任农业部长时，曾以我国汉代"常平仓"制度应用于罗斯福总统新政之中，运用国家资本收购农业过剩生产品以为战时粮食之准备，收效极宏。此书即介绍中国历代农业经济土地仓库制度。[1]

《孔门理财学》中论述的中国古代农业制度，不仅成为破解西方农业经济危机的思想来源之一，还直接影响了美国农业政策的制定，是中国农史研究经世致用的重要范例。

图14   1944年华莱士访问中国

---

[1] 《大公报》（重庆）1944年6月16日，第2版。

　　1919 年，吴蜇扈编《中国农业史》由上海新学会社出版，这是中国第一部农史专论。1921 年，张援《大中华农业史》出版，该书由清末状元张謇作序，分上世、中世、近世三编叙述中国历代农事，体例与《日本农史》类似。书中《凡例》提到："现世农业教育，以美国最称发达。其学科课程中，多列农业史一门，本编就本国历代大势，选择记载，章节分明，亦以备农校科研之用。"[1]美国学者对中国农史的推动作用也是非常显著的。

图 15　张謇（1853—1926）

---

〔1〕　张援:《大中华农业史》，河南人民出版社 2017 年版，第 1 页。

二、农史机构创立的背景

国人改变农业落后面貌的迫切愿望，是早期农学发展的内在诉求；西学东渐的历史潮流，是其发展的外在推力。国内与国外的两种合力，汇聚于 19 世纪末至 20 世纪初的中国，推动着农学不断发展。其中以早期开展农学教育的金陵大学、岭南大学[1]最为典型。

金陵大学与岭南大学的农学发展，与世界范围内的农业传教活动有着密切联系。农业传教并没有一个明确的定义，按照当时专门研究世界农业传教运动的专家，同时也是一位在山东的农业传教士贾尔森（Arthur L. Carson）的说法，农业传教是指在基督教会资助的范围进行内容广泛的农业和乡村服务活动。至于农业传教士，贾尔森认为凡从事与农业和乡村服务工作相关的传教士，都可以称作农业传教士。另一位美国乡村教会专家费尔顿（Ralph A. Felton）将农业传教士定义为"他处在一个独特的位置，一方面从技术上帮助农民提高生活水平，另一方面在道德和精神方面提供指导，使之过着更丰盛的生活"。但也有人只把那些在农林科受过正式训练的传教士称为农业传教士。[2]

中国第一位农学专业的传教士是来自美国的乔治·魏德曼·高鲁甫。1907 年时，年仅 23 岁，刚从宾夕法尼亚大学毕业并获园艺学学士学位的高鲁甫来到中国，成为第一位来华的美国农业传教士。1917 年，康奈尔大学农学硕士芮思娄（Jhon

---

〔1〕 这两所学校分别是今南京农业大学、华南农业大学的前身。
〔2〕 刘家峰：《基督教与中国近代乡村建设论纲》，陶飞亚、刘义编：《宗教·教育·社会——吴梓明教授荣休纪念文集》，东方出版中心 2009 年版，第 47 页。

H. Riesner）来到金陵大学担任农林科科长，是美国来华的第二位农学专业毕业的传教士。据刘家峰教授统计，直至1924年来华的27位农业传教士中，有15位任教于金陵大学和岭南大学，另有16位外国人兼职农业工作，半数在农业院校。[1]正是在这种背景下，岭南大学与金陵大学的农学得到迅速发展，农史成为其重要的研究方向。

有学者这样评价高鲁甫："在民国广东高等教育史，特别是农科教育史上，有一位重要人物，他就是岭南大学农学院首任院长、园艺学家乔治·魏德曼·高鲁甫教授，他是开启岭南大学农学教育，并促成美国宾大与岭南大学暨华南农业大学百年友好的先行者。"[2]高鲁甫，1884年3月29日出生于美国宾夕法尼亚州的安维尔（Annvillel）。1903年，高鲁甫考入美国宾夕法尼亚大学园艺系。高鲁甫求学时，正是中国清末新政步履蹒跚推进、美国农业传教运动兴起之时。1905年，清政府废除科举，大批中国青年纷纷出国求学，学习西方的科学技术。传统中国对现代知识的渴望激起了高鲁甫的好奇心，他对正在进行制度与知识转型的中国产生了浓厚兴趣。1907年，高鲁甫刚从宾夕法尼亚大学毕业并获园艺学学士学位，就满怀着将"基督福音传遍天下"的宗教热情，志愿踏上前往中国的路途。

1916年9月3日，高鲁甫主持召开了岭南大学农学部第一次教务会议，会议宣布农学部正式成立。在岭南大学，农学正式与文学、自然科学、社会科学并列。同年，高鲁甫花费6

---

[1] 参见刘家峰：《中国基督教乡村建设运动研究（1907—1950）》，天津人民出版社2008年版。

[2] 倪川、倪根金：《岭南大学农科教育开拓者高鲁甫生平、著述考》，广州市地方志办公室编：《民国人物与广州城市发展研究》，广东经济出版社2010年版，第183页。

个月时间与美国农业部专家考察了柑橘属水果，随后在校内建立了一个水果引种站，用于进行繁殖柑橘属水果的试验。高鲁甫为岭南大学农学部的发展奠定了重要基础。1917 年，高鲁甫短暂回国，接受美国农业部任命，担任美国南部之行的田野调查助理，研究柑橘溃疡病的问题。1918 年，高鲁甫完成以岭南荔枝为研究对象的硕士论文，获宾大农学硕士学位。1919 年 11 月，高鲁甫的《岭南荔枝》荣获民国政府农林部甲等奖。[1]

高鲁甫还兼任美国农业部橘类树调查员，参加美国农业部植物学家施永高主持的"作物生理和育种研究"课题研究。"高鲁甫和格罗芙（Elizabeth H. Groff）女士都在岭南学校（后改岭南大学）期间和施永高合作，《广东植物的植物学名称汉语索引》（高鲁甫与格罗芙合著，草稿成于 1917 年 7 月，正式稿成于 1919 年 7 月，修订稿成于 1922 年）就是在施永高的指导下进行，高鲁甫的植物索引实践给施永高以后建立金陵大学图书馆合作部索引工作提供了思路。施永高还和岭南大学图书馆特嘉馆长合作有关古代农书方志收集等，施永高还在高鲁甫推荐下聘请他的学生郭华秀担任调查员，协助柑橘研究"。[2]高鲁甫在《岭南大学农学季报》第 1 期发表了《制止橘类虫害病症法》《岭南荔枝》等文章，他在《岭南荔枝》中提到："士永高卢博士，美国农学部大书楼中管理远东书籍者，微彼父子

〔1〕 倪川、倪根金：《岭南大学农科教育开拓者高鲁甫生平、著述考》，广州市地方志办公室编：《民国人物与广州城市发展研究》，广东经济出版社 2010年版，第 183—189 页。

〔2〕 王思明主编：《农史研究一百年：中华农业文明研究院院史（1920—2020）》，中国农业科学技术出版社 2020 年版，第 22 页。

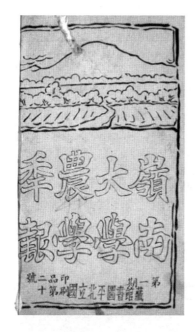

图 16 《岭南大学农学季报》

之助，余固此难完成之荔枝调查。"[1] 此处的"士永高卢"，即是施永高。

三、西方研究中国农史的先行者

施永高是美国农林专家，就读于堪萨斯州立农学院，跟随植物病理学先驱柯勒曼（William Ashbrook Kellerman，1850—1908）教授从事植物病虫害研究。自 1891 年起，施永高任职于美国农业部，参与了佛罗里达州防治柑橘病虫害的相关工作。施永高为了寻找防治病虫害的方法，翻阅了大量文献，在

---

〔1〕　高鲁甫:《岭南荔枝》,《岭南大学农学季报》1918 年第 1 期，第 132—140 页。

中文古籍中发现的柑橘病虫害防治方法，使他从此对中文古籍产生了浓厚兴趣。

在广泛阅读全美图书馆收藏的中文书籍后，施永高发现中国有关经济植物的记载可追溯到几百年前甚至更早，他请求图书馆帮助查找那些更早的资料，遗憾的是各馆均没有收藏，也没有发展东方文献馆藏的计划。1915 年，施永高在随美国农业部访问中国前，特地到美国国会图书馆向时任馆长赫伯特·普特南（Herbert Putnam，1861—1955）请教，并咨询如何在中国的图书馆查找古籍文献。普特南是一位博学且具有远见卓识的图书馆馆长，在交流过程中，他们都认为美国国会图书馆应该扩充收藏中文文献，随即一拍即合，开始

图 17　施永高在华盛顿特区美国农业部的实验室[1]

---

〔1〕 https://merrick.library.miami.edu/cdm/singleitem/collection/wtswingle/id/115/rec/22.

了一项长期合作项目——普特南馆长授权施永高帮助美国国
会图书馆搜购重要的中文文献。[1]从 1915 年至 1935 年，施永
高帮助美国国会图书馆收集了大量中国地方志及其他古籍，
协助美国国会图书馆获得了 10 万多册图书，帮助将其转变为
当时世界一流的馆藏。[2]施永高因其贡献，被认为是对美国国
会图书馆收集中国典籍功劳最大的一位学者。[3]施永高与金陵
大学、岭南大学的合作，对于推动两校农史学科的发展具有
重要意义。

　　施永高发现了中国古人利用黄猄蚁防治柑橘病虫害的方
法。《南方草木状》记载："交趾人以席囊贮蚁，鬻于市者，其
巢如薄絮，囊皆连枝叶，蚁在其中，并巢而卖。蚁赤黄色，大
于常蚁。南方柑树若无此蚁，则其实皆为群蠹所伤，无复一完
者矣。"[4]尽管学界至今仍对《南方草木状》的成书时间以及该
史料的出处存在争议，但毫无疑问，利用黄猄蚁防治病虫害的
方法是中国柑农千余年前农业实践的经验总结。该记载使得施
永高对中国农史的研究产生了浓厚兴趣。

　　1918 年，高鲁甫在广州乡村考察，发现清远地区的农民
从事一项"养蚂蚁"的职业。这些农民将蚂蚁卖给四会种植柑
橘的果农，四会当地因出产四会柑而闻名。农民声称，只需要
足够的黄猄蚁在树上繁殖生活，柑橘树就会免于"臭皮蛋"这
种昆虫带来的毁灭性灾害，其他小虫害也迎刃而解。一些学生

---

[1] 吴文津:《美国图书馆发展史及其他》，联经出版事业股份有限公司 2016 年
版，第 27 页。

[2] 参见 http://swingle.miami.edu/wtswingle.html.

[3] 吴文津:《美国图书馆发展史及其他》，联经出版事业股份有限公司 2016 年
版，第 27 页。

[4] 中国科学院昆明植物研究所编:《南方草木状考补》，云南民族出版社 1991
年版，第 313 页。

助手认为这种说法十分可笑，因为农民还是以种桑养蚕为生。农民回应道："我们确实也种桑养蚕，但在蚕尚未成长的时候就用来喂蚂蚁，再将蚂蚁以一窝一元的价格卖给柑橘果农。"施永高对黄猄蚁十分感兴趣，他在《南方草木状》中发现了这种防治方法。施永高后来称，没有人注意到这一发现的部分原因在于他们不相信这可以起到防治虫害的作用。施永高经常指出，这一案例体现了中国农业文明的先进程度和西方图书馆所藏的中文文献的价值。[1]

　　高鲁甫的学生郭华秀在四会调查时也发现了这种柑蚁，他说："柑蚁买自增城客家村，生于榄树上，每斤四毛至一元，或有每百只而沾。阳春电白亦有云，其形状金黄色，甚细，六足，有黄翅一对，嘴尖能刺人，甚痛苦，尾部大。腰细头部稍大，行甚速，放于柑树上，专捉害虫，惟天牛虫不能捕之，或该树无此蚁，则被害虫侵食不能结果，虽有果亦不美观，于二三月时买回放于树上，乃用竹条四处交通，任其往来，并用狗肠虫类饲之，当结果时，群蚁集于果旁，有待害虫来侵之势，至冬天寒冻，则群入巢内不出，当采柑时，无蚁在树矣，据云，不能越冬。冬天冷之致死云。"[2] 1921 年，哈佛大学的昆虫学家卫勒（William Morton Wheeler，1865—1937）教授收到这种蚁的样本，进行鉴定后确定它们的学名叫 *Oecophylla smaragdina Fabr*。1924 年，高鲁甫和郝华德（C. W. Howard）发表了研究文章 "The Cultured Citrus Ant of South China"[3]，公

---

〔1〕〔美〕Spencer Stewart：《向中国学习：施永高、中美农业交流及历史价值》，《中国农史》2019 年第 6 期，第 38 页。

〔2〕郭秀华：《四会县柑橘类调查记》，《广东农林月报》1918 年第 11 期，第 113 页。

〔3〕G. W. Groff and C. W. Howard, "The Cultured Citrus Ant of South China," *Lingnaam Agricultural Review*, 1924 (2), pp.108–114.

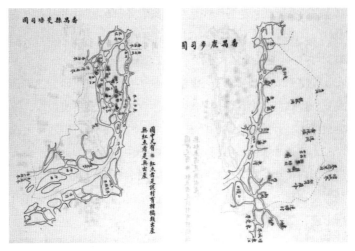

图 18　1919—1920 年广州地区柑橘类水果调查报告（迈阿密大学图书馆藏郭华秀编 *Citrus Fruits of Canton*）

布了粤人养蚁灭虫的方法。

四、第一所农史研究机构

施永高不仅从事中国农业文献的研究，而且积极与岭南大学和金陵大学两所学校进行农史文献搜集合作。金陵大学中国农史资料的整理，离不开施永高的极力促成。

金陵大学是最早创立农科的私立学校之一，早期的创办者是裴义理（又译作培黎，Joseph Bailie，1860—1935）。1912年，裴义理发起成立中国义农会。之后，芮思娄来到金陵大学。1920 年，施永高、芮思娄、克乃文（Harry Clemens）等和美国农业部及美国国会图书馆组建金陵大学图书馆合作部，编制中国古农书索引，开始中国农业历史资料的收集利用。美国国会图书馆卫德（Katharine H. Wead）女士担任金陵大学图书馆合作部主任期间，"主要工作就是为美国农业部编制中国古农书索引"[1]。1924年，金陵大学图书馆编辑出版了《中国农书目录汇编》。1932年夏，金陵大学图书馆农业图书研究部改为金陵大学农业经济系农业历史组，中国第一所专门从事农史研究的机构成立。1933年，金陵大学农学院农业经济系农业历史组编、陈祖槼主编、万国鼎校订的《农业论文索引（前清咸丰八年至民国二十年底 1858—1931)》发行，内分中、英文两部分。中文包括国内出版的杂志 312 种，丛刊 8 种；英文包括国内出版的杂志及丛刊 36 种。这一时期，研究中国农业史的系统性著作开始出现。

图 19　《中国农书目录汇编》(1924)

---

〔1〕　Reports of the President and the Treasurer for the Year 1923–1924 (University of Nanking Bulletin), pp.50–51.

◉ 前沿问题探索

核心问题：近代以来，在西方农业技术东传的大背景下，传教士对中国农业技术的普及起到了重要作用，其中农业传教运动是这一时期的重要活动，该运动是怎样兴起的，其对中国农业产生了怎样的影响？

刘家峰（山东大学　教授）：威廉·凯里（William Carey）是农业传教的先驱，1793 年他从英格兰到达印度，看到印度农业和园艺技术非常落后，就在他的苗圃里引进英格兰的果树、蔬菜、谷物等，1820 年他还组织了印度农艺学会。另一位倾心于农业的传教士是戴维·斯图尔特（David Stewart），他在南非创办了农业学校，用近代科学知识培训当地人民，使这一地区完全换了一幅气象。但 19 世纪时，在亚洲、非洲和拉丁美洲，农业传教还不像医学传教、教育传教那样普遍，大约只有 50 名受过农业教育的北美、欧洲传教士在这些地方。到了 20 世纪，这一状况起了变化。1907 年是农业传教史上一个重要的年份，美国长老会派出了第一位到南美洲的农业传教士本杰明（Benjamin H. Hunnicutt），他在巴西创办了一所农业学校。同年，高鲁甫（George Groff Weidman）来到广州岭南学堂（后来的岭南大学）任教，这是来华的第一位农业传教士，标志着美国差会的农业传教工作正式启动。在 20 世纪的农业传教运动中，美国差会无论是在人才、资源，还是在知识经验方面，都占据主导地位，对亚洲、非洲和拉丁美洲各国的农业传教工作影响甚巨。美国教会界在 20 世纪初期开始转向农业传教，一方面是由于 19 世纪中叶以来社会福音思潮的兴起，提倡把基督教原则应用到社会生活中，"基督化社会"成为教会追求的目标；另一方面是教会开始反思它在美国乡村社会中应发挥的作用，这其中以包德斐（Kenyon L. Butterfield）的影响最大。在著名农业专家、平信徒包德斐的倡导下，农业成为一种新的宣教方法，并促成世界性的农业传教运动。来华农业传教士认识到要实现"中华归主"，必先要使占中国人口80％以上的"乡村归主"，因此极力倡导教会的"乡村化"，以金陵大学农学院为核心的农业传教士借助教会网络进行农业教育和科技推广，农业传教在20世纪20年代逐渐成为基督教的又一项重要事业，中国基督教的乡建运动即由此起源。

专家访谈

百年农史研究访谈

受访人：王思明、萧正洪、樊志民、盛邦跃、倪根金、李军、曹幸穗、曹树基、吴滔、王建革、刘兴林、王社教（按访谈顺序）

整理者：杨艺帆、成雅昕、徐清、张凤岐、张强

中国自古以农立国，农耕文明源远流长。《国语》有云："民之大事在农。"[1] 自先秦始，吏治和农事就是事关治乱兴衰的国之大事，"吏不治则乱，农事缓则贫"[2]。无论是汉文帝的"农，天下之大本也，民所恃以生也"[3]，还是唐太宗的"食为人天，农为政本"[4]，历朝君主皆视务农为国之根本、国之大纲，重农传统一脉相承。克绍箕裘、踵武赓续，现代学科意义上的农史研究，历经百年沧海桑田，至今仍弦歌不辍、薪火绵延。百年传承的中国农史研究，蕴含着一代代学人白首不渝的坚守与奉献，诉说着一段段栉风沐雨的艰辛与努力，书写着一篇篇初心如磐的传奇与华章。继志述事，笃行不怠，访谈组历经两年，长途奔波于南京、广州、北京等地，与王思明、萧正洪等农史专家一起回顾中国农史研究的百年历程，追忆农史大

---

[1]（战国）左丘明撰，（三国吴）韦昭注：《国语》，上海古籍出版社 2015 年版，第 10 页。

[2] 吴毓江撰，孙启治点校：《墨子校注》卷 9《非儒下》，中华书局 2006 年版，第 437 页。

[3]（汉）班固撰：《汉书》卷 4《文帝纪》，中华书局 1962 年版，第 118 页。

[4] 杨杰主编，墨文庄、胡焰、王德明编译：《帝范·臣轨》，河南出版社 1992 年版，第 74 页。

家平凡而传奇的一生，总结"南农现象"背后的启示与经验，展望农史研究的未来与发展。

一、百年农史，灼灼其华

什么是平凡？什么又是传奇？百年农史，就是一个看似平凡而又不凡的传奇。说它平凡，是因为农史研究并非热门，"农"——这个曾经在传统中国最重要的职业，至近代工业兴起以后逐渐沦落为落后、守旧的代名词，而从事该领域的研究者也多是默默坚守的平凡人。说它传奇，是因为每一个为信念默默坚守的人，注定会书写不凡的传奇。综观农史研究百余年的学术史，既有开拓之功的罗振玉、王国维等学术大师，也有积极参与的孙中山、康有为、梁启超、谭嗣同、张謇等近代贤达，更涌现出万国鼎、石声汉、梁家勉、王毓瑚等许多声名显赫的学界前辈，亦造就了曹幸穗、王思明、盛邦跃、萧正洪、王建革、王利华、樊志民、曹树基、吴滔等一批当前学界翘楚，最终形成东（南京农业大学农业遗产研究室）、西（西北农林科技大学古农学研究室）、南（华南农业大学农史室）、北（中国农业大学农史室）四所农史研究重要机构。其中，南京农业大学农业遗产研究室是我国成立最早的农史研究机构。早在1920年，当时的金陵大学就与美国农业部、美国国会图书馆合作筹建了金陵大学农业图书研究部，系统搜集和整理中国古代农业文献。此后这一工作由金陵大学农史研究组、中国农业遗产研究室和中华农业文明研究院等形式传承延续至今。

王思明教授历任中国农业科学院中国农业遗产研究室主任、中华农业文明研究院院长、南京农业大学人文社会科学学院院长，谈到农业历史及南京农业大学农史研究的发展历程时，他了然入怀、如数家珍。

王思明教授：农业历史虽然重要，但其作为一门独立学科的历史并不久。农史研究学科化的建设开始于20世纪初期的德国，后来逐渐向其他地区扩展。美国后来居上，于1919年成立"农业历史学会"，同时又在1927年创办了《农业历史》（*Agricultural History*）杂志，美国"边疆学派"的创始人弗雷德里克·特纳担任学会的首任会长，之后农史研究在美国迅速发展。此后，英国、荷兰、丹麦、日本、韩国等国也相继建立了农业历史学会并开展了相关的农史研究。中国农业史研究受西方学术界的影响慢慢开展起来，最早开展了一些零星的研究工作，金陵大学农学院建立后真正开始建制化研究。金陵大学是美国的教会大学，在当时的十多所教会大学中属于A类，是唯一一个可以跟美国康奈尔大学学分互认、互换学生的大学。1914年金陵大学农学院农林科建立，随后在1920年，金陵大学同美国国会图书馆和美国农业部合作，建立农业图书研究部，启动了中国古代农业资料的搜集工作，由此开启了中国农业史研究。

这一合作实际上与20世纪初期美国来华的农学家有关。当时，美国植物学家施永高认为中国是农业古国，有很丰富的农业遗存，并向美国国会图书馆和美国农业部建议，应该把中国的这些古农书系统地收集起来，一起送到美国或者翻译出来让美国学习借鉴。同时，他在中国采集了很多农作物和植物标本寄回美国。在施永高和金陵大学农学院院长芮思娄的积极推动下，金陵大学与美国国会图书馆和美国农业部决定合作建立金陵大学农业图书研究部。1920年农业图书研究部建立，开启了中国农业史建制化研究进程；1921年的春天，美国国会图书馆派卫德女士到金陵大学主持农业图书研究部工作；1924

年万国鼎先生接任卫德女士成为农业图书研究部的主任。

万国鼎是中国农史学科的主要开创者，曾任金陵大学农林学会会长、《金陵光》编辑、五四运动议事部副主席、金陵大学学生自治会主席。1920年毕业后留校，协助钱天鹤先生从事蚕业推广工作，在此期间，撰写并发表中国蚕业史相关论文。1924年，万先生任金陵大学农业图书研究部主任；1932年，又任农业经济系教授、农史研究组主任，并给学生专门开设农业经济史课程，甚至专门翻译了诺曼·格拉斯（Norman Grass）的《欧美农业史》作为教材。万先生的研究不单单局限于农业史，在其他方面的成就也很高，民国初期就曾编撰《中国历史纪年表》，在史学界产生了广泛的影响。

万国鼎先生在农业历史研究的诸多方面都有重要建树，曾撰写《中国田制史》，对中国的土地制度进行了深入讨论。万国鼎先生曾担任"国立政治大学"地政系主任，创办《地政月刊》并担任主编，因此万先生是中国地政研究的开创者，台湾政治大学将其看作他们的鼻祖。

应该说在中国农史的研究中，南农的农史学科是遥遥领先的。因为到目前为止，它是唯一一个农业史的博士研究点和博士后研究站，还创办了核心期刊——《中国农史》，并挂靠有几个学会，所以它的学术地位是稳固的。从世界农史来讲，大部分与农史有关联的机构，都知道南农的中国农业遗产研究室，也都知道它在中国农史研究中的地位，所以他们经常与我们联系。我的一些学生，有些在哈佛大学燕京学社，有些在斯坦福大学，有些在普渡大学，他们在这些学校的图书馆资料室，也都看到了我们编著的书籍。

李约瑟研究所也有我们这边大部分的书，他们对我们的学术地位是认可的，所以我们同他们建立了诸多合作交流关系。

英国学者李约瑟（Joseph T. M. Needham）先生曾了解到万国鼎先生在农业历史研究方面的建树，所以专门请求到金陵大学与万国鼎先生进行交流，李约瑟先生一共来过南京农业大学（或前身）四次。有人说李约瑟先生最早提出"李约瑟难题"是在 20 世纪 50 年代《中国的科学与文明》第一卷出版之时，我认为这个观点值得商榷。事实上，在 20 世纪 40 年代，李约瑟先生受到了农史研究的影响，最早提出"李约瑟难题"。李约瑟先生在剑桥大学工作时，受鲁桂珍、王玲等中国留学生的影响，对中国的科技史产生浓厚兴趣，后来他作为英国驻华的科技参赞和中英科技合作馆馆长，拜访了很多中国科技史家，包括竺可桢、万国鼎和石声汉等。1944 年他应邀在重庆的中华农学会会堂作大会报告，题目是"中国和西方的科学与农业"（Science and Agriculture in China and the West），就是在这次报告中，他第一次提出了"李约瑟难题"：15 世纪之前中国在诸多科技领域领先于世界，但在近代以后就落后了，中国为什么没能保持这种优势，走上近代科技创新之路？他也尝试从地理、政治、经济和文化传统的视角对这些问题进行解答。

　　相对来讲，目前国际上专门的农史研究机构比较少，因为发达国家已经完成了经济社会的转型。以美国为例，他们的农民很少，只占总人口的 1.8%，所以专门研究农史的机构就比较少。据我了解，仅有美国加州大学的农史研究中心和衣阿华州立大学设有农业与农村发展的博士学科点。

　　一所学术机构延续百年，在当代中国学术史上并不多见。所以如果说传奇，南京农业大学中国农业遗产研究室无疑是学术史上的一个传奇。追溯这所机构的前身，可与农史研究一样，溯源至一百年前。现在我们只看到它辉煌的过去，但并不了解它经历的百般沧桑。一路走来，它是怎样确立起良好的学术声誉与特殊地位的？

萧正洪教授：以我浅薄之见，在近百年的中国农史研究中，设于南农的中国农业遗产室具有相当特殊的地位。具体表现为三个方面：一是对于农史学科具有开创之功，二是以丰硕的成果不断地引领农史研究的发展，三是为农史学科培养了一大批专业研究人才。

中国农史研究具有悠久的传统。基于现代学科意义论，当然我们要回溯到诸如万国鼎等老一代学者那里。但我们知道，在民国时期，中国的农业历史研究尚缺少学科的内涵，主要属于少数学者个人学术兴趣和追求的性质。在 20 世纪 50 年代，大学体系和架构的调整等一系列事件的发生，产生了一些附带的后果，现在看来其中有些方面并非十分合理，但也有为若干本来并未得到重视的领域提供了发展的机遇。在万国鼎先生的领导下，中国农业遗产研究室的设立、一批同道专家的会聚以及随后推出的丰硕成果，就是这一方面的典型案例。虽然后来也曾出现过不少的曲折，但一个显而易见的事实是，自中国农业遗产研究室设立之后，中国农史研究开始有了本学科的理论、特定的研究对象、属于本学科的基本研究方法以及具有独特风格的研究范式，同时在不断发展的过程中形成了具有一定规模的研究队伍，在国内甚至国际上都产生了显著的影响。当年我在中国农业遗产研究室攻读硕士学位时，所见所闻有限，对研究室在学界的影响还认识不足。后来我到陕西师范大学工作，与四川大学毕业的博士、史学家徐中舒先生的弟子赵世超教授交流，他当时对我说，他对中国农业遗产研究室的学术成果非常熟悉，也读过不少我的导师李长年先生的著述。他告诉我，在历史学界，特别是在先秦史研究中，对于中国农业遗产研究室的很多观点极为重视，因为农史专家的视角往往与那些以传世文献为主要基点的研究工作相当不同，因而具有特别重要的价值。这一看法令我多少有些意外。后来，在我的研究工作中，赵先生的看法不断地得到印证。这样的事情足以说明，在那个时代，中国农业遗产研究室的工作已经不再是少数人的兴趣与追求，而成为学界的一支重要力量，它是一个相对独立的学科，并以自己无可替代的地位与作用影响着学术的发展。其实，著名科技史专家李约瑟先生曾专程前往南京，拜访中国农业遗产研究室，不也是其世界性影响力的一个重要表现吗？至于所培养的学生，就毋庸多言了。当今中国的农史研究，不妨左顾右盼，有多少人才是出自中国农业遗产研究室？堪称十步之内，必有芳草了吧。

不过，在过去的若干年中，曾经有一段时间，这样的地位与影响力似乎并未得到足够的彰显。其主要原因倒不是因为中国农业遗产研究室自身的建设有何不足，而是另有一个客观事实存在，即当时除了设于南农的中国农业遗产研究室外，在西北农学院（现西北农林科技大学）、北京农业大学（现中国农业大学）、华南农业大学等高校中，也有不少专门从事农史研究的专家和规模可观的研究队伍。诸如梁家勉、石声汉、王毓瑚等著名学者，都是中国农史研究的杰出前辈。那可真是一个中国农史研究群星灿烂的时代！前辈们引领着学术的发展，为后人奠定了基本的学术规范，也留下了数量众多的学术经典作品。这就意味着，农史学科并不是其中哪一家高校或研究机构仅凭一己之力就能建设起来的。说到这里，我作为 20 世纪 80年代初以来许多农史学科发展历程中的参与者，非常怀念其中的故人与故事。事实上，是前辈学者共同造就了我们农史研究的新时代，共同培育了我们这一批人，而且经由我们这些人，将农史研究的独特风格与独特气派传播到了许多综合性高校和研究机构之中。

　　然而，再往后，所发生的一些曲折变化似乎多少有些令人遗憾。在我看来，农史学科的发展和农史研究的进步，需要有一个恰当的学科定位并拥有一支稳定、高水平的研究队伍。可是，由于众所周知的原因，在学科优化与调整的过程中，本来具有农史研究优秀传统的若干高校，农史学科事实上是被弱化或边缘化了。农史学科不可能成为主流学科，这个事实也毋庸讳言。但这并不意味着农史研究本身没有重要性，它本来就是历史学门类中一个重要的分支，而其独特的学科性质，完全可以为现代农业经济、科学技术以及乡村社会治理提供重要的历史经验和思想文化资源。然而，在后来的农史学科建设中，其性质与主旨变得模糊，而人才培养的力度亦未见有大的加强。我们知道，农史研究是一个综合性很强的领域，具有突出的交叉学科性质。如果只是将农史研究限定于科技史的范畴，可能忽视或淡化其对于经济制度、社会组织、文化环境和人的复杂行为机制的解释力。其实，在此前数十年中，中国农业遗产研究室若干重要的著述之所以能够在学术界产生广泛的影响，原因正在于其工作显著地超越了单纯科技史的范畴。也是由于农史研究在农科类高校中，不易被认为属于重要或主流的学科，所以在资源配置和人才培养等方面，往往会失去发展的机遇。

　　不过在我看来，现今诸家研究机构中，南农似乎还是坚持得比较好，当然，也有一些值得反思之处。事实上，以全国论，在近二十年的农史研究领域中，就学术氛围与影响力而言，同曾经存在过的那个群星璀璨的时代诚然是有一些差距的。我在高校工作，曾经多年分管学校的学科建设，对此有着较深的体会。一个学科、领域的发展，如果既缺少准确的定位和目标，又未能保持一支坚强有力的研究队伍，是不可能得到较好的发展的。其中特别需要注意的是人才培养。这是一项基础性工作，必须高瞻远瞩、持之以恒，且投入足够多的精力，方能保证学科发展不会出现曲折甚至衰败。正是因为这个缘故，我为南京农业大学农史学科建设在过去几十年的努力与坚持倍感骄傲，因为南农的农史研究仍然能够克服困难、推陈出新，在新时代体现出自己的独特价值。如果我们将当今南农的农史研究放在一个宏大的框架中加以审视，这一点是能够看得很清楚的。

"问渠那得清如许？为有源头活水来。"深厚的学术积累是开拓新的研究领域和方向的基础，同时学术研究需要超越，故步自封只会举步维艰。萧正洪教授指出了今天的农史学科发展所面临的困境，也提出了农史学科推陈出新的思路。

得益于于右任先生的选址，中国西部的小城杨凌赫然挺立着一座农学研究学府——西北农林科技大学。这里有农史研究的另一所重要机构——古农学研究室，有辛树帜、石声汉等学界先辈的开拓和奠基，也有三十余年矢志耕耘农史情的坚守者——樊志民教授。"在这二十年间，我虽不能说殚思竭虑，但常有如履薄冰之感，唯恐在我的手上中断了这门学科，那样将获百身莫赎之罪。"樊志民教授的这句话深深镌刻在我们访谈组每个人的心中。记得樊志民教授说完这句话时，停顿了许久，我想当时他或许是在感叹前辈学者筚路蓝缕、以启山林的艰辛，或许是回顾自己朝乾夕惕、奋楫笃行的不易，或许是在寄望行而不辍、前路可期的农史后学们。"殚思竭虑""如履薄冰之感""百身莫赎之罪"寥寥数语，深刻反映出农史学人的学术情怀与使命担当。樊志民教授不仅是这样说的，也是在用一生去践行自己的诺言。

樊志民教授：西北农林科技大学的农史学科，自辛（树帜）、石（声汉）立学迄今已逾耳顺之年。20 世纪 80 年代初，我有幸能侧身这门深具中国特色、积淀丰厚的学科，并愿为之奋斗终生。1996 年我被任命为古农学研究室主任，2004 年成立中国农业历史文化研究所，2010 年组建中国农业历史文化研究中心。在西农农史学科已有的六十余年历史中，我与它相伴走过三十多年并担任负责人近二十年。这一时期，正值商品经济大潮汹涌澎湃之际，基础性学术研究受到了很大的冲击。东（南京农业大学农业遗产研究室）、西（西北农林科技大学古农学研究室）、南（华南农业大学农史室）、北（中国农业大学农史室）四大农史研究机构，在发展与建设中都遇到了这样或那样的问题。在这二十年间，我虽不能说殚思竭虑，但常有如履薄冰之感，唯恐在我的手上中断了这门学科，那样将获百身莫赎之罪。任何一门学科只要不曾断线，就有可能发展下去，若已断欲续那将是十分困难的。中国农业大学的农史学科曾是十分有名的，先后有王毓瑚、董恺忱、杨直民、阎万英等诸位先生，但是现在囿于师资力量，发展受限。西北农林科技大学的农史学科虽历经风风雨雨而仍能摊子不散、学脉不断并能取得些许成绩，或得益于"生于忧患，死于安乐"的危机意识。

学术研究，一代人要做一代人的事。辛、石是中国农史学科的创立者，是为第一代。他们搜求与整理农业历史文献，为农史学科打下坚实的基础。古农学研究室先后收藏二百八十余种古农书，并校注、出版了《齐民要术》《四民月令》《氾胜之书》《农政全书》等十余种大型骨干农书，这是他们对农史学科的贡献，也是他们那一时代的主要标志性学术成果，在 20 世纪五六十年代备受国内外学术界关注。西农第二代农史学人的代表者为李凤岐、马宗申、冯有权诸先生，他们承先启后，于西农第三代农史学人有发现、引进、培养之功。他们承担或参与了当时的《中国农业科学技术史稿》《中国农业百科全书·农史卷》等学术著作的编纂工作，这些著作至今仍为农史学习与研究的必备之书。第三代学人为张波、邹德秀、周云庵教授、冯风老师，还有目前尚在岗的郭风平教授与我本人。这一时期，我们开展了《中国农业通史·战国秦汉卷》的编纂与西北农林科技大学中国农业历史博物馆的建设和布展工作。我们立足西北，以研究西北与周秦汉唐的农牧历史为特色，计有《西北农牧史》《秦农业历史研究》等重要学术成果。西农农史事业的第四代学人，是以朱宏斌、杨乙丹教授领衔的新生代农史精英。他们这一代应该做些什么呢？我想目前可以确认的恐怕就是我们获得教育部重大招标立项的《中华农业文明通史》的编撰工程，这既是对以往研究的总结与深化，也是农史学科发展的必然。每一代学人除了个人感兴趣的学术领域以外，凡有可能都应致力于他（她）那个时代的整体性或标志性学术研究。整体性、标志性学术成果，往往是某一学科、某一时代的学术精英们所共襄之盛举。它是学人们可遇而不可求的时代际遇之一，若无缘于此，将会终生为憾。

教育部与学校十分重视《中华农业文明通史》的编撰工程，在未来相当长的时段里，它很可能是用来考量我们科研绩效的重要指标之一。作为《中华农业文明通史》的主编与首席专家单位，除了繁重的编撰任务以外，我们还要做大量的组织、协调、管理工作。朱宏斌、杨乙丹同志负责所务以后，我可以腾挪出更多的时间进行一些学术性的思考。

此前的农史重大科研项目，大多是由农业部或中国农史学会牵头、主持，动员各农史单位共同参与。其利在于实行举国体制，建立了强有力的领导、支撑体系；其弊在于难以约束规范，某些项目与课题因个别单位或个人因素而有十数年不能结题者。《中华农业文明通史》的编撰，采用重大课题招标形式，经由严格评审，确定由西北农林科技大学中国农业历史文化研究所作为主编单位，由我作为项目首席专家。这既是农史科研项目管理体制的重大变革，也是对西北农林科技大学既有农史学术积累与研究能力的认可。《中华农业文明通史》的各卷主编，除了敬邀一些校外专家外，许多卷帙应由我们自己承担。在某种程度上，我们应把它看作辛、石学术传人在新时代应承担的重大历史使命之一，并借此进一步提升西北农林科技大学的农史研究水平与学术影响力。

在风雨苍黄的历史长河中坚守学术本真，在纷乱浮躁的社会风潮中剥落浮华保持初心，是一代代农史学人的共同追求。

盛邦跃教授："不忘初心，牢记使命"，我觉得也适用于中国农业遗产研究室和农史学科的建设发展。一所学术机构、学术研究者的初心和使命，需要一代代学人的守候和担当。南农对于农史的研究开始于 1920 年，至今已有一百余年（中国科学技术史七十余年），万国鼎先生是南农农史学科的开创者和奠基人。新中国成立以后，中国科学院在郭沫若院长的领导下重视科学技术史的研究，20 世纪 50 年代中国科学院牵头成立科技史研究委员会，将科技史分为理、工、农、医四大类，其中理科由中国科学院研究，工程专业由清华大学研究，医学专业由北京医学院负责，农业科技则是由南京农业大学负责。农业科技由南京农业大学担任研究单位，可见南京农业大学当时做的科研工作得到了中国科学院的认可。中国农业遗产研究室设立在南农是对南农早期在农史学界做的工作给予的肯定，奠定了后续的研究基础。南农有这样一个学科、一所研究机构，是历史提供的宝贵遗产。那么我们南农就有责任、有使命把这个学科建设得更好，起到"领头羊"的作用。

"板凳宁坐十年冷，文章不写一字空。"地处亚热带沿海，有北回归线穿过的广州，全年雨量充沛，花团锦簇，是一座名副其实的"花城"，这里孕育了华南农业大学中国农业历史遗产研究所。在这里，梁家勉先生主编的《中国农业科学技术史稿》问世，这部汇聚全国 30 余名农史学者心血的著作，成为农史领域的一座里程碑，彰显了全国农史同仁在农业科学技术史研究方面的卓越贡献。

倪根金教授：华南农业大学中国农业历史遗产研究室的农史研究历史，至少可追溯到特藏室时代，甚至更长。早在 20 世纪 20 年代，我们的老校长丁颖教授就开始了农史研究。1926 年他在《农声》发表《中国作物原始》。同年，他在广州发现野生稻后，更对中国稻作起源问题产生浓厚兴趣并开始系统研究。不久，他又发表了《谷物名实考》和《作物名实考》，到 1949 年又发表《中国稻作之起源》。据不完全统计，丁老在新中国成立前就发表过有关农史研究的论文 8 篇。

我们农史室的创始人梁家勉先生早在中山大学农学院读书时，就在丁颖、侯过等教授的影响和指导下，凭着幼年打下的良好国学基础，于 20 世纪 20 年代末期开始农史研究，并于 1931 年在《农声》《农林新报》上先后发表《孟子之农业政策观》《关于以农立国问题的商榷》《中国荔枝繁殖法考略》等农史论文。此后，他又发表了《〈诗经〉之生物学研究发凡》和《烟草史证》等文。两位前辈对农史的浓厚兴趣和学术研究不仅开启了华南地区研究农史的先河，还为我们以后的发展创造了条件。

1955 年 4 月，农业部在北京召开了"整理农业遗产座谈会"，号召并部署研究、整理、出版祖国农业历史遗产。为响应党和政府的号召，时任农学院图书馆馆长的梁家勉先生，在丁颖院长的大力支持下，于院图书馆内开设"中国古代农业文献特藏室"，并亲自主持。特藏室设立后，梁家勉先生便以高度的历史责任感、对古农书的无限挚爱、锲而不舍的精神以及极大的耐心和毅力，对中国古农书及相关文献进行征访、选购、典藏、整理和研究，留下许多感人的故事。经过多年不懈努力，特藏室古籍由最初的 7 本发展到数以万计，其中明刊本就有 75 部 970 册，古农书 540 余种 1460 册，成为著名的古农书藏书中心之一，吸引了众多学人前来阅览和考察，如中科院副院长竺可桢院士、席泽宗院士、胡道静教授等。在广泛收集古农书的同时，梁家勉先生还制定了许多整理古农书的计划并开展农史研究，先后发表《中国梯田考》《〈齐民要术〉的撰者、注者和撰期》《〈农政全书〉撰述过程及若干有关问题的探讨》等论文。丁颖院长也于此时发表《中国栽培稻种的起源及其演变》。这些研究论文都是扛鼎之作，在学术界产生了重要影响，受到国内外的好评。如著名学者、西北农学院院长辛树帜教授称梁家勉先生研究《齐民要术》一文为"近代研究贾学之杰作"。

特藏室的建立和发展，不仅为祖国、为华南农业大学搜集和保存了大批以古农书为主的珍贵古籍，产生了一批享誉中外的研究成果，更重要的是为日后成立农史研究室奠定了基础，在资料上、组织上、人员上和思想上做好了准备。

随着"科学的春天"到来，在学校领导的大力支持下，1978 年 3 月，农史研究室在特藏室的基础上正式成立。1980年，又获农业部批准，成为当时华南农学院八个部批重点研究室之一。梁家勉先生出任室主任，徐燕千教授、彭世奖研究员先后任室副主任。1987 年 3 月梁先生荣退，周肇基教授接任室主任，彭世奖研究员任副主任。1996 年，农史室与社科系、外语系联合组建人文学院。1998 年，周肇基教授任室名誉主任，我作为副研究员任室主任。2013 年，以农史团队为核心，获批成为广州市重点人文社科研究基地，成立华南农业大学广州市农业文化遗产与美丽乡村建设研究基地，我担任主任。2016 年，农史室升级为学校直属的科研机构，并正式更名为华南农业大学中国农业历史遗产研究所，我出任所长。经过数十年几代人的努力，农史所现已发展为在国内外有相当影响的农史研究机构。

科学研究方面，农史研究室立足广东、面向全国，承担和参与了《中国农业科技史》《中国农业通史》《中国农业百科全书·农史卷》《中国生物学史》《中国植物学史》等一批在农业史界、科技史界有影响的课题以及其他种类课题。其中由梁家勉先生主编、中国农科院南京农业大学中国农业遗产研究室为主编单位，全国 30 多位农史学者参与撰写完成的《中国农业科学技术史稿》，出版后受到学术界一致好评，被认为是"新中国的一部重要农业历史著作"，并多次获奖。另有学人独撰或参与完成和翻译的《徐光启年谱》《〈南方草木状〉国际学术讨论会论文集》《中国植物生理学史》《中国生物学史》《中国古农书考》《中国农业传统要术集萃》《潮汕风物谈》等也受到学术界好评。

学术交流方面，1980 年在农业出版社的支持下，创办了"文化大革命"后第一份农史学术刊物——《农史研究》，率先为农史研究开辟了一块交流阵地。杂志共发行 10 期，在海内外产生了一定的影响，受到海内外众多学者的好评。1983 年12 月，农史研究室成功举办了由美、日、法、中等国学者参加的"《南方草木状》国际学术讨论会"，并出版了论文集，受到当时农业部部长何康的表彰。这次会议不仅是中国农史界，也是华南农业大学召开的首次国际学术会议。此后，农史研究室又参与江西社科院领衔主办的第一、二届"农业考古国际学术讨论会"。国内会议方面，农史研究室主办了"中国农史学会第二届学术讨论会暨中国科技史学会农史专业委员会第三次会议"，第一至四届"广东农史研究会年会"和"广东农史研究会第五届年会暨华南农业大学农史研究室成立20周年学术讨论会"等。多年来，农史室在与国内专家进行频繁学术交流的同时，还先后接待了来自英、美、德、法、日、澳、印、泰等十几个国家和地区的数十批学者，如英国李约瑟、美国马泰来、法国梅塔耶、澳大利亚唐立、日本原宗子、美籍印度学者穆素洁等，其中日本学者渡部武、片山刚，美籍华人学者黄兴宗，英国学者白馥兰都曾多次来室进行学术交流。另外农史室人员也多次走出去，参加在海内外召开的国际学术会议，如1983年出席在中国香港召开的"第二届国际中国科技史学术讨论会"。1982年在日本友人天野元之助和农业出版社的支持下，我们把藏于日本内阁文库的我国古代植物学名著《全芳备祖》的宋刻残本影印回国，并与室里珍藏的抄本配套出版，谱写了现代中日学术交流史上的一段佳话。

农史人才培养方面，自1980年梁家勉先生始招国内第一位农史硕士研究生起，到今日已培养了数量可观的研究生。这些研究生，后来大都获得副高或副处以上职称或职务，有的已成为教授。从1980年起，农史室还面向全校本科生、干部培训班等开设了"中国农业科技史""中国农业史""岭南历史文化"等公共选修课，其中，"中国农业科技史"课程一直坚持至今。此外，还在大学生中组织农史社团，举办系列农史学术讲座，开展农史知识竞赛，在学生中普及农史知识，提高学生的人文素质。

研究条件方面，1985 年在学校的支持下，农业部拨专款修建了国内第一座独立的农史楼，全楼使用面积约 700 平方米，内设工作室、会议室、书库、教室、复印室等，大大改善了农史室的藏书条件和研究条件。1996 年，学校又拨款近 16 万元，给书库安装空调、报警器，更新书架、复印机，新增电脑、打印机，使农史室的藏书和科研条件更上一层楼。图书资料也不断丰富，在农业部和学校的支持下，在特藏室原有藏书基础上，先后购买了《天一阁藏明代方志选刊》《稀见中国地方志汇刊》《四部丛刊·续篇·三编》《甲骨文合集》《本草图录》等一批有价值的图书，使农史室藏书达到 6 万多册，种类更加齐全、配套，基本能满足农史研究之需，成为国内外收藏古农书最丰富的单位之一。

总之，经过特藏室多年的积蓄和发展，农史室已成为国内外知名的中国古农书收藏中心、学术交流中心和研究中心之一。而这些成绩的取得，一是有赖全室同志的共同努力，多年来大家潜心学术、安贫乐道、不计得失，特别是梁家勉先生倡导、组织贡献最巨。二是得到丁颖、刘瑞龙、何康、钱学森、卢永根、骆世明、黄朝阳等领导、学者的热忱指导和大力支持。如何康部长与农史室并无历史渊源，但他关心我国的农史事业，目睹我室的经费困难，离休前夕亲自批下 8 万元，作为我室的科研辅助费，使我室在经费最困难的时候，得以维持下来。这种雪中送炭之举我们毕生难忘。

"解民生之多艰，育天下之英才。" 1949 年新中国成立后，由北平大学农学院、清华大学农学院、华北大学农学院、辅仁大学农学院等合并组建了新中国第一所多学科、综合性新型农业高等学府——北京农业大学。以王毓瑚先生为代表的农史学家，情系乡土，在华北大地开始了农史科研探索之路。

李军教授：中国农业大学的前身是北京农业大学，北农的农史研究开展较早，但农业史研究室建立得较晚。早在20世纪50年代，以王毓瑚先生为代表的农史学家就在北京农业大学开始了农业历史的教学科研工作。农业史研究室真正成立是在1978年，它的建立有自己的特点，因为它是从每个系抽调出一些多年来一直从事农史相关研究的专家学者而组建的，农业史研究室早期研究也因此都带有跨学科的特征。在王毓瑚先生的带领下，农业史研究室的研究范围涵盖古今中外，既有农业技术史，也有农业经济史，而且注重比较分析。王毓瑚先生对农业史研究室的贡献是具有开创性的。

在中国百年农史研究中，有很多的学界称谓，除了农史研究的"四大机构"，对于开拓农史学科的前辈学者们也流传着一种说法，即"东万、西石、南梁、北王"，"东万"指南京农业大学万国鼎先生，"西石"是西北农林科技大学石声汉先生，"南梁"为华南农业大学梁家勉先生，而"北王"则指北京农业大学王毓瑚先生。

王毓瑚先生曾自费留学于德国慕尼黑工业大学和法国巴黎大学，攻读经济学和经济思想史，归国后长期担任教学岗位工作并兼任北京农业大学图书馆馆长一职，直到1980年去世。先生后期的生活与工作条件十分艰苦，1972年因身体原因回到北京后，居住的房间是由原来的工棚改造而来的简易房，尚不足20平方米。先生就是在这样的陋室里著书立说、接待访客，以只争朝夕的学术精神，忘我工作。

王毓瑚先生在农史研究和农书古籍校注方面所取得的成就，是具有开拓意义的，受到国内外同行的赞誉。他整理并校注了多部古农书，包括《先秦农家言四篇别释》《王祯农书》《秦晋农言》《农圃便览》等，并且通过对古农书的梳理编撰了

《中国农学书录》。用王毓瑚先生自己的话来说，这是一本清算了作为一个具有悠久农业历史的国家到底有多少种农业生产知识的书。因此，这本书甫一问世，即成为中国农学研究学者必备的工具书，日本天野元之助教授对该书也是推崇备至，经过不断努力，将自己的《中国古农书考》和王先生的《中国农学书录》进行合刊印刷，由日本龙溪书舍出版，以此纪念中日两国学者的友好往来。

王毓瑚先生早期研究的方向主要是经济史、经济思想史，虽然后期主要致力于农史研究，但王先生并没有完全丢掉老本行，这主要体现在着力部署比较农业史、农学思想史、世界农业史等工作，将经济史、经济思想史和农史相结合。1976年，法国巴黎格林琼国立农学院马佐耶（Mazoyer Marcel）教授发表了题为《作为开发自然界的农作制——其演进与分化》一文，该文比较不同地区的耕作制度以及阐明农业制度对人们生活的影响，内容颇有新颖性，拓展了学界的研究视野，在比较农史研究方面具有开拓之功。王毓瑚先生看到此文后，不顾重病缠身，利用他精通法语的优势，仅一年便将此文翻译、印刷出来，以供国内学者参考交流。

此外，王毓瑚先生还致力于中国农业学术遗产的研究。早在1955年，王先生就已经注意到了这个问题，他曾作过《关于整理祖国农业学术遗产问题的初步意见》的报告，并在后来一系列的论文及著作中，一再发表关于农业学术遗产的看法。王先生认为我们不仅应该继承和发扬古圣先贤在农学方面的努力与伟绩，还应该将其服务于祖国的农业生产建设中，做到学以致用。

百年农史，灼灼其华。中国农史研究走过百年历程，以东西南北四大农史研究机构为基地，万国鼎、石声汉、梁家勉、王毓瑚等一代代农史研究者不避艰辛、耕耘不辍，用坚守与勤勉始终践行为农史研究事业奋斗的梦想。百年春秋，不过是历史长河中的一瞬，就中国农史研究而言，却在这一瞬取得了极大的进步，为传承和弘扬中华农业文明做出了卓越的贡献。

二、南农现象与南农学派

中国教育史上，曾出现过一种奇特的现象，时人称之"南农现象"，即以理工类为主的南京农业大学培养出了众多为人熟知的人文学者，例如曹幸穗、曹树基、邱泽奇、樊志民、王思明、盛邦跃、萧正洪、王建革、王利华、吴滔等。这一现象曾引起教育部学位办的关注。作为"南农现象"的亲历者，他们又是如何看待"南农现象"及其产生的背景的？在前来调研的教育部工作人员面前，时任南京农业大学农业遗产研究室主任的曹幸穗教授阐述了南农人才培养的三个原则。

曹幸穗教授：我在南京农业大学担任系主任时，南京农业大学成功创造了"南农现象"：一所主要培养农学人才的高校，涌现出了众多在人文学科上有卓越建树的学者，他们先后进入国内许多综合性大学工作，取得了不菲的学术成绩。这是中国当代教育史上非常奇特的现象。比如北京大学社会学系长江学者邱泽奇、上海交通大学历史系创系主任曹树基、陕西师范大学原副校长萧正洪、西北农林科技大学樊志民、南开大学长江学者王利华、复旦大学王建革、中山大学吴滔等。教育部学位办曾专门前来调研"南农现象"。我回应教育部学位办南农培养人才所坚持的三个原则。

第一，因材施教，一人一教，一人一策。每一个学生都有专门的培养方案，针对学生之前所学专业以及未来的从业志趣和研究领域，导师会根据其基本情况进行学业设计、安排课程。这是我们培养出的学生能够任教综合大学最重要的原因。以我为例，我毕业于农业院校，我的导师李长年先生相信我已经具备一定的农学知识，但缺少文史素养。所以我被李先生专门送往南京大学学习了三个学期的文史课程，要求我与南大同学一样听课修习，每年按时汇报考试成绩，再选新课。李先生反复叮嘱："本科生要上的课程、考试也要参加，不要以为你是个研究生就可以偷懒。"我那时候已经三十岁，还要和本科生一样站起来背诵古文。这就是南农"一人一策"的教学模式。

第二，夯实专业基础。我的导师李长年先生认为选修基础课程比写一篇毕业论文重要，因为课程知识将受益终身，而论文撰写是以课程知识为基础的，因此年轻时应将基础筑牢。这就要多选课程，拓展知识结构，以多元视角看待问题。同时在论文选题时，也一定要选该类题目。经由此种培养策略的深度磨炼，学生在数年间显著夯实了专业基础。虽有观点认为我们学校因幸运而招得高智商学生，进而培育出众多杰出人才。但实际上，他们的成就更多归功于南农的独特的培养方法。

第三，扇形延展的论文选题。李长年先生曾形象地比喻三种选题方案。第一种选题方案像一把展开的折叠式扇子。李先生主张学生的研究选题应呈扇形展开。当折叠的扇子被展开，它始于扇柄的原点便向外辐射。同样，学生的初始研究选题应当从一个核心出发，随后逐渐构建相互关联的其他各部分，如同给扇骨上添布，形成一个完整的扇面。他认为，完成一项研究只是开始，接下来应从中发掘新的问题并逐一研究解决，如此一而三，三而九，以至无穷。这样，你的研究就如同扇子，呈现辐射开放的学术体系。第二种方案如同一个"圆"，它是封闭的，指向一个领域的深入研究而不涉及其他领域，但所有研究仍应相关联，李先生建议学生尽量避免这种选题。那这种"圆"在什么条件下会被选择呢？这就是第三种选题方案，适合集体研究，如研究所启动的一个大型课题，虽然每位学者承担的部分可能是局部的，但当这些部分整合在一起时，其涵盖面就非常广泛。总之，李先生主张使用扇形选题法来培养学生，使他们在毕业后可以基于自己的论文选题不断延伸系统性的研究。

因为因材施教、夯实基础、扇形选题法的培养模式，开启了他们未来的发展道路，也正是通过这样一种人才培养模式，许多南农学子在进入综合性大学后，迅速成为学术骨干和知名学者。

当我们翻开词典，认真查看"现象"一词的释义后，就会明白每一种现象出现的背后都有着必然的原因；"南农现象"之所以取得如此轰动的社会效应，曹幸穗教授认为是源自其独特的人才培养模式，而萧正洪教授则从农业遗产研究室的学科建设方面进行了深度思考。

萧正洪教授：农业遗产研究室确实培养了不少优秀学者，如曹树基、曹幸穗、王利华、樊志民、王建革、王思明，还有年轻一点的学者如吴滔等，这样的人我们还能说出很多，其中有不少就一直坚守在农业遗产研究室，成为研究室的传人。当然，农业遗产研究室所培养的人才也不限于史学，北大邱泽奇教授是缪启愉先生的学生，后来师从费孝通先生研究社会学，也是非常杰出的。这说明"南农现象"需要以一个更广的视野加以讨论，而这种说法由来已久，我亦曾听一些人讲过。有一次参加某个会议，顺便登山游览，刚好同山西大学的行龙先生同乘一辆缆车，闲聊时他就同我探讨起"南农现象"的问题，说明"南农现象"是得到学界关注的。

　　所谓"南农现象"，主要是指农业遗产研究室在人才培养方面很特别，模式特别、方法特别，具有创新精神。农业遗产研究室在中国的高校和研究机构中，是较早地探索跨学科人才培养新模式的，并且取得了显著成效。农业遗产研究室研究生的生源非常多样化。以我读书的时代论，有历史学、农学、农业经济、园艺、畜牧等多个不同的本科专业生源，而在一个规模并不大的研究机构中，如何培养来自如此多不同背景的学生，即使是现在回想，都觉得是一项极有挑战性的任务。但农业遗产研究室在当时展现出了令人赞叹的实力，教师们拥有丰富的智慧和创意。大致说来，就是针对每一个学生的背景和发展方向，制订完全个性化的培养方案，然后分至南农和南京大学各相关系所、专业进行不短于一年的基础性学习。我本科所学专业是历史学，于是被要求在南京农学院学习各种农业课程，如作物栽培学、土壤学、畜牧学、农业区域规划等，连外语学习也是农科类。在此学习阶段还有一件让我很尴尬的往事。南农那时候比较重视外语教学，其中有一门精读课，对我这个历史学专业出身的学生而言，确实有点不适应，而且我也不以为然。于是我去找李长年先生。先生知道我外语很好，比较信任我。他问我："你学分够不够？"我其实也不知道够不够，随口就说："够，怎么能不够！"李先生听了，居然说："那就别学了。"其实这就是因为培养方案是完全个性化的，学生有一定的选择权。但后来快毕业时，我接到中国农业科学院研究生院的一封信，说我差两个英语学分。那时农遗室在体制上是双重管理，研究生的学籍在北京的中国农业科学院研究生院，而专业学习归南农管辖，北京方面对农遗室的个性化培养模式并不十分了解。这下有点麻烦了，因为这是最后一个学期，而本学期时间已然过半。只能去参加考试，将学分补齐。这件事也能在一定程度上说明当时农遗室对于学生的培养与管理确实有点特别。正是在这样较为特别的培养过程中，学生需自我管理、自我约束、独立思考，而导师予以关键性指导，并及时进行评估，对学习进程与要求进行调整与修正。上述独立思考，是如何表现的？当我初次提交论文给李长年先生时，先生细致地审阅了每一页，铅笔在稿子上画下许多横线，但未作任何注解。面对这些横线，我感到困惑，于是询问了师兄曹树基。他告诉我，最初他也是和我一样不解，但后来理解了先生的意图：那些横线是在鼓励我们独立思考。正是在这样的训练下，我学会了如何自主思考。回首那个时期，农业遗产研究室的培养方法即使放在今天看来，仍旧具有深远的意义。其方法之高效、效果之显著，实在令人佩服，值得我们汲取和学习。

　　不过，现在回顾这段经历，我个人认为，如果将农遗室的上述探索仅仅解释为在人才培养方面的努力，可能对其意义估计不足。在我看来，它其实体现了农遗室在科学思维和学科建设方面的一种深度思考，它从属于农遗室建设与发展的总体思路。换言之，它是农遗室的学科建设与科学研究在人才培养方面的具体体现之一。如果将其同农遗室从万国鼎、陈恒力诸先生以来数代人共同努力而形成的特色、风格和独特的气派，以及人才培养与队伍建设视为一个整体，称其为"南农现象"就稍显不足了。我想，是不是可以适时地总结、提升一下，提出"中国农史研究的南农学派"这样的概念？这个概念可以包含人才培养的"南农现象"，它是一个系统架构，而不仅仅是一种孤立的做法。我们可以尝试总结其作为学派的基本特征，包括学术传统、学术基础、学术风格、学术特征、学术组织、学科架构以及学术贡献等多个方面。而人才培养，其实是学术组织建设的题中应有之义。我认为，现今仍在农遗室工作的同仁，理当继承、担当起这个历史性责任。不过，我也有一个建议，如果做这样的工作，还是要注意坚持若干基本的认知原则：其一，农遗室从来不是在一个孤立的环境中发展的，其成长同社会条件密切相关，特别是得益于国家和所在大学的支持，同时也离不开学界的扶持和爱护。忽视这一点，就不能正确解释农遗室发展的历史。其二，虽然其设置于农业大学（包括归属中国农业科学院领导的特殊时期），却能够积极地参与多学科特别是同历史学科的学术交流。农遗室研究人员的构成很有特点，一部分来自农业学科，另一部分则来自历史学科，不同学科来源的研究人员取长补短，多样化的学科结构为其学术发展提供了一个非常好的内部学术激励机制。其三，要将农遗室的发展与学术贡献置于全球视野之中加以认识。我个人当年的感悟，农遗室从来都特别强调以一种宽广的世界性视野来看待中国的农业遗产。这一点，我的老师李长年先生尤其值得我们敬佩与怀念。李先生早年曾留学美国，后归国效力。他多次告诫我，一定不要孤立地看待中国传统文化以及农业遗产。中国的农业遗产在性质上是世界文明的遗产，只有将其置于世界文明总的发展史中，才能予以正确的解释。这一教诲深刻地影响了我后来的学术研究。不过，提起这个方面，我也有非常遗憾的事情。硕士在读之时，李先生曾要求我编纂一部英汉农业遗产辞典。显然，李先生在弘扬中国农业遗产影响力方面的思考是世界性的。然而，我毕业后离开了农遗室，在陕西师范大学担任教职，竟也无力、无暇完成先生的嘱托。现在想起来也是非常难过的。

从"南农现象"到"南农学派"，萧正洪教授为我们开启了看待百年农史研究的另一种视角，让我们从学科建设等深层次角度反思农史研究次第传承的历史经验。曹树基教授从自己的研究经历中提出了加强学科交叉与跨学科研究的必要性。

曹树基教授：在南京农学院的经历对我的影响非常大，我在那里不知不觉地实现了跨学科。1982年怎么会有跨学科的想法呢？没有的，冥冥之中我们就走上了那条路。当时和我一样是纯粹的历史学出身，再进入农学院读农业史的还有陕西师范大学的萧正洪，以及中山大学珠海校区的系主任吴滔，后来进入南开大学的王利华不是考来的，是分配到这里工作然后在这里学习的。

就我个人而言，我在这条路上可能会比其他的同学走得更远一点。1986年，我进入了复旦大学历史地理研究所求学，这里有历史学与地理学的交叉；之后，我自己做传染病史研究，又与另一个学科发生了交叉。很长一段时间，我一直从事中国人口史研究，但最初并没有学习统计学。我在南农工作了一年多，周边同学是农业经济系的，他们指出我论文中的错误，告诉我如何规范制作表格，如何进行统计分析，这样，我就去学统计学课程了。现在的统计学比当年我学的复杂多了，我当年学的都是最基础的，但基础的也管用，其他的高阶分析可以请别人帮忙。总而言之，我可以自豪地讲，在学历史的人里面我的统计学不是最好的也是次好的，在学流行病学的人里面我的历史学是最好的，这样的跨学科基础就是从南农培养出来的。从南农走出去的同学，他们后来的论文中都有跨学科的影子。例如萧正洪的博士论文，他的农学知识很好地体现在他的博士论文里。曹幸穗的本科是农学，硕士论文研究中国北方盐碱地改良史，博士论文研究民国时期的农家经济。他们都在不知不觉中实现了跨学科，得心应手地跨学科。

在研究生阶段，南农为我们提供的课程是成就我们未来的关键。对于那些历史学背景的学生，学校要求他们学习农学课程；而对于来自农学专业的学生，则要求他们选修历史学课程。农业史，则是我们的必修课。需要说明的是，在这里，"农业史"指的是一群农学家对农业历史的研究。正如经济史中存在历史学视角的经济史和经济学视角的经济史，农业史也同样分为农学的农业史和历史学的农业史。当一个年轻人接受农学的农业史训练后，他的学术路径和其他人将大不相同。在这一过程中，大量的农学理论融入学生的思维，成为其知识体系中的核心部分。未经此训练，仅通过大量阅读相关书籍，所获得的知识和经验不同于接受过农学家授课的经验。读一本农学家写的书与听一位农学家讲述的一门课，其深度和广度迥然不同。

农学院本身并不提供历史学课程，学生需转至南京大学进修。曹幸穗正是在南京大学选修了多门课程，其中包括他后来在博物馆工作时所用到的博物馆学知识。学习博物馆学与仅在博物馆内进行参观是完全不同的体验。如果两者无异，那课程的存在又有何意义？后来，我也前往南京大学选修了两门课程：一门是"古文字学"，因为在江西师范大学我并未接触过此课程；另一门是由罗伦先生授课的，他运用马克思主义理论探讨了山东的地权问题。与罗伦先生的深度交往，使我与他成为亲近的朋友。

我的研究方向主要集中在四个方面：一是中国移民史与中国人口史，二是环境史与疾病史，三是社会经济史，四是中国近现代史。其实人口史、环境史、疾病史、社会经济史和当代中国史都是历史学的几个主要分支。我最擅长的领域就是农业与农村，乡村始终是我的关注点，这与我在南京农学院受到的教育相关。

例如，乡村地权是我这些年一直研究的关键词。研究的结果表明，传统中国存在一个自由的土地市场。不仅如此，深入的研究表明，土地市场与金融市场是融通的。这样，我们就进入了一个比较形而上的领域，即我们对中国社会性质的认识发生了改变。20 世纪上半叶，中国的一批社会学家、政治学家、历史学家关注讨论中国社会的性质，我们在研究中也慢慢进入了这样一个领域，也有了自己的系列性解释。

我这么多年指导的研究生大多数是以中国农村作为研究对象的。对于研究的指导和取向，在多数情况下学生确实受到了导师的个人兴趣和经历的影响。我们都觉得研究农村比较舒服，研究城市觉得陌生。尽管我们身居上海这座繁华的大都市，但对于上海及其居民，我们还是感到陌生。这种陌生感并不完全因为地域或文化的差异，更多的是我们在研究上的定位和理解上存的障碍。对于我们来说，城市生活的多元性和复杂性使我们难以确定一个具体且有深度的研究方向。为何会有这样的困境，我也曾深感困惑。或许是因为我们习惯了对农村的研究模式，当面对城市这样的复杂体系时，我们难以找到一个明确且突出的切入点。更重要的是，对于研究生来说，博士论文的选题是关键的，它不仅关系到学术成果的价值，还直接影响到他们未来的学术生涯。选择一个难以探索或有风险的题目，一旦研究过程中遇到不可逾越的难题，那么挽救的代价将是巨大的。

因此，在选择研究方向时，我们往往更偏向于那些我们熟悉和有经验的领域，以降低潜在的风险。在农村领域，我们有无数新鲜的主题。这可能还是与我在南农的学习经历有关。我培养的大部分学生没有农学背景，只有王保宁是个例外，他现就职于山东师范大学。作为一个农家孩子，他熟悉农事活动的每一个细节。他从小干农活，对于胶东一带农作物的种类、生长周期、茬口安排、锄草施肥、播种与收割，都可以一一道来。相较于其他人，他能更快地把握和理解与农业相关的概念，这都归功于他丰富的实践经验。令人遗憾的是，现在很多农村的孩子对于农事知识都所知甚少。

一段时间以来，我们努力将明清时期至当代的历史进行连续性的研究。这种跨时代的研究方法不常见，是因为每个时代所面对的问题与所依据的资料都是不同的。一个人在进行明清史研究的同时，又进行当代中国史研究，会产生严重的不适感。例如，2008 年，我在研究清代石仓地权结构的同时，也在开展统购统销的研究，就面临了资料来源和研究方法频繁转换的挑战，需要花费大量时间与精力去适应。

我的学生刘诗古在硕士研究生期间曾研究南昌县的土地改革，博士论文则转向明清时期鄱阳湖水权。这种研究主题的转换一度令他感到不适，经过一段时间的适应，他也能轻松地在不同历史时期之间不断转换研究视角。跨时代的历史研究之所以困难，它需要对每个历史时期的背景、问题和资料都有深入的了解。我们可以在乡村体系中将历史的脉络打通，乡村的历史结构，自明清时期至当代，保持了显著的连续性。不论历史时期如何变迁，这些乡村并没有经历工业或农业革命的显著改变，因此其内部结构保持了一脉相承的特点。相比之下，如果试图对比古代城市与 20 世纪 50 年代的城市，由于二者的巨大差异，任何内在的联系都将变得模糊不清。

目前，我的研究重心转向乡村商业史，旨在完善对中国传统社会性质的理论解释。在土地、商品和金融三大市场的探索中，土地市场已取得了初步成果，而后两者仍在深入研究中。

这个工作也是从乡村出发的。我们现在认为，金融市场的那些信用票据的起源就是乡村与土地，学历史学的可能听着比较困难，但是经济学的人听下来是比较容易懂的。

"南农现象"源自跨学科的教育方式，农学与历史学的交叉融合，在南农培养出的学者身上得到了很好地体现。我忧虑的是这种人才培养模式似乎没有得到很好的继承，或者说在这个"根本"上有所丢失，令人遗憾。

跨学科的研究模式常被视为具有一定的挑战性，但在我长时间的实践中，跨学科并不如人们所想的那么难。跨越不同的学科领域，只是涉及另一个一级学科的本科一年级的知识体系。本科第一年的基础课程是为所有高中毕业的学生设定的。因此，无论哪一个学科的基础，只要我们用心去学，都能够掌握。在此过程中，我们可能会犯一些错误，但可以寻求导师的指导，以及不断试验和学习。

西方的学术研究方式是将每个学科细分成许多子领域，而每个子领域的研究又需要对学术史有深入的了解。所以，西方的学术培养注重广泛的阅读，每门课都有大量的阅读材料。相较之下，我觉得简化阅读量并更加集中精力在跨学科上，能产生更有深度的研究成果。这种方式可以使研究者较快地跨越传统的学术框架，打开新的思维空间。有课程训练作为门径，跨学科研究的确不是什么难事。我希望南京农业大学能够继续倡导并传承这一独特的教育模式。

弦歌不辍，薪火相传。除了跨学科的培养模式，南农青年学者传承和发扬了老一辈学者的精神境界和治学风范，如吴滔教授，在农遗室深深体悟着南农人诚、朴、勤、仁的初心和使命，并将其融入自己的学术脉络中。

吴滔教授：我还是结合我的个人经历来谈谈我的学术历

程。我是 1991 年来到中国农业遗产研究室，那个时代人才竞争还没有现在这么激烈，现在博士毕业都不一定能进入南农工作，但那时候他们特别希望引进本科毕业的学生，因为他们认为本科生更具可塑性。南农有一套特殊的培养体制——据说是从曹幸穗、曹树基、萧正洪等学者那时候就开始了——就是历史系的本科生要补习农学课程，比如栽培学、农业经济学、农业统计学之类的课程，这样在对农学有大致了解的基础上，再做进一步的研究；而农学的本科生，包括学园艺、农学、畜牧、兽医等专业的，就要去南京大学选修相关的历史课程，比如历史文选、中国通史等，这样能够提升他们的历史素养，以便更好地去研究农史。这套体制其实是一个补短板的过程，是很有效的方法。

虽然我没经历过，但是我听宋湛庆等老先生讲过他们之前的教学方法，在 20 世纪 50 年代，南农的历史学和农学的年轻学者在资深导师的指导下，日复一日地研读农业文献并进行业务性讨论。这些讨论实际上与现代的学术会议不同，更接近于读书会。由于这种跨学科的合作和交流，南农在 20 世纪六七十年代发布了多项有影响的研究成果，如《中国农学史》和《中国农业遗产研究选集》。这些作品并不是单一学者的成果，而是团队协作的产物。宋先生说在读农书的时候，对于同一句话，历史学和农学会从各自专业的角度去解释，历史学是联系这句话的上下文，农学则是从农学技术的角度来阐述，在经过双方的反复讨论后就达成了共识，这样才有了南农特色。这一点是非常重要的，因为在我去南农学习之前，南农很多的研究成果都不是某一个学者单独完成的，有相当一部分都是集体智慧的结晶。当时编者有很多都是联合署名，诸如"中国农业遗产研究室编"等。

南农对我产生了深远的影响，特别是在文献与资料整理方面。这种影响并不是一蹴而就，而是多年之后我才逐渐体会到的。首先是文献方面，南农中国农业遗产研究室在建立之初即着手建立资料库。南农资料库有大量的手抄资料，对进行农史研究意义重大。今天获取资料的技术手段和途径都十分便利，但在 20 世纪 50 年代，这些检索手段都没有，只能靠最原始的办法去搜集和整理。第一任室主任万国鼎先生组织众多人员赴全国各主要地方志收藏机构，抄录关于农业史的资料，特别是物产及相关专题内容。21 世纪之前，众多知名学者为了自身相关研究，都纷纷到南农查阅这批资料。在那个时代，这些资料无疑是南农的学术宝藏。早在我写硕士论文及从事其他学术研究时，我便经常查阅这些资料，从中也培养了我系统抄写资料、整理长编资料的研究习惯。这种研究方法和态度不是由某位前辈亲自教授的，而是在我深入研读这些资料后逐渐领悟、确立的。至今，我在研究时依然视地方志为主要的参考材料，这无疑与南农的学术传统有着深厚的联系。每位学者选择的史料起始点都是独特的，这决定了他们的研究兴趣和风格。例如，在研究明清历史地理时，有的学者可能选择地理制度作为起点，有的可能从明清实录入手，而我的研究则是从明清地方志开始，这也说明了史料的选择对整体学术风格的影响。

其次是文献整理层面，南农的农书整理其实是相当于一项古籍整理，也就是相当于史学研究四把钥匙中的版本目录学。农书的版本和书目应受到特别重视，农史研究就是从农史资料的摘录和农书的整理、校勘和注释开始的，同时整理、校勘、注释也是研究史学的基础。当我首次踏入南农的校门，尽管没有资深学者明确地为我指导，但南农独特的学术氛围对我产生了潜移默化的影响。尤其在硕士阶段，我选择了"古农书选读"这门课程，该课程并不只停留在古农书的背景及其研究，而是深入每一个细节，解读古农书中反映的农业技术。这种教学方式深刻地影响了我后续的学术方向。然而，回想当时，我仍有些许遗憾。当时年轻的我，急于追求学术的前沿，因此涉猎了许多跨学科的理论书籍，如人类学、社会学等。如果我当时将更多的精力投入农史的传统研究中，或许我的学术之路会与现在大相径庭。但生活中没有"如果"，也没有所谓的"后悔药"。

至今，南农在文献资料与农业古籍整理方面的传统，仍对我产生着深远的影响。每当回顾自己的学术历程，我总会不由自主地想起那段宝贵的时光。

跨学科的对话与交流，使得更多学科被纳入农史研究领域，研究的方法和理念日臻成熟，学科交叉的特点愈发凸显，进一步推动了农史研究的深化，也酝酿出后来的"南农现象"。"南农现象"中的许多学者逐渐成为当前各个高校的一流学人，他们为何会离开南农，选择其他高校？20世纪90年代的社会转型，使得农史研究机构面临巨大的生存压力是重要原因。

吴滔教授：我在南农工作九年，虽然那时未曾深刻体会到这段经历会对我的未来学术和人生之路产生多大的影响，但随着岁月的流逝，我对那段时光有了全新的认识。我离开南农主要是两个方面的原因。第一，研究兴趣。20世纪90年代社会史在中国史学界掀起了一场革命，那时许多研究领域都希望能与社会史相结合，以期更多地以人为中心来研究历史。毕竟，总有人批判史学都是研究帝王将相的历史，不重视人民大众的历史，而此时社会史应运而生、蓬勃发展，就为书写人民大众的历史铺平了道路。而我做农史研究的起步阶段恰逢社会史的研究范式在史学界有很强影响力的年代，作为年轻人，难免想进入更好的学术平台，提升自己的学术水平。并且我的硕士论文选题以及研究旨趣，均比较注重社会史层面。第二，对未来和前途感到迷茫。我离开南农的时候，南农正好处于转轨期，因为从恢复文科以后，南京农业大学农业遗产研究室一直是受中国农业科学院和南京农业大学的双重领导，但是它的资金，包括人员的工资都是由中国农业科学院直接划拨，农遗室在双重领导中处于一个次要的角色。20 世纪 90 年代是我们农业遗产研究室最困难的时期，我们研究室的领导常常为了能否发放工资而感到非常头疼，所以那时确实是对未来和前途感到迷茫。虽然我离开时，这种双重领导机制已经变为由南农直接领导，但身处转轨期的我又怎能看清前途呢？至于其他人的离开，我想客观原因应该都是一致的，主观原因则是各有各的具体情况。

其实 20 世纪 90 年代时，很多单位都在面临这样一种转轨，包括社科院的水利史研究所，还有其他的一些研究机构。因为这些单位原先都是计划经济体制下的产物，在那个时代可以发挥很好的效用，而且产出了很多重要的学术成果。但是 20 世纪 90 年代以后，体量不大的这类单位率先受到冲击。农遗室真的非常艰苦，能坚持下来的同仁都十分不易，离开的同仁也各有建树。所以对于"南农现象"，其实我是这样理解的：如果我们这批人不走出来，就没有"南农现象"，而恰恰是我们这批人出来以后，在学术界的各个主要单位都做出了成绩，把在南农的积累充分发挥了出来，这样才有了"南农现象"。如果"南农现象"只是在南农，那就没有"南农现象"。而还有一种"南农现象"指的是南农多年来的自身发展。因此，在两者的双向作用下才出现了"南农现象"。

这些具有相近研究方向、研究方法的学者在进入南农学习或者工作时，有着不同的人生际遇，看似充满机缘与偶然，但一段段与农史结缘的故事，其实源自学者对农学纯粹的热爱与执着的追求。

曹幸穗教授：我于1981年底完成了本科学业。当时，国家正开始推行研究生教育，于是我决定追随时代的潮流尝试报考。选择南农其实是一个非常意外的巧合。在那个年代，我们获取研究生招生信息的唯一途径是亲自前往省（市）招生办阅读那里唯一的纸质招生简章并当场填写报名表，这与现今信息丰富的报考方式形成鲜明对比。记得那天，我与四位同学一同前往招生办。我当时心中已有主意，计划报考华南农业大学的作物育种专业，因为这是我的本科专业，自我感觉学科成绩还不差。但当我填写完报考信息后，在与同学们的交谈中得知中国农业科学院研究生院招考农史专业研究生。我被这一信息深深吸引，于是就凑过去查看了农业史专业招生条件。这个专业需要笔试五门课程，即"古代汉语""中国通史""农学概论"以及外语、政治。我分析后认为它的招生科目设置包括了文理两类课程：一个是文史专业，考查"古代汉语"和"中国通史"；另一个是理科专业，考查"农学概论"，这门课在一般历史系是不可能考的，因为它涉及理科的很多知识。当时凭直觉，我觉得这样的考试组合，可能比较适合我报考。"农学概论"我应该有优势，在农村插队的七八年时间，断断续续私下读过不少文史书籍和《中国通史》《古代汉语》之类的大学教科书，所以比较有信心。于是我把填好的表格取回，临时决定改报中国农业科学院研究生院。两次填写的时间间隔不足十分钟，但就是这十分钟做出的决定彻底改变了我一生的职业航向。焦急等待三个月后，录取结果公示。"名与孙山齐"，幸运地被录取了！

当时，农业遗产研究室是中国农业科学院和南京农业大学联合创办的，所以考上之后先在北京学习基础必修课，然后转到南京农业大学中国农业遗产研究室去做研究。我的导师李长年先生对我们几个学生的培养是真正的因材施教，而这也是我们研究生培养方案的特色。比如我来自农学院，原本没有系统学习过文史知识，所以他就直接把我送到南京大学去补修文史的课程。于是我就在南京大学选修了"古代汉语""中国历史""世界历史""古文字学""考古学概论""中国法律史""明清经济史"等十余门课程，这对我后来的成长有非常大的帮助，成为我学术生涯里的一个明显优势。这个优势就是我既有历史学的研究基础，又有农学的研究基础，所以当我在跟历史系的学人讨论农业史的时候，我能够把理科的知识运用其中，而历史系的人却做不到；我与农学系的学人讨论农业的发展史和科技史的时候，因为我有历史学的背景，所以我也明显比他们有优势。我的同学曹树基、萧正洪来自历史学专业，所以李先生就要求他们必须和农学院的本科生一起上课，后来他们都选了十多门农学院的课程。日后他们之所以能在各自的学术领域取得很好的成就，和他们在南农接受初期的学科训练有很大关系。我的导师非常严格，要求我们即便跟本科生一起上课，也必须跟他们一块参加考试，参加田间实习和科研实验。曹树基学文科出身，他就需要跟大学生一起做实验，比如去学显微镜怎么使用，学微生物观察，学细胞生物学，严格按照大学生的训练标准来完成学业。经过这样的训练，不只是懂得了这方面的知识，更重要的是接受了理科思维的训练。理科有非常严格的逻辑关系和条件关系，它与文科的思维不一样，例如做栽培试验，需要运用要素分析法以及过程分析法，在栽培土壤中人为抽除某种生长元素，观察缺素情况对植物生长发育的影响。这些都是理科的方法，文科是没有的。

　　曹幸穗与曹树基两位学者在学术研究中创造了丰厚的学术成果，在农史学科建设和发展历程中取得了令人瞩目的成就，并称为"二曹"。他们既是同窗，更成为挚友，今天我们总在津津乐道他们的莫逆交情，但这段芝兰之交的故事还有一个鲜为人知的开端。

　　曹树基教授：我是 1982 年 1 月进入农业遗产研究室读书的。该研究室是由中国农业科学院与南京农业大学合办，研究生隶属于中国农业科学院研究生院。我们首先要至位于北京海淀的中国农业科学院报到，然后再回到南京农业大学上课。现在体制改革了，学位授予权完全属于南京农业大学。

　　1982 年的学校条件比较艰苦。以洗澡为例，学校的澡堂非常简陋，很多时候我们需要坐公交车到城里面去洗澡。为了节约时间，冬天锻炼后，我们常选择冷水沐浴，水浇在身上腾腾地冒着热气。足见那时条件之差，也足见那时身体之好。

　　回想往昔，我与曹幸穗的初次相遇至今记忆犹新。那天，我们在北京注册后，搭乘夜行列车返回南京。只购得坐票，整夜都在谈天说地。数十年过去，那天深夜的对话仍在耳边回荡。曹幸穗讲他过往的经历——从生产队队长、省知青办副主任，到他自办工厂和学习缝纫等等。令人印象深刻的是，他那次北京之行所穿的大棉袄便是亲手缝制的。一个男性精通缝纫技艺，实为罕见。他话题丰富，整晚言之不尽。由于我也喜欢交谈，我们很快成为亲密的朋友。在某个时刻——我不太确定是在火车上还是之后，他分享了一句至理名言："什么东西都是可以学会的。"这句话深深地影响了我。此前从未有人对我如此说过这样的话。这些话展现了他比我更加丰富的人生经验。经历过如此多的曲折后再次回到学校的曹幸穗，对学业的感悟无疑更加深刻。

选择南京农业大学，与我童年的特殊经历有关。我曾在江西省立南昌市实验小学学习。大概从三年级开始，我就是学校园艺组的组长，对农业有浓厚的兴趣。大多数城里人很难接受作为农作物肥料的粪便或尿液，我却从未有过这种抵触感。1968 年我 12 岁，小学毕业，或者没有毕业，跟着家人下放到农村待了五年。我在一所大队中学读完了初中，在一所公社中学与一个垦殖场中学读了一年多高中。农忙季节，我就是家里的壮劳力。五年的乡村经历为我提供了水稻地区农业生产的真实体验。大学本科毕业后，我选择前往南京农学院继续深造，似乎接受了来自内心深处的召唤。在今天的历史学界中，是否还有其他人能够拥有与我相似的农村生活体验和农学教育背景？除了萧正洪，是不是还有别的人？或许有，但不多。

南京农业大学农史专业的学生来源主要有两个：一是文科史学，一是理科农学。曹树基教授属于前者，王建革教授则属于后者。王教授硕博均就读于中国农业遗产研究室，可以说与南农的感情极为深厚。

王建革教授： 中国农业遗产研究室是我国农业史研究的重镇，培养了许多优秀的学者，对整个学术界产生了深远的影响。

我本科就读于莱阳农学院（现青岛农业大学）农学专业。虽然是理科生，但是在本科学习期间的阅读范围还算广泛，接触了不少经济学、文学、历史学、哲学等专业的书籍。经过较长时间地阅读和筛选，逐渐对历史学产生了浓厚的兴趣，并且下定决心要以农业史为志业，所以在大四的时候，用了约半年多的时间备考南京农业大学中国农业遗产研究室的硕士入学考试。我当时英语考得不是很理想，最终以第三名的成绩录取进了中国农业遗产研究室，成了一名农业史硕士生。

我原初志愿是寄望于拜入郭文韬教授的门下，但因考试成绩未能位列前茅，两位成绩更为优异的同窗得以成为郭文韬先生的弟子。最后，章楷先生录取了我。虽然已经过去了二十多年，我还是很清楚地记得，当时参加硕士生面试的有章楷、曹隆恭、宋湛庆等知名学者。章楷教授在面试中递给我一本古农书供我研读，随后选取了其中一段史料，要求我将其译为现代汉语，并对我的古农书知识进行了深入测试。整个面试环节严肃而系统。

1985 年，我正式进入农业遗产研究室，开始学习农业史。由于农业遗产研究室刚从中国农业科学院和南京农业大学双重领导转为南京农业大学独立领导，招录的学生数量还不算多，记得同届的同学有朱德开、杨拯、程瑶等人。

农业遗产研究室的学习气氛非常浓厚。因为我之前读的是农学专业的本科，硕士那三年一直在跟着章楷先生学习植棉史，摸索着做一些相关研究。日拱一卒，功不唐捐，三年的求学生涯最终交出的是我的硕士论文《山东植棉史研究》。此外，当时南京农业大学的学生有个最大的共性就是学习英语的热情很高，热烈程度甚至有可能超过了现在的学生。在求学的前两年时间里，我都在忙着学英语。现在有时候出差回到南京农业大学，偶尔会路过一号教学楼，每次看到楼梯的扶手，我都会想起当年抓着扶手匆忙跑上楼去学习英语的时光，感慨良多。

1988 年，我从南京农业大学毕业，去往莱阳农学院图书馆工作。由于对农业史的研究兴趣不减反增，1992 年我再次回到阔别三年多的中国农业遗产研究室继续读博。当时中国农业遗产研究室的老先生多数已退休，章楷先生也一样，所以我改投到了郭文韬先生门下。半年后，王思明考取了郭老师的博士研究生，第二年樊志民也来到了这里。除了我们三个人，郭老师门下还有李长年先生的硕士生赵敏。除了同门师兄弟，我与当时的青年教师吴滔、夏如兵、曾京京等人也交往较多。

1995 年 6 月，王思明与我一同从中国农业遗产研究室取得博士学位。我所提交的博士论文为《人口压力下中国农业的发展》。当下的历史学研究趋向于"以小见大"的原则，即从具体的研究点深入挖掘社会大问题，对此学界已有普遍的认知。虽然在 20 世纪八九十年代也常常会出现一些宏大叙事的论文题目，但是即便在当时，我的博士论文的选题也过于庞大了，不太好驾驭，不可避免地受到一些建议和批评。但是于我而言，这篇论文是我正式进入生态环境史研究工作的开始。正如马克·布洛赫在《法国农村史》中提到的，有时候试图解决问题比揭示问题本身更为重要，此即是我当时的研究思路。在博士论文的写作过程中，我发表过两篇关于小农与环境的学术论文，先后被《人大复印报刊资料》全文转载。博士论文倒是一直没有出版。近些年来，我的工作重心基本已经转移到了江南地区的水利史和环境史，跟当时的研究对象相去甚远，因为教学和科研工作较为繁重，一直没有抽出时间来好好整理那篇博士论文，这点较为遗憾，但是也只能留待将来了。

1996 年，我和史地所所长葛剑雄老师联系后，到复旦大学跟从邹逸麟先生做博士后研究，我也是历史地理研究所的首位博士后，其间，我主攻华北地区的生态环境史研究，并大量运用了"满铁"档案资料。实际上，中国农业遗产研究室也有一批馆藏的"满铁"档案资料，我在那里读书的时候就已经接触过了，所以在一定程度上可以说关于华北地区的研究与农业遗产研究室的学术经历也有较强的继承关系。

即便到了现在，我关于江南地区的水利技术与水文生态的研究，仍然深受农业遗产研究室早期研究成果的启发与影响。比如缪启愉先生的《太湖塘浦圩田史研究》以及王达先生的《补农书》研究。所以，无论是在学术研究还是职业发展上，农业遗产研究室都为我提供了直接的培养和持续的支持。

中国农业遗产研究室历经沧桑，几易其身，培英毓秀，培养造就了一代又一代的南农人，使得中国农业文明之传承绵延不息。盛邦跃教授对其中的变迁更是深有感触。

盛邦跃教授：作为一个老南农人，我曾参与学校科技哲学学科点的建设，这一学科与农史学科的相关研究有着密切的联系和渊源，这也是我与农史学科结缘的基础。1996年，南农人文社会科学学院成立后我是主要的负责人之一，担任人文院第一任党总支书记兼副院长。随后学校进行机构单位调整，人文院、社科部、思政科、外语系、中国农业遗产研究室合并成立人文高等研究院。中国农业遗产研究室与人文院合并以前，王思明教授担任中国农业遗产研究室主任（机构合并后任人文院副院长），刘兴林教授担任中国农业遗产研究室书记，刘教授调入南大工作后，我兼任中国农业遗产研究室的书记，这是我与中国农业遗产研究室结缘的开始。

我正式从事农史学科的相关研究，是从报考农史学科的博士研究生开始的。中国农业遗产研究室并入人文院以后，随着交流和沟通的深入，我对于农遗室和农史学科的认识也不断加深。出于对农史学科的浓厚兴趣和对提高自身知识水平的渴望，我报考了科学技术史专业的博士研究生，师从曹幸穗老师攻读博士学位。

在出任南京农业大学领导职务之前，我长期专注于农业历史的研究，并积累了一系列学术见解和研究成果。然而，自从担任领导职务以来，我的主要精力更多地投向了行政和党务工作。作为博士生导师，我更注重从宏观的角度为博士研究生提供研究方向的指引，而在具体的研究工作上，由于时间和精力所限，我更多地鼓励学生共同探索、共同进步。卸任领导职务后，学校期望我回归学术研究，整合学科研究力量，为中国农业遗产研究室的学术研究和人才培养做出贡献。对于我而言，能够重新回归学术研究是一件让人欣喜的事情。

不管隶属机构的名称如何变化，《中国农史》这本创刊于1981年的学术期刊，坚持"百花齐放、百家争鸣"的办刊宗旨，始终代表着中国农史研究的最高水平。它的发展壮大，也是南农农史研究发展的缩影。作为《中国农史》的编辑，刘兴林教授见证了《中国农史》的成长。

刘兴林教授：中国农业遗产研究室是我国农业史研究的重镇，这里培养出了一批批优秀的学生，他们在各自的领域内成了学术中坚力量，有些在学术界产生了相当大的影响力。在农遗室期间的工作让我印象深刻，我个人也时常回忆起这段经历。

1988年，我从南大考古专业毕业。我本科学的是考古，研究生专业是古文字方向。按国家规定，毕业前如果在规定的时间内没有找到工作，工作就会由国家统一分配。担心被分配到与专业不符的工作，我积极寻找机会。得知南京林业大学林业遗产研究室需要工作人员，我便主动联系。或许由于名字"刘兴林"的因缘，他们对我的申请很感兴趣。由于林学院条件的限制，我没有入职林学院。但因林学院与南农农遗室的合作，我又被推荐至农遗室，并成功通过面试，成为中国农业遗产研究室的一员。

我出生于山东农村，从小参与农业劳动，因此对农业和农业历史有浓厚兴趣。研究生时期学习的考古和古文字专业知识也为我从事农史工作奠定了基础，使我对《中国农史》编辑工作颇为满意。当时，我与曾京京老师两人负责读稿、编辑、校对、印刷、发行等该刊物的全部工作，工作量虽大，却倍感充实。许多来南农开会、参观农遗室的学者都惊讶于如此顶尖的刊物竟是由两人在不到10平方米的办公室编辑完成的。

那时，我忙于工作几乎无暇他顾，常常工作到深夜。记得一次深夜，郭文韬先生的朋友来办公室，他因走夜路摔伤需要帮助。我为他安排了住宿，并协助他就医，直至凌晨返回学校。这只是十年工作中的一幕，那段时光充满了难忘的回忆和人物，至今仍历历在目。

1992年，农遗室迁入新楼，环境有所改善。1995年，我晋升为副研究员，并担任农遗室副书记、副主任和《中国农史》常务副主编。尽管行政事务繁多，但编辑工作未受影响。1998年10月，我转至南大，结束了这段难忘的南农之旅。

三、农史重镇的学术传承

学术平台是引领学术发展的最前沿，也是探索交叉研究、学术争鸣、学术反思以及学术创新路径的主要基地。当前国内知名的农史研究平台，都有着多年的学术积累与传承，学术传承是其保持、延续学术生命的根本。时至今日，活跃于学界的许多重要学者在回顾老一辈学人在农史领域的辛苦耕耘和卓越贡献时，不禁感慨万千、泪沾衣衫。秉持初心、矢志于农是他们对老一辈学者气质、治学风范的继承，感念师恩、传承学术也成为他们自己一以贯之的人生追求。

萧正洪教授：如前所言，南农农遗室独特的培养方式对我有着深刻的影响，我为此深存感激。在农遗室的学习年月中，我建立了学术世界观的基础，大致可以概括为三点：一是立足于历史基点，二是抱有当代情怀，三是展现世界眼光。

什么叫历史基点？这是就历史研究的本质而言的。历史研究的对象是历史的本体，历史过程属于客观存在。但历史本体与客观过程并不是通过文本或其他方式直接地呈现于后代的。人们所看到的"史实"，往往同真实历史之间有着或大或小的间距，有一些甚至背离了真实的历史过程，或属于臆想中的所谓"史实"。这就意味着，本着实事求是的态度，以真实的历史过程为依据，而不是依据虚假的现象和某些依附于虚假现象的观念，乃是农业历史学术研究得以进步的真正基础。历史以文本为主要载体的信息并非全然为真，它受制于记录者的视野、世界观、人生观和价值观，亦受制于特定时代的政治条件与社会环境。如此则以文本和其他证据为依据的研究工作，必须明辨真伪、去伪存真。这对研究者的思维与分析判断能力提出了很高的要求。

在这方面，农遗室的前辈学者为我们树立了卓越的榜样。我们今天阅读万国鼎、陈恒力、缪启愉、李长年、章楷等多位先生的著述，他们的研究特点之一，便是史实工作的严谨扎实。一些外界人士可能认为，农遗室学者的优势在于对农业技术的了解，这固然正确，但他们在文史考据方面的造诣也同样令人敬佩。实际上，他们在文史考据和史料辨析方面的精湛，与综合大学的文史专家不相上下。我记得在硕士阶段，听到李先生和缪启愉等人的授课，他们严谨的教学风格让我对待史实工作充满了敬畏之心，丝毫不敢怠慢。他们通过实际行动告诉我们：如果基本史实都弄不清楚，我们又如何能得出可靠而有可信度的结论呢？

其实这也是农遗室研究风格的一种体现。20 世纪 60 年代，农遗室出版过一系列的重要成果，其影响极其广泛，不仅是在农史学界，在经济史、专门史研究中，也是很受重视的。当时的学者研究江南经济，陈恒力、王达二位先生的《补农书研究》一书乃是不可缺少的经典参考文献。研究中古时期的社会，恐怕也不能不读缪启愉先生的《齐民要术校释》。而研究先秦、秦汉时期的历史，万国鼎、李长年等先生所做的工作也是必须要重视的。之所以如此，主要就是因为其对于某些重要历史问题的解释，往往要比那些主要依据文本，寻章摘句、排比罗列而得出的结论要高明得多。他们的见解有相当一部分并非通过文字训诂等传统方法就能获得，其中多含有科学的理性和实践的真知。其解释的不只是文本本身，更主要是历史的真实，它是对于历史客观过程的说明，而不是某种主观的臆断。这样的研究，就很好地体现了我所说的历史基点这一立场和态度。

关于当代情怀，我指的是，历史研究并不是只为获得某种关于历史的知识，这一点当然非常重要；然而更为重要的是予以合理的解释，以使后人能够明了人类文明发展的艰难与曲折，从而为当世所用，它体现的是一种情怀、一种态度。我们研究历史，无论它是哪一个时代的过程与变革，根本目的还是在于推动现代社会的进步，这就是所谓的当代情怀。据我观察，在这一方面，整个历史研究的大领域中，包括农史、专门史、科技史等在内，农遗室所体现的风格与气派是较为典型的。农遗室从建立之初，就有这样一个理念：祖国的农业遗产要为现实服务。所以，经世致用的思想始终是这个单位的一面旗帜。在农遗室，这面旗帜并不是在人们的强调之下才树立起来的，似乎从一开始就是一种很自然的思想和观念。当然，也并不是只有农遗室才具有这样的风格，只是在我看来，农遗室似乎更为突出一些。如果要以"学派"来加以总结的话，这一点是应当重视的。

世界眼光是说历史研究要有宽广的胸怀与境界，包括我们关心的话题，我们的视野和思维方式，以及对世界上各种成果的吸纳。南农农遗室甫一建立，就很注意国际化，这并不是 20 世纪 80 年代以后才如此的，其基于全球视野进行学术研究的思维与观念的提出，要早于这个时间。在后来的建设中，也比较好地坚持了这一特色。刚才我提到李约瑟很早就来过农遗室，再比如说，农遗室很重视派送研究人员去海外学习和研讨，特别重视国际交往与合作。这一点也表现在学生培养上。当年我在读书时有体会，就是农遗室的老师，特别是李长年先生，非常鼓励我们阅读国外的相关著作。李先生的英文很好，给我们上课时，经常汉语、英语夹杂着授课。先生曾留学美国，眼界开阔，他那时很鼓励我阅读一些英文的农业历史著作。受此激励，我当时在南农图书馆阅读并复印了很多世界农业历史和相关的英文、日文著作。值得一提，我曾在图书馆读到日本牧口常三郎先生所著的《人生地理学》一书。该书在日本首次出版是 1903 年，而我读的是 1909 年的中译本，纸质发黄，非常脆，阅读时需要非常小心。其实小心翼翼也不全是因为纸质脆弱，更主要的是因为其内容深刻。牧口先生在书中提出并加以解释的，是现在看来也很有意义的观念：对于地理与环境的理解，如何以人为中心？今人往往不知，牧口先生其实是非常重要的人物，他是日本著名的创价学会的缔造者和首任会长，第二任会长是其弟子户田城圣先生，第三任会长就是池田大作先生。我曾经两次访问日本创价学会，当他们听我说起很早就读过牧口先生的著作，是颇为惊讶的。当然，当时农遗室在这一方面的理念也不仅仅表现为阅读，还在选题与思考等各方面，都体现了一种全球思维，即反思中国的农业遗产不能只就中国说事，不能形成一种狭隘的思维方式。李先生教导我，中国的农业遗产在性质上是世界文明的遗产，只有将其置于世界文明总的发展史中才能予以正确的解释。这种观点，就是宏大视野与开放性思维方式的体现。我们现在回头来看，也许农遗室在学术"血统"上有当年中央大学或金陵大学农经系的遗留，说不定也是早已有之的传统，但恐怕主要还是得益于万国鼎等老一代学者高屋建瓴的学术自觉吧。

这就是我所说的历史基点、当代情怀和世界眼光。如果说，这些认知原则与理念在我的治学生涯中起到某些积极的作用，那是要感恩农遗室的。

"古之学者必有师。师者，所以传道授业解惑也。"如今著名的农史学家们，早已桃李满天下，却仍难忘恩师的培育之恩。这一段段感人至深的师生情，也是中国农史研究发展的缩影。王建革教授硕博均就读于中国农业遗产研究室，回忆往昔，依然对每位授业老师满怀感激。

王建革教授： 我的硕士和博士两个阶段都在中国农业遗产研究室求学，先后跟随了章楷和郭文韬两位导师。硕士阶段的导师是章楷老师。章先生在 20 世纪 40 年代从中央大学农艺系毕业，曾经在国民政府农业部工作过一段时间，新中国成立后进入高校系统工作。因为农业史研究工作做得比较出色，后来被调入南京农业大学中国农业遗产研究室。章先生早年研究蚕桑史，多方搜集了古代及近代的蚕桑资料，关于柞蚕考证的研究影响甚广，可以说在国内首开蚕业史研究先河。20 世纪 80 年代后，他转向植棉史研究，着力于我国棉花栽培的重要历史问题，成绩斐然。也是因为这个缘故，我硕士论文研究的是山东地区的植棉史。章楷先生是农学出身，棉花、桑麻等农作物的拉丁文都能脱口而出，英语也非常流畅，让人敬佩。

除此以外，章先生对我影响最深的应该是他身上的气质。先生人如其名，写得一手漂亮的行楷，待人接物也具有民国知识分子的风范。我记得第一次见他的时候，他穿着一袭长衫，与我们印象中陈寅恪的形象颇为相近。他也没有什么世俗的习气，缪启愉先生亦是如此。对于我们今天看起来比较枯燥的研究题目，他们也能一直保持冷静、理性的态度，坚持长时间地坐在冷板凳上，做出扎实的研究成果，泽被后世。章先生为人处世非常低调，即便后来去世也没让家人通知农遗室的全体人员，这一点说起来还是有些遗憾。

我博士阶段的导师是郭文韬老师。郭老师是东北人，20世纪 50 年代从吉林农业大学农学专业毕业后，曾经在黑龙江农业厅工作了一段时间，1980 年后进入中国农业遗产研究室从事农业科技史的教学与科研工作。郭文韬老师是一个全能型的农史研究者，研究兴趣很广，对我们的博士论文的选题也比较宽容。当时研习西方理论著作的风气已经形成，身边的同学都在积极地将西方理论融入传统史学研究之中，从人类学、人口学、经济学等学科视角进入农业史研究的成果相继出现，大家都在热烈地讨论着各自的研究，学术气氛非常活跃。我在这个阶段一边学英语，一边阅读一批西方的经典理论著作，逐渐接触到生态环境史的研究领域，尝试着将生态学的专业知识融入传统的史学研究之中。郭老师对此一直很支持，对我先后发表的两篇小论文也比较满意，郭老师的这种态度鼓舞着我一直做生态环境史研究，直至今日。

除了两位导师，缪启愉先生对我也产生了较大的影响。缪先生上课内容很丰富，但下课后跟学生的交流不是很多，容易让人产生距离感，但是时间一长，就能感受到他对待学问的态度跟章楷先生很像——冷静且坚持，很值得学习。时间就是这样，它会慢慢传达给你一些与此前完全不同的体会。这种态度直接启发了我：对待学问的态度应该表达出来。在复旦大学工作的这些年里，我一直在给历史地理研究所的研究生开设历史农业地理的课程，时常会在课堂上介绍许多关于古农书和农业科学技术史的知识，来听课的学生多数是历史学本科的背景，未必都能立刻理解到老先生们的学问，但是我相信他们经过一段时间的揣摩后就会有所受益，经典的学术知识总是有这种效果。

张芳老师毕业于北京农业大学农田水利学专业，她对于传统的学问很执着，在水利史方面取得了很大的成就，是我国水利技术史研究的先驱人物。我曾经在《近代史研究》上发表了一篇水利社会史的论文，尝试将自然和社会相结合做出一点成果。张老师看完论文后，当面表示并未读懂，寥寥数语就可以明显感觉到她不是很满意。她的这个评价一直萦绕在我的心里，推动着我很快就由水利社会史转向水利技术史和水文史的研究，现在我在水利史研究中能够有所收获，应当感谢张老师当年的激励。

宋湛庆老师知识储备很丰富，对《齐民要术》等古农书的记载很熟悉，总能够信手拈来，然后深入浅出地传授相关知识，讲课非常精彩，同学们收获也很多。我相信中国农业遗产研究室毕业的其他人在接受访谈时也会提到这一点，这是毋庸置疑的。

我在中国农业遗产研究室求学时间前后共有六年半之久，在这么长时间里都未能与叶静渊老师有过真正的接触，对她的学术研究也了解不多。对叶先生学问有所感触是近些年的事情。数年前，我在观看唐伯虎画卷的时候，开始留意到江南地区的水生植物，于是又重新接触到了叶静渊老师的蔬菜栽培史研究成果，我先后发表了关于莼菜、菱角等水生植物的研究论文，可以说都是直接得益于叶先生研究成果的启蒙。叶先生没有带过研究生，扎实的学问没有得到有力的师徒传承，这点甚为可惜。

总的来说，相较于综合性大学，南京农业大学的科研单位的培养能让学生很快了解到专业性的知识，据此能迅速抓住相关研究的重点。中国农业遗产研究室的老一批农史研究人员将自己的研究工作做到了极致，例如缪启愉先生对《齐民要术》和王达老师对《补农书》的校注和研究，时至今日已成经典。遗憾的是，我在学生时代对他们的研究成果并未理解透彻。这些年来，自己在新的单位慢慢摸索着进行新的研究，总是在机缘巧合之下再次回过头来学习他们当初的研究成果，这才逐渐了解中国农业遗产研究室的重要学术遗产和发展空间。老一辈的学者拿学问当生命，拿生命做学问的态度，直接影响了我后来二三十年的研究与教学生涯。走到今日，我自感对待学问的态度还算得上执着，还能对得起老先生们的教育。

除了这些老师，当时的师兄弟们也很优秀，比如曹幸穗、曹树基、萧正洪等人，现在都在各自的岗位上大放光彩。印象中，邱泽奇师兄也是多才多艺的人，属于让人自叹不如的那种人才。张丽师姐也是一位非常优秀的活动型人才。相较于他们，我基本是靠单纯的坚持，从农业史领域来到了历史地理学，在学术岗位上经历了长时间的磨炼，一直不敢松懈，这些年才似乎逐渐顺利了一些。

郭文韬先生是中国农业科技史的专家，其所著《中国传统农业思想研究》开启中国传统农业思想研究之先河，他的学术研究启发和影响了很多位学者，王建革教授是其一，王思明教授也是其一。在回溯自己的农史研究道路时，王思明教授给我们讲述了他的三位引路人。

王思明教授：我之所以致力于农业史的研究，离不开三位前辈学者的深远影响。首先，我必须提及西北农林科技大学的周尧教授。我曾在该校师从周先生，与其学习与共事长达八年。周先生曾赴意大利皇家那波里大学，在昆虫学泰斗西尔维斯特利（F. Silvestri）教授门下攻读博士学位。周先生在昆虫分类学和中国昆虫学史两个领域均有卓越贡献。他的昆虫分类系统被誉为世界三大系统之一，并在国内广泛使用，其著作《中国昆虫学史》被国内外学者所推崇，成为昆虫学史研究的里程碑之作。

其次，南京农业大学的郭文韬教授对我产生了深刻影响。郭先生是农业科技史领域的知名学者，并在南京农业大学担任学科带头人，他在土地制度史和大豆栽培研究史上有独到的见解。更值得一提的是，郭先生深入研究农业技术背后的哲学思想，他的著作《中国农学思想史》探讨了传统农学中的现代价值；他的另一部著作《传统农业与现代农业》，不仅获得了国家图书出版奖，更被翻译成日文在日本出版，反映了他深远的学术影响力。

除上述两位中国前辈学者外，还有一位外国学者对我的学术生涯影响深远，他就是美国的皮特·丹尼尔（Pete Daniel）博士。丹尼尔是美国著名历史学家，长期担任美国国家历史博物馆农业部主任，也担任过美国农史学会主席、美国南方史学会主席、美国历史学家组织主席，同时丹尼尔也是美国农村社会史研究的领军人物，美国环境史研究的奠基者之一，闻名遐迩。作为第一个中美联合培养的农业史博士，1994年我获得美国史密森研究院（Smithsonian Institution）奖学金，在丹尼尔教授的指导下从事中美农业发展的比较研究。他为了给我提供更好的生活和研究条件，让我住在他离美国国家历史博物馆不远的家中，提供自行车，并亲自陪同我骑行，以熟悉到博物馆和国会图书馆的路线，他的情谊让我终生难忘。多年以后，我曾邀请丹尼尔先生来南京访问，并陪他前往北京参加学术研讨会，时任中国农业历史学会会长、原农业部副部长的郑重专门与他在农研中心座谈并宴请招待。

这三位学者深刻地影响了我的学术追求，不仅仅是知识和见解，更是在研究视角和方法上。周尧先生使我明白，人是自然的一部分，我们的生存与自然紧密相连。农业活动是一个明显的例子，它是人类与大自然互动的体现。在这场互动中，我们与各种生物进行互动。例如，农业中的害虫需要被有效控制以维护生态平衡，同时，益虫如家蚕、蜜蜂等为我们提供了资源。这凸显了天人合一、人与自然之间的和谐共生关系。因此，我们应倡导与自然和谐相处、可持续发展的观念。

郭文韬先生深入研究的中国传统农业，使我深刻认识到其在中华文明中的核心地位。中华文明历史悠久，早在1万年前，中国先民就已开始种植水稻和小米。无论是黄河流域还是长江流域，从北方的旱作到南方的稻作，农业始终是中华文明的基石。农耕为中国的文化与文明提供了坚实的物质基础。因此，深入了解中华文化必须探索传统农业的历史与实践。

丹尼尔先生虽然主要研究美国史，对中国了解不多，但他让我知道文明既有区别，也有相通性。文明的特色只有在比较中才能显现。研究者不能画地为牢，而应将研究对象置于一个更为广阔的文化背景和视野中。这一点与英国历史学家汤因比（A. J. Toynbee）的观点颇为相似，民族国家的兴起，让人们习惯以国家为历史研究的单元，但从历史和文化的角度来看，没有一个国家能够孤立地完整讲述"自己的故事"。丹尼尔让我关注到东西方农业历史文化的相同之处和不同之处，尤其是为什么传统农业和现代农业会出现分野，这种分野背后深刻的经济、技术和环境的原因是什么等问题。

我的研究领域主要体现在三个方面：第一，我比较关注近现代农史研究。因为此领域中有很多东西可以直接服务于农业农村发展，服务于乡村振兴战略。我在西北农林科技大学读书时就开始关注这方面，因为西农在涉及一些农业技术发展问题时，往往会同现实问题联系起来，我当时的研究就比较偏重现实。我写过《中国近代昆虫学史》，后来又与周尧先生以及夏如兵合作撰写了《二十世纪中国的昆虫学》，旨在把近代研究和现代研究打通。此外，我还编写了《20世纪中国农业与农村变迁研究》，颠覆了一些中国近现代农业生产的统计资料。所以我认为关注近现代农业史发展，能更好地起到鉴古知今的作用，而且也是为现实发展服务的重要途径。

第二，我比较侧重中外农业交流。农耕文明是我们中华文明的三大支柱之一，中华文明的本质就是农耕文明，而农耕文明又是一个多元交汇体系。具体来说，有三种形式的交融。首先是南北交融，即南方农业与北方农业的交流。小麦向南方的推广和水稻向北方的发展，面食与米食的南北互现，都是南北交融的体现。其次是汉少交融，即汉民族农耕文化和少数民族农耕文化的交融。最后就是中外交融，我们曾过度强调中国的独特性，看重中国的本土作物，认为中国是一个独立的地理单元，但实际上我们发现，中国很多农作物都是同外国文化进行互动交流的结果。比如中国的四大粮食作物，真正起源于中国的只有水稻，其他的都来自国外。现在中国第一大粮食作物，既不是水稻，也不是小麦，而是玉米。玉米即是从美洲传来的。第四大作物马铃薯也是从美洲传过来的。小麦虽然在我国是一种历史悠久的作物，但它实际上是从西亚的两河流域传过来的。

从中我们可以看出，这种农业交流并不是从十八十九世纪才开始的，而是从远古到今天一直存在着。我们的五大油料作物如花生、向日葵、玉米都是从美洲来的，只有大豆是中国原产。又如我国现在的辣椒生产量、消费量均是世界第一，但中国传统的辛辣植物是生姜、葱、花椒等，以前的中国并没有辣椒，辣椒是在16世纪末才从美洲传进来的，现在已是中国饮食文化中非常重要的角色了，而且还造就并传承了很多本土化的文化，譬如四川的麻辣、贵州的酸辣、湖南的香辣等，各有差异。所以作为农耕文明的三大支撑之一，中外农业交流是非常重要的。

尽管我初时并未深度涉猎该领域，但随着时间的推移，我逐步加大了在这方面的研究力度。因此，在这一领域，我已发表了不少研究心得，并有幸主持了两项国家社科基金项目：一项为重点项目，另一项为一般项目。其中，一般项目主要研究美洲作物在我国的传播历程，该项目已启动多年。在此之后，我又成功申请了国家社科基金的重点项目"丝绸之路与中外农业交流研究"。此研究范围覆盖了历史上各时期的农业文化交流，为此我组织了一个专业团队进行深入探究。近期，我正在与中国科技出版社进行积极沟通，计划合作出版《中国作物丛书》，该系列主要从作物交流的角度切入。不久后，我们团队将前往印度，参与世界作物史联盟的学术会议。此次会议旨在整合作物的物质与非物质文化进行研究，我深信这将是一个具有广阔前景的研究方向。

我撰写的一套丛书，命名为《中国农业的四大发明》，主要涵盖水稻、大豆、蚕丝及茶叶。虽然我们常听说中国古代的四大发明，但那实际上是外国学者如培根和马克思从他们的视角得出的结论。对于我国而言，从国计民生的考量出发，与百姓生活息息相关的无疑是农业。中国在农业领域的创新与发明繁多，我选择突出这四大发明的原因在于它们对全球的深远影响。尽管还有众多其他的农业发明，如小米，但其对世界的影响与前述四者相较略显不足。以大豆为例，它在现今的中美贸易关系中扮演了重要角色。当前，中国每年约进口9000多万吨大豆，其中3000多万吨来源于美国，占比接近三分之一。然而，回溯至1930年，中国在全球大豆出口市场的份额一度高达90%，尤其是东北大豆，其品质与产量均在世界市场上独领风骚。但随着美国从中国引进大豆并进行不断的品种繁育和技术创新，它最终超过了中国的领先地位。

第三，我还关注农业文化遗产。在国内，我们的研究机构无疑是最早关注农业文化遗产的，同时也是成果最丰硕的机构之一。尽管一些观点认为农业文化遗产的研究是源自"全球重要农业文化遗产"的保护项目，但这其实是个误区。确实，随着2000年前后的工业化和城市化进程，许多传统农业生产系统面临消失的威胁，联合国粮农组织因此启动了相关的保护项目。但这并不意味着在此之前，我们就对农业遗产问题视而不见。经过我深入的研究和梳理，以及在与弟子卢勇教授合作的文章中，我们发现，实际上很早之前，很多前辈学者已经在他们的论文和著作中提及农业文化遗产，只不过他们的重点更偏向古籍文献的遗产研究，同时也包括了生产技术及其他方面的遗产。例如，万国鼎先生和石声汉先生都曾提到，除了农业古籍，农业生产中的经验技术、农业谚语等都是农业文化遗产的重要组成部分。当时，农业部门甚至专门安排人员搜集农业谚语，共搜集到 10 万多条，最终整理成册出版。这足以证明，当时的学者对农业非物质文化遗产的关注度是相当高的。

农业非物质文化遗产对协调人与人、人与自然之间的关系，以及促进社会经济的可持续发展发挥着重要作用。因此，对于这些农业非物质文化遗产的保护就成为农业文化研究的重要工作，进行了许多颇有意义的探索，如设立"中国农民丰收节"、构建"三农"发展战略等，而在这些重大决策的背后，我们都会看到曹幸穗教授的身影。曹教授作为中国培养的第一位农业史博士，积极为顶层设计建言献策，他在博士论文中提出的观点悉数为政府采纳。曹幸穗教授则认为这些成绩都离不开导师李长年先生的教导。

曹幸穗教授：我的硕士研究聚焦于"中国盐碱地改良史"。当时，鉴于国家正在开展黄淮海平原盐碱地改良的科技攻关工程，我参与其中的盐碱地改良课题研究，并以此为硕士学位论文题目。此项研究成果被收录在农业出版社的《北方旱地农业》中。当我刚入学时，我所在的单位仅有硕士研究生的培养资格，没有培养博士的资格。但在我攻读硕士期间，中国农业科学院研究生院策划申请一批新的博士项目。遗憾的是我们的农史学专业并未被列入新一批博士项目的计划之中。鉴于这一情况，我们向院领导提议，希望将农史学的博士项目从中国农业科学院转移到双重领导的另一方——南京农业大学。经过双方高层的协商，我们的申请得到了批准。南京农业大学随后向教育部申报了农史学博士项目，并很快得到了批复。

我刚完成硕士学业时，考虑到我在硕士项目中的经验和成果，我决定继续攻读博士学位。在我博士研究期间，由于我的导师主攻土地管理，技术研究不是他的专长。因此，他建议我转向农村社会经济史。恰好我们学校图书馆收到一批上级部门转来的日本侵华期间开展的农村调查的报告。我参与了这批调查报告的整理归档工作，发现其中包含许多有研究价值的资料，这使我成为国内首位使用"满铁"资料进行学术研究的学者。深入研究后，我注意到这些报告中对中国乡村，尤其是苏南地区的调查十分翔实。于是，我向导师提出，我的博士研究定位为"苏南农家经济"，获得了导师的赞许。

在我攻读博士学位期间，我的导师对我提出了两大要求。第一是要有创新，导师常提到"草鞋"说：即使你在编草鞋，也要把知识给编进去。意在强调即使在做最简单的事情，也需要嵌入创新元素。第二是现实关怀，研究必须与现实情境相结合，如同硕士阶段的盐碱地改良史。我开始撰写博士论文时，全国农村正在实行联产承包责任制，经历着从人民公社向家庭农场的转变。世界先进国家农业现代化的普遍趋势是集约化和规模化，但我国当时的政策方向与此相反。这引起了我的关注和思考，我决定深入研究这一现象。通过对苏南资料的深入分析，我尝试探索在相同的生产环境下，不同规模的家庭农场带来的经济效益差异。我的研究结论是：在相同条件下，规模越大，效益越好。这一发现与直觉观念相悖。常识中，经营面积小的农户应该更精细耕作，投入更多的劳力，以获取更高的亩产量。但我的研究表明，尽管耕地质量相同，规模小的家庭农场往往产量低、效益差。

为了解释这一现象，我提出了"农业生产副业化"的观点。简而言之，当农场规模过小，仅靠农业收入无法维持家庭生计时，农民会转向非农产业以获得更多的收入。这样，农业便不再是其主要收入来源，农户会放弃对高产的追求，导致农业生产变得粗放，甚至将土地转租他人。20 世纪 30 年代，上海等地的非农工作机会吸引了大量农民，这与当今的农民工涌向城市的现象类似。因此，我得出的结论是：家庭农场的经营规模不应低于其基本生活需求。如果低于这一基线，农民便不再注重农业生产，即使给予其质量上乘的土地，也难以引起其耕种的兴趣。因为在这样的场合，无论农户如何精耕细作，这块土地的产出都不能维持其家庭的基本生活需求，这就是农业生产副业化的结果。

在我的博士论文中，除了提出"农村家庭农场的规模效应"和"农业生产副业化"理论观点外，我还提出了第三个重要的观点——"乡村副业"。这个观点指的是农民除了从事农业活动之外，还涉足其他行业，如成为小商贩或工人。当农民普遍兼业化，他们往往会将更多的精力投入非农业活动中，导致农业新技术、新装备在农村的推广受到阻碍。例如，农民可能更愿意去学习某种手艺或技术，而不再关注新技术、新装备的更新换代。为了使兼业农民能够"离土不离乡"，发展乡村副业就是必由之路。这与当前提倡的"乡村产业振兴"具有异曲同工之义。

这三个观点在当时确实比较前卫和警示，使得我在农业政策和农业学术领域引起了关注。我的博士论文还处在答辩环节，其中的观点已得到了广泛的认可。虽然当时论文还没有正式出版，但是江苏省社科联破例为论文稿本授予"江苏省社会科学优秀成果奖"，成为现代社科成果奖励的一个特例。

1998年，我的论文出版两年后，北京大学的姚洋老师——一个刚从美国归来的知名学者，希望与我交流。他告诉我，在美国，相关学者对我的论文非常关注，他们为此组织过几次小规模研讨会。他们团队有几个不解的疑问：我的简历显示我没有经济学的专业背景，但我的研究与经济学理论高度契合，这让他们感到非常奇怪。另外，我并没有接受过西方教育，而且论文中没有引用任何英文参考资料，但我的研究结构和论证方式与美国的学术写作风格极为相似。此外，我引用了大量日本侵华期间的调查资料，这在当时的政治和学术背景下并没有引起任何争议，这也让他们觉得不可思议。面对姚洋老师的这三点疑问，我逐一给予了解答。

首先，经济学背景方面，尽管我的个人简历中没有经济学的专业背景，但我在博士研究期间所在的南京农业大学农业经济系是国内领先的。在此期间，我选修了多门农业经济学课程，初步掌握了农业经济学的基础理论知识，只是这些经历并未被记录在我的履历档案中。

其次，为什么我没出洋留过学，写的文章思路却与美国人很相似？因为我的导师李长年先生曾是威斯康星大学的留学生，算是姚洋老师的忘年师兄。李先生是金陵大学的学生和教师，而金陵大学的教育方式深受美国的影响。在他的指导下，我自然而然地接受了美国式学术思维的耳濡目染，从而在写作论文时呈现出与美国学者相似的逻辑结构和思维方式。

最后，使用"满铁"调查资料。我在使用这些日本调查资料之前，在论文的开头已经明确指出了该资料的特性：调查团队由日本的专业学者组成，其中很多是京都大学或东京大学的专家。从学术角度看，这是一份规范的乡村调查报告。由于这些资料被视为情报，其内容相对客观和真实，因为情报首要前提是真实性。在利用这些资料时，我仅使用了其中的数据，并没有忘却日本侵略中国的滔天罪行。我的目的仅是通过这些情报数据来真实地还原那个时代的农村情况。基于上述理由，国内的政府和学术界可以接受我使用这些资料。姚洋老师后来还在《中国经济史研究》上发表了评价我的论文的文章，我也撰写了一篇文章回应他的观点。这就是我对姚洋老师提出的三点疑问的详细回应。

多年前，有一次在北京大学举办中国经济史学会年会，会议专门安排了一个议题——农业生产副业化对农业发展的影响。我因故不能出席这次会议。会议当晚，参会的南农大农经系钟甫宁教授告诉我，当天的那个会议上，有超过100位学者在讨论我的论文，但是除了钟教授，很少有人认识我。这意味着我当年的观点在学术界持续产生影响。近些年，还有一些大学将我的博士论文列为研究中国近代经济史的研究生参考书。中国人民大学农村发展学院、南京大学历史学院、中国台湾的成功大学等，都曾联系我，请求获得复印我的论文的权利，以供其研究生阅读。

我的学位论文为我带来了许多荣誉。我博士刚毕业，论文稿本就获得省级奖励，同时当选为江苏省政协委员，这是社会对我学术成果的认可，同时也肯定了我对农村发展的贡献。几年后，我在1996年奉调至北京工作，升格当选为全国政协委员，并一直在政协委员的岗位上服务至退休。全国政协历来都有一个农业史背景的委员席位，因为国家在农业农村方面的参政议政，需要加入农业历史学者的视角。在二十多年中，我深度参与了许多农村发展政策的研究，并提交了多项建议和提案，这一切与我当初的学位论文息息相关。

教书育人，是对初心长久的守候。盛邦跃教授是曹幸穗教授门下的博士生，两人亦师亦友，盛教授直言曹幸穗教授是他十分尊敬的学者，并回忆了他与导师间的师生情，以及他的博士生涯。

盛邦跃教授： 曹幸穗研究员是我非常尊重与钦佩的学者，他是中国首位农业史博士。在我决定涉足农史研究之前，我与曹研究员已是非常亲近的朋友。我们住在同一栋楼，孩子们是幼儿园的同窗，因此，我们之间是亦师亦友的关系。

在曹老师成为我的导师前，他在中国农业遗产研究室工作，而我则是社科部的一员。由于两个部门共用一栋办公楼，我们成了办公的"邻居"。这样的接触，使我们更为亲近。当曹老师决定调往北京时，我已是人文学院的领导之一。我深深记得当时农业遗产研究室的会议，我们时常围坐在一起研讨，我总被曹老师的博识而折服。他不仅是研究室的学术骨干，他的为人与学术造诣也受到了大家的普遍赞誉。

曹老师调到中国农业博物馆工作，对于学校和学院都是不小的损失。但考虑到博物馆和北京为他提供了更广阔的发展舞台，学校尊重并支持他的选择。在北京，曹老师的专业素养很快得到了肯定，他成为博物馆的核心研究员。凭借其学术声誉和党派身份，他也被选为全国政协委员，在社会上展现了他的价值。

正是因为对曹老师的无比钦佩，我在选择博士导师时，毫不犹豫地选择了他。我们之前已是亲近的友人，因此当我提出此请求，他欣然答应，非常高兴地接受了我为学生。尽管我在年纪上只比曹老师小两岁，我们之间保持了一种亦师亦友的和谐关系。后来，当我晋升为校党委组织部部长时，曹老师幽默地对我说："给领导当导师，以后得靠领导照顾了。"我笑着回应他："行政上我或许是领导，但学术上，我得虚心向您学习。"这种特殊的关系，使我与曹老师之间的学术交流更加畅通无阻。

在攻读博士研究生期间，我承受了巨大的压力。作为人文学院的院长，还在本学院攻读博士，这种特殊的身份很容易引发外界的猜疑和议论。如果不能平衡好学术与行政工作，这将对我的个人乃至学院声誉产生不良影响。但是，压力也为我带来了动力，驱使我更加努力。我坚决不能让同事和学生觉得我仅是为了混一个文凭或是为了工作履历而读博。所以，我对自己的要求很高，除非学校有重要会议，我从不缺席任何一节博士课程。

当我跟曹老师读博时，他已经调往中国农业博物馆。尽管身处南北两地，但我们的学术交流并未中断。我们通过网络和电话保持联系，同时，我也经常到北京与他面对面地交流。记得当时，还有一位同样跟随曹老师攻读博士的学生曾京京，我们经常一同前往北京请教曹老师。曹老师不仅在学术上给予我们无微不至的关心和指导，他的古道热肠也让我们倍感温暖，他经常自掏腰包请我们吃饭。

每次与曹老师交流，都是一次学术的盛宴。他毫无保留地与我们分享自己的研究心得，也鼓励我们勇敢探索自己感兴趣的学术领域。他以自己的博士论文《旧中国苏南农家经济研究》为例，为我们展示了研究的全过程，并分享了自己学习的心路历程。曹老师的博大学识，他的研究方法、研究视角，甚至他为人处世的方式，都对我产生了深远的影响。这种影响深刻地体现在我的博士论文的选题与研究内容上，让我更加明确自己的学术方向和追求。

在曹老师指导下，我的博士论文选题与我个人的学术背景及兴趣有直接的关联。在我本科阶段，我就读于南京农业大学的农业经济管理专业，并在东南大学修读了哲学作为我的第二专业，这为我的学术研究积累了丰富的知识底蕴。

在选择博士论文的选题时，曹老师的《旧中国苏南农家经济研究》给了我极大的启示。曹老师在研究中广泛引用了"满铁"的农村调查资料，这令我思考到如何能够将卜凯的研究背景以及我的农经和哲学的学术基础结合在一起。于是，我有了一个初步的想法：将卜凯的农村调查以及他的学术贡献作为我的博士研究对象。卜凯，作为南京农业大学前身金陵大学农经系的第一任系主任，是一位享有盛誉的农业经济学家。我对他的研究和生平贡献早有耳闻，尤其对他在20世纪二三十年代的大量农村调查和所揭示的中国农业和农村问题有着深入的了解。他的重要成果主要体现在《中国农家经济》和《中国土地问题利用调查》两部著作中，这两本著作至今仍被视为研究中国近代农业经济史的经典之作。

在与曹老师进行深入的交流后，我确定了"卜凯视野中的中国近代农业"作为研究主题，并着手进行相关的论文写作。可以说，从研究的角度上，我和曹老师的学术研究是一脉相承的。遗憾的是，由于工作的原因，我并没有能够进一步深化我的学术研究。然而，我深知学术追求是一个长期的过程，希望未来有机会可以继续沿着这个方向探索。

在攻读博士学位的道路上，卜凯的两部著述以及南农所保存的原始调查资料成为我研究的主要资料来源。而我个人的农经与哲学专业背景为这一研究提供了深厚的学术土壤。在这个过程中，曹老师的农业经济学理论为我提供了巨大的学术支撑。受曹老师指导，我采用农史研究方法论，综合性地分析了卜凯的著作和研究资料，试图探究卜凯视角下的中国近代农业经济状况。曹老师为我解答了许多疑惑，并在论文选题与写作方法上给了我许多宝贵建议。相较于过分深入资料的细节，我更偏向于从一个宏观的角度出发，结合哲学思维进行分析，这使得我的研究并非单纯的历史考察。得益于此，曹老师对我的论文评价甚高，我也有幸将其整理成书。获得博士学位后，我曾基于个人兴趣发表了数篇学术论文。但随着行政工作的增多，学术活动逐渐减少。尽管如此，曹老师在我读博过程中的教诲仍然影响着我的日常决策和思考方式。我真切地期望农业遗产研究室在未来的发展、学生培养以及学科建设上能够继续得到曹老师的指导。他现在仍然年富力强，身体健康，且学识已达到新的高度。对于我们学院，他能够贡献更多。期望他能继续为我们的学子传道、授业、解惑。

在谈起农史研究的老一辈学者时，除了南京农业大学的万国鼎先生，在西北农林科技大学近90年的发展历程中，辛树帜、石声汉、夏玮瑛等老先生坚守中国农耕文明发祥地——杨凌，为古代农家流继绝学，贡献甚大。

樊志民教授： 在西北农林科技大学的发展岁月里，活跃着这样一群人，他们坚守中国农业圣地杨凌，开创中国农史学科并不断将其发扬光大，他们就是西北农林科技大学农史研究专家群体。说到中国农史学科，辛树帜、石声汉、夏玮瑛等先生是永远都绕不过去的话题。他们不仅在中国传统农业历史文献的搜集、整理等领域取得了辉煌成就，而且从构建学科的高度，提出了"古农学"的学科概念，开创了农史学科建设的先河。

辛树帜先生以其深厚的学术造诣和独到的智慧，在20世纪50年代至70年代成为农史领域的权威。他对《禹贡》的新解释以及对中国果树史的研究都展现出他高深的学术水准和影响力；他对《易传》的分析和提出的水土保持律也揭示出他宽阔的学术视野。在农史学科的存续与发展问题上，辛先生也透露出他那难得的策略性思维。

从事人文社会科学研究的学者，必须具备敏锐的洞察力和宏观的思考能力。一个专注于自己研究领域，而忽视了社会大环境和学术发展趋势的学者，其研究必然会受到局限。在20世纪60年代和70年代，农史学科面临巨大的生存压力，与当时的社会主流思潮似乎格格不入。在这个特殊的历史背景下，辛树帜先生以其卓越的智慧，为农史学科找到了一个合理且重要的位置，使其得以持续发展。

当时《齐民要术》的作者贾思勰和《农政全书》的作者徐光启被认为是法家，辛树帜先生在历史的特殊时期，以其深厚的学识和策略性思维为农史学科寻找到了适宜的存在空间。他巧妙地利用对法家著作的整理为当时的农业历史文献整理提供条件。在这期间，辛老组建了一支强大的学术团队，参与其中的学者包括黄毓甲、贾文林、王聚瀛、赵师抃、赵云梦、翟允禔、云立峰、魏泽、李凤岐、冯有权等，他们几乎都为这个项目付出了巨大努力。后来，李凤岐、冯有权和马宗申等人成为西农农史学科的核心力量，保证了这一学科的持续传承和发展。为了进一步推动农史学科的发展，辛老当时向胡耀邦递交了两份材料，即《西北农学院古农学研究计划》和《中国古代农书概说》，展现了其对古农学的研究成果。胡耀邦对辛老的努力给予了高度评价，并在回信中复述了 1957 年政协会议上毛泽东同志对辛老的评价——"辛辛苦苦，独树一帜"。

另外，辛老的策略性思维也体现在他如何与国内的科技史专家建立联系。他刻印分发了石声汉先生的研究小册子《农业遗产要略》和《古代农书评介》，广泛征求各方面专家的意见。一些知名学者如杨东莼、盛彤笙、董爽秋、王云森、吕忠恕、史念海、梁家勉、董正钧等先生，都有反馈的意见，这不仅帮助他建立了与国内一流科技史专家的联系，还为农史学科的后续发展积累了宝贵的资源。可以说，如果不是辛老当时的策略性布局，农史学科可能在他和石先生那一代就中断了。但由于他的努力，农史学科得以继续发展，吸引了更多的年轻学者加入，如邹德秀、张波、冯风等人和我。这无疑是辛老为中国农史学科做出的巨大贡献。

石声汉，这位在中国农史学界有着杰出贡献的学者，以其深厚的学识和毅力对古农学研究做出了难以估量的贡献。他不仅是生物学家、植物生理学家，还是古农学家，先后完成《齐民要术今释》《农政全书校注》等 14 部巨著，是中国农史学科的重要奠基人之一，为我们这个民族的农业历史留下了宝贵的遗产。

古农学作为中华民族的优秀传统文化，蕴含了我们的智慧和经验。研究古农学需要跨越时间和知识的鸿沟，不仅需要对现代农业的深入了解，还需具备古籍文献的研究能力。石声汉正是在这一领域做出了卓越的贡献。1955 年，西北农学院古农学研究室成立后，石声汉在其多重职责的担当下，选择了这条富有挑战性的研究之路。他认为："溯往知来，研究古农学正是为了更好地了解今天农业所根据的优良传统，为促进祖国农业生产发展寻找更广阔的道路。"

石声汉对古农书的研究热情，不仅源于其对学术的执着，更是源于其对民族文化的深沉热爱。他年轻时读《齐民要术》，被一些古奥的文辞和奇字所阻，未敢通读。几年后硬读一遍，更觉这部书的可贵，渴望有朝一日能够对这部奇书进行深入的整理和研究。同时这部书也是世界人类文化的共同财富，在国际上被称为"贾学"。当时几个国家的学者都在着手研究，而且认为中国无人研究"贾学"是一件憾事。石声汉愤慨那些鄙视农圃，自甘于"数典忘祖"、高谈阔论的"鸿儒"，毅然投入"古农学"这门"冷门"的学科中。

《齐民要术》作为我国及全球最古老的农业专著之一，有"中国古代农业百科全书"之谓，一直被学者们视为宝贵的研究对象。该书征引经、史、子、集等书近 200 种，内容精湛丰富，但由于多次的传抄和篡改，其原文已经变得晦涩难懂。石声汉的《齐民要术今释》为我们解开了这部古籍的谜团，让现代读者能够更好地理解和欣赏其价值。

三年时间里，石声汉写了《齐民要术今释》97万字，《氾胜之书今释》5.8万字，《从〈齐民要术〉看我国古代农业科学知识》7.3万字，同时把后两本书翻译成英文本，由科学出版社出版，在国外发行，再版四次，影响极大。此外，他还写了8篇相关论文。石声汉的研究成果既证明了他的学术才华，也体现了他对古农学研究的深沉热情。他的作品不仅在国内获得了广泛的认可，更是在国际上产生了深远的影响，为中华民族的农业文化在世界舞台上争得了一席之地。总之，石声汉以其卓越的学术成果和对古农学研究的坚持，为我们留下了宝贵的知识遗产，也为后人指明了研究的方向和目标。他是中华农史学界真正的巨匠，值得我们永远铭记。

石声汉研究《齐民要术》的一些文章陆续发表后，引起了许多外国学者的重视。日本著名中国农业科学史专家西山武一、天野元之助等六七位专家，都先后主动和石声汉建立了学术联系。日本研究《齐民要术》的权威学者西山武一教授看了《齐民要术今释》一、二分册后，赞叹为"贾学之幸"。他写信给石声汉，告知他将暂停和熊代幸雄共同翻译的日译本《齐民要术》工作，以待石著出版后作为参照再行翻译。西山武一还提议成立《齐民要术》研究会，地址设在西北农学院，后来他因为种种原因未能实现来中国的愿望，来信表示莫大遗憾。熊代幸雄在来信中写道："当我拿到盼望的贵著之后，高兴得几乎要跳起来。昨天我花了一天的时间，粗略地拜读了贵著，激动地忘记了时间的流逝，给我的印象使我终生难忘。"英国著名的中国科学技术史专家李约瑟博士很早就和石声汉相识，信件往来更为密切，对《齐民要术今释》也极其肯定和重视。他认为："由于他（石声汉）的两本著作——一本是关于前汉的农书作者氾胜之，另一本是关于六朝时期北魏贾思勰的不朽名著《齐民要术》的，他在西方世界已经很出名。"李约瑟在《中国科学技术史》"农业史""生物史"两卷的扉页上写着"献给陕西武功张家岗西北农学院的石声汉教授"，并在后来的一封信中说"中国科学史农业卷的工作，极大地得益于石（声汉）先生的帮助"。

1962 年开始，石声汉的第二个目标是校释《农政全书》。该书由明代杰出科学家徐光启编著，是 17 世纪前我国农业遗产的总汇。石声汉夜以继日地拼命工作，除了授课和培养研究生外，还完成了 200 余万字的《农政全书校注》《农桑辑要校注》《中国农业遗产要略》《中国古代农书评介》等著作。在整个校勘过程中，石声汉呕心沥血，表现出高度负责的精神。有时为了一个疑难句或字，他往往要花费四五天时间，甚至查阅上百本书。

石声汉研究古农学的过程曲折而艰辛。1958 年《齐民要术今释》完稿时，古农学研究室停开，研究工作受挫。然而，石声汉并没有因此裹足不前，而是又立刻投入《农政全书》的研究工作。石声汉在古农学研究过程中还时常与疾病做斗争——哮喘病、肺气肿和心脏病时时折磨着他，尤其到了冬季，他只能伏在桌上或床上拼命喘气。但是只要呼吸稍微舒畅些，他马上又伏案工作，经常一写就是几个小时，每天晚上都要熬到凌晨两三点，一个月中还要熬几个通宵。

1971 年春，石声汉腹痛发作，被诊断为胰腺癌晚期。众所周知，胰腺癌是极其痛苦的，但石声汉以顽强的毅力忍受着巨大的病痛，即使痛得豆大的汗珠不停地冒，也从不呻吟一声。甚至在弥留之际，他仍惦记着工作，希望手术后再有两三年时间把《农政全书校注》重校一遍，争取出版，还计划再研究两部古农书。1971年6月28日，石声汉病逝于天津韶山医院，终年64岁。

石声汉先生学识渊博、刚毅正直，豁达幽默、待人诚挚，用十几年的艰苦努力，完成了数百万字的古农学研究著作和论文，对祖国的科学、教育，特别对古农学的振兴，做出了卓越的贡献，也有力地促进了中外科技文化的交流和发展，永远值得大家怀念和尊重。

"文化大革命"十年极大地冲击了古农学研究室的正常运行，石声汉等前辈先后去世，走出"牛棚"的辛树帜也已年近八旬。辛树帜主持制订的西北农学院古农学研究工作计划，得到了胡耀邦等领导人的支持。经辛树帜选调，李凤岐、马宗申、冯有权等先后参与了古农学研究工作，他们承先启后，分别从事农业古籍整理、农业科技史研究和农史学科建设。他们延揽人才、奖掖后学，在共同致力于农史研究的同时，又根据各自不同的知识结构、学术经历而选择不同的研究领域，推动了农史研究范围的扩展、学科门类的完善、理论方法的成熟，为"文化大革命"后西农农史事业的恢复性发展做出了巨大贡献。

辛树帜逝世后，冯有权、李凤岐出任古农学研究室主任、副主任。他们继承辛树帜、石声汉遗志，继续致力于辛树帜、石声汉遗著的整理出版工作，使《农政全书校注》《中国农学遗产要略》《两汉农书选读》《中国古代农书评介》《中国水土保持概论》《农桑辑要校注》《辑徐衷南方草物状》等遗著相继出版发行。20世纪80年代以后，辛树帜、石声汉遗著整理工作基本结束，李凤岐、马宗申、冯有权又以极大的热情投入农史后继人才的培养工作。

李凤岐在主持古农学研究室工作期间，牺牲了宝贵的个人时间，对农史新人之搜求、培养则处处留心，深寄厚望。邹德秀在 20 世纪 60 年代曾向学校建议，希望给辛树帜、石声汉配助手，以协助工作，继承事业。后因"文化大革命"开始，此事搁浅。但是邹德秀出于对古农学的兴趣，始终是古农学研究室的亲密合作者。李凤岐和冯有权注意发挥邹德秀这一特长，主动选定有关农史研究项目交邹德秀进行，并合作发表学术论文多篇。1979 年，冯有权独具慧眼，将张波从陕北调回古农室工作。李凤岐、冯有权对张波的培养、提高十分关注。李凤岐不顾高龄，多次带领张波外出考察。在室里人员紧张、工作任务繁重的情况下，冯有权、李凤岐毅然派遣张波赴北师大进修音韵、训诂、古文字学等，为张波以后的农史研究工作打下了坚实的基础。1982 年，李凤岐、马宗申、冯有权嘱学校人事部门赴兰州大学挑选我到古农室工作。我史学较好，又肯钻研，经他们点拨，迅速成长起来。1982 年，冯风被调到古农室从事文献管理工作。她是冯有权的长女，在冯有权的熏陶教诲下，经过进修和工作实践，很快熟悉了文献工作，并且承担起农史专业研究生的农业历史文献教学任务。冯有权父女二人共同致力于中国农史事业，一时在农史界传为佳话。

自 20 世纪 80 年代以来，李凤岐、马宗申、冯有权不仅招收农史硕士研究生，还在研究生培养方案制订、课程开设、论文指导方面做了艰苦细致的起步工作。他们根据自己所侧重的研究领域，分别由李凤岐主授"中国农业科技史""中国农业发展史"课程，由马宗申主授"中国传统农业历史文献整理研究"课程，由冯有权主授"科技史""自然辩证法"课程。通过招收研究生也带动了古农室的学术发展，拓宽了研究领域，壮大了农史队伍，扩大了学术影响。在他们的带动下，古农室又先后申报农业与农村社会发展、专门史等博士、硕士学位点，农史研究生培养在全国诸农史机构中是公认数量最多、质量最好的单位之一。

1979 年，国家在郑州召开会议，召集全国农史界专家共商《中国农业史稿》编写工作，被誉为中国农业历史研究"春天的来临"。但大家惊讶地发现，西农的农史研究事业在"文化大革命"后起步早、成绩大。辛树帜、石声汉创建的古农学研究室在极端困难的条件下不但保留了下来，而且有李凤岐、马宗申、冯有权仍致力于辛树帜、石声汉的未竟之业。他们早迎农史之春，为农史研究的再度繁荣与发展做出了巨大贡献。

改革开放初期，由于"文化大革命"十年的断层，专业与知识型干部十分短缺。许多同学大学毕业后选择了从政，有人两三年后即脱颖而出，升任更高职位。而我们这些进入高校或科研单位的则要从见习、助教、讲师做起，要经历相当漫长的时间、相当艰苦的努力方能拿到高级职称。有一段时间，高校里有一部分人弃教从政、经商，耐不得这里的孤寂、清苦与单调或是主要原因。我在掂量了自己的家世、禀性和能力后，认为从政非吾所长，毅然选择了教师这样的职业，这在"文化大革命"后的第一届大学生中是很"另类"的。我所从事的教学与科研事业，用著名农史学家石声汉教授的话来说，"与功名利禄毫不相干"。但是它给了我一个相对安静的读书与思考空间，不似俯仰由人，授业课徒倒也其乐融融。数十年过去了，我仍无悔于当初的选择。

我感到欣慰的是，这些年来的些许努力，颇得社会认可。经由推荐，我入选国家干部教育专家库，担任教育部高等学校历史学类专业教学指导委员会委员、国家社会科学基金学科评审组专家。以平常心看，我实际上只做了最基本与朴实的事情，并非有多高的思想与觉悟。我常想，自己的孩子也在上学，如果碰上一个敷衍的老师，岂不耽误了学业。推己及人，也就多了一份责任心，在给学生上课时不敢也不忍心有丝毫的懈怠。在目前的培养方案中，研究生授课时数不断压缩。农史学科对某些非文史专业生源来说，需要花费相当多的时间与精力补修某些课程，在规定课时已尽而内容尚未讲完的情况下，我不太理会课时费之有无而坚持把课继续讲下去。我在《五十感言》里曾经说过，学生是我的学术与思想的继承和传衍者，我以对待子女的心情对待我的学生。作为导师，我追求的是鞠躬尽瘁、不愧对后学。但限于水平与能力，我能奉献于我的学生的往往有限，平时又有要求严苛之嫌，使同学们常怀畏惧之心。不过细心的同学大概都感受到了，我经常是"手高高地举起，而轻轻地放下"。谁如果作难我的学生，我的护犊之怒往往让他们受不了。但是每当同学们将要离我远去的时候，往往又是我心怀歉意、最容易动情的时候，有时不禁潸然。

　　至于思想与学术表达，我甚至有"惜羽"之私，唯恐文字与话语的不到位坏了自己的名声。这些年常有机会参与一些学术讲座与报告，某些主办方亦以"随便讲讲"相约。而我的原则是：不讲则已，要讲决不随便。每逢给学生上课与作学术报告，我一般会提前二十分钟左右到场熟悉环境、调试课件、安静心神，以便进入最佳状态。一堂课讲得精彩，我会兴奋许久；一堂课讲得冗繁，自己常会懊悔不已。我经常想，面对受教者是千万不可有敷衍或糊弄之意的。一方面为良心与道德所不容，另一方面他们也是老师信息的扩散与传播者，好亦如此，坏亦如此。不积跬步，无以至千里。好有口碑坏有谤词，社会上对一个学者的认识与评价往往就是这样一点一滴积成的。所以每逢有课，我务必要做到全力以赴、聚精会神，虽然累得不能从讲坛上挪身，但那时往往是我精神最为愉悦的时候。

师道固然神圣，但说得太高往往让人难于入手。"发乎于心，践之于行"，从最朴素与最简单的事情做起，师道恕几乎近矣。

毕生君子，躬耕农史。自梁家勉先生后，周肇基教授和彭世奖教授又共同担起了华南农业大学中国农业历史遗产研究室的重担，二人都深受梁先生的影响，从他们的治学经历中，我们能够清晰地看到华南农业大学农史的传承脉络。

倪根金教授：华南农业大学农史学科源于丁颖院士，成于梁家勉先生，后经数代农史人的辛勤耕耘，迄今已近百年，成为科技史重镇。关于丁颖、梁家勉先生的事迹过去介绍较多，这里谈谈周肇基、彭世奖教授，他们是这百年传承中的重要一环。

周先生是德高望重的农史学者，他的本科专业是植物学，但这位从书香世家里走出来的理科生十分喜爱文史。20 世纪50 年代，大学生物系的教材全部采用苏联的大学课本。周先生后来回顾当时的感受说："20 多门课程，近千万字的内容，介绍的全是苏联和他国科学家的成就，字里行间竟然找不到只言片语涉及中国人民的创造、发明和贡献。心中开始产生疑问：历史果真是这样的吗？中国一向以文明古国、发达的农业著称于世，难道举世瞩目的传统农业就没有孕育出农业生物科学知识吗？这些疑问在当时的课堂上得不到答案，却深深地印在我的脑海里。我立志要探索这些问题……"就在周先生怀揣疑惑，寻求答案时，他在学校图书馆里找到了我国著名农史学家石声汉教授所著的《氾胜之书今释》和《从〈齐民要术〉看中国古代的农业科学知识》。他从中看到了我国古代在植物学、农学上取得的成就，并坚定了探究中国古代的植物生理知识之决心，加深了对石先生的敬仰、向往之情。他向石教授寄去请教信件，乐于提携后学的石教授回信勉励他从事这方面的研究。自此，两位忘年交十几年的交往和友谊开始了。1963 年 2 月 18 日，周先生夫妇乘火车专程登门拜访求教石先生，并且报考了石先生的研究生。相见时，石先生殷切勉励，与他相谈甚欢，并题赠《齐民要术选读本》。虽然考研成绩第一，但因有人谗言其为"白专"典型而被卡下。石先生曾想把周先生调到身边工作，然而，此时他已没有决定权了。尽管未能成为石先生的门生和同事，但在石先生的勉励下，周先生翻古书、找资料，越来越认识到中国古代有很多植物学、植物生理学方面的知识，蕴藏在古代农艺技术当中。于是，周先生心中有了明确的科研目标和方向，先从著名古农书《齐民要术》入手，发掘中国古代的植物生理学知识和成就。在当时特殊的时代背景和社会环境下，找到一条专业知识、科学研究和社会实践三者结合的平衡点，使周先生的科研工作在"文化大革命"中仍能展开。而周先生的学术生命属于"给点阳光就灿烂"，十几年的不断积累，到 1975 年终于发表了他的第一篇中国植物生理学史论文，受到国内外学术界关注和好评。

"文化大革命"结束后，周先生终于有机会参加科技史学术活动。1977 年 12 月，他出席在安徽合肥召开的中国生物学史第一次学术会议，在这次学术会议上，他见到仰慕已久的梁家勉先生，并共同承担《中国古代生物学史》中的《植物生态和生理知识的发展》的撰写工作。在两年的交流与合作过程中，梁老十分满意周先生的科研态度和学识，有了想把这位潜心研究科技史的科研新星招揽到华农农史研究室来的考虑。1980 年 10 月，周先生应邀出席在北京召开的中国科学技术史学会成立大会暨学术讨论会，作了《植物生态和生理知识发展》大会报告，与众不同的研究方法，令人耳目一新的陈述内容，引起了专家前辈的兴趣，纷纷予以嘉勉。他被推荐并当选为首届学会理事。在这次大会上，他结识了胡道静、游修龄、杨直民、李长年、周尧、朱洪涛等学术前辈，并建立起深厚的学术友谊，在通信交流中，对中国农史学科的发展有了更进一步的了解。1984 年 1 月，周先生夫妇调到淮北煤炭师范学院，主持筹建生物系的工作，然而，两年辛劳却因办系经费短缺而中途下马。失望之中，收到华南农业大学卢永根校长和梁家勉教授邀请来华农工作的信函。1986 年 8 月，周先生正式调进华南农业大学农史研究室，数月后担任室主任，肩负起一个学术单位的发展重任。

周先生执掌华南农业大学农史研究室不久，就遇到中国科教界的"寒冬"，大批教师因经济原因（收入"脑体倒挂"）离开教研岗位，创收无门的农史研究室也不例外，加上退休、调离的人员，到 1991 年研究人员只剩下周先生和彭世奖先生。尽管当时环境艰难，学校下拨的农史研究室年办公经费只有数百元，但在学校和梁家勉先生的支持下，他顶着困难，组织全室开展科学研究和人才培养工作，使农史研究室度过最困难的日子，并为后来发展奠定了初步基础。

彭世奖教授是中国农史界受人尊重的前辈之一，他受中国农史学科主要开拓者梁家勉先生的影响，从事农史研究已经有半个世纪，成果深得业内认可。初在农机系做辅导员，半年后被梁家勉馆长调到图书馆，先后做过图书采购和资料室工作，后进馆中农业历史文献特藏室工作。

梁家勉先生是我国农史学科的主要开拓者和奠基人，一代农史宗师。年轻的史学毕业生"小彭"，迅速成为梁老的得力助手。协助梁老采购古农书是彭先生的一大工作。采购古农书并非易事，除了需要深厚的专业知识来鉴别真伪，还要有一双敏锐的眼睛去发掘那些被埋藏的宝贝。彭先生从 20 世纪 60 年代开始，便和梁老一同踏上了寻找古农书的旅程。广州的文德路、上下九路以及北京路等地，那些隐藏着各种珍贵古籍的书店和旧书铺，几乎都留下了他们的脚印。无论是阳光明媚的日子，还是风雨交加的时刻，他们总是如期而至，成为这些书店的熟悉面孔。他们还与全国各地的古旧书店建立联系，索取书店编制的《古籍目录》《古旧书目》。彭先生根据目录进行初步筛选，在他认为有价值而且本室尚未收藏的书名前做上标记，然后再由梁老审定，最后由彭先生发函采购。此外，彭先生经常陪梁老出差，每到一地，古籍书店是必去的地方，如北京琉璃厂、天津古旧书店，在那些地方他俩淘到不少宝贝，如高润生的《尔雅谷名考》手稿等。买到书之后，梁老如获至宝。他不放心邮寄，担心丢失。这样，彭先生又成了搬运工，将购买的书一包包扛回来。购回的古书，有些破损或脱线，需要修复和重新装订。彭先生又让勤快且手巧的太太伍老师学会了古籍修复基本技能，跟梁师母一起为研究室修补古籍。"文化大革命"爆发后，特藏室的珍贵古籍一下子成了"四旧"和"封资修"，随时面临被烧、被毁的危险。梁老对此忧心忡忡，彭先生边安慰梁老，边与梁老一起想办法应对。最后想出用"图书馆造反派"的名义把特藏室的书库作为"封资修藏书室"予以封闭，不许开放，使这一屋子的传世家当幸运地保存下来，为后来农史研究室的发展奠定了扎实的资料基础。

除了购书，在 20 世纪七八十年代，彭先生还不辞劳苦地协助梁老做好特藏室及以后农史室的工作。作为梁老的助手，时常陪同梁老出差，一路照顾梁老的生活，负责联系各方人士，包揽所有后勤工作。当时出差交通、通信、食宿各方面条件都比较艰苦。出差地方既有北京、天津、上海、南京、郑州、合肥等城市，也有条件艰苦的西北城乡。彭先生曾回忆20世纪70年代初，他陪梁老去秦晋大地考察北方旱作农业时的情景：乘着破旧的长途汽车，住着简陋的旅店，饮食十分有限。有一次在陕北一小县，彭先生好不容易挤进食铺买到几个馒头，还没吃，就被当地饥饿的小孩抢走，未被抢走的也落在地上，沾满尘土，两人只好捡起，吹去尘土充饥。当然，彭先生也在这走南闯北中增长见识，认识了许多学界前辈和朋友。

协助梁老编纂《中国农业科学技术史稿》是其当时又一重要工作。20世纪70年代末，梁老凭借其在全国农史界的学术成就和威望，成为我国第一部集全国农史界力量编纂的农业科技史专著《中国农业科学技术史稿》的主编。在编纂的过程中，彭先生一方面承担书中相关章节的撰写；另一方面又帮助梁老出谋划策，协调各方关系，参与全书的通稿统稿工作。在刘瑞龙老部长的正确领导下，这部书虽然经历曲折，但最终得以出版，而且后来获得多项大奖。协助梁老编辑好《农史研究》也是他当时的工作之一。《农史研究》是"文化大革命"后国内公开出版的第一份农史学术刊物，它由华农农史研究室编辑，农业出版社出版。梁老主持编辑，是刊物的灵魂人物，但许多具体工作由彭先生承担，其中从创刊号到第6辑，基本由彭先生选稿、组稿、编辑。由于办刊认真负责，《农史研究》颇得学界和社会肯定，美国著名科技史学者席文教授、国际水稻所著名农学家张德慈教授等都来函盛赞。同时，他协助梁家勉、周肇基教授培养农史研究生。自1980年农史研究室招收第一个农史研究生开始，彭先生就承担起农史研究生的课程讲授，独立讲授了"农业历史文献""中国通史"等课，直至退休。

彭先生备课认真，每门课都写好厚厚的讲义；讲授时注重理论联系实际，注意介绍学界最新动态，故颇受学生欢迎。

"解民生之多艰，育天下之英才。"1905 年，中国农业大学的前身京师大学堂农科大学成立。1980 年，时任图书馆馆长王毓瑚先生仙逝后，他的学生杨直民教授接过了重任，同时接过来的还有王毓瑚先生的学术传承。

李军教授：杨直民教授中学时爱好数理化，因而大学报考的专业也是农业化学系，毕业后留校工作，1954 年被调入图书馆担任秘书，协助时任馆长王毓瑚先生处理图书馆事务。但当时的杨教授不太喜欢文史类的研究，因此多次要求调离岗位，在学校的坚持下，杨直民教授最终还是留在了图书馆工作，并在王毓瑚先生的指导下，进入了农史研究的领域。为拓宽杨教授的视野，增强他对农史的兴趣，王毓瑚先生尽可能多地带他去旁听、参与各种学术研讨会，这些会议所迸发出的思想火花，给杨教授带来了极大的触动，对他原先抵触农史研究的思想进行了无声的弱化和转变。

1959 年刊发在《农业遗产研究集刊》上的《学习夏玮瑛先生〈吕氏春秋上农等四篇校释〉笔记》一文，是王毓瑚先生鼓励杨教授积极参与农史研究的成果。王先生对杨教授提交的论文都会严格把关，不厌其烦地为其厘清思路，但不会做过多细节性的修改，目的是让他能够在自行修改中掌握精髓。王毓瑚先生在授课时，也会经常结合实际案例，向学生阐述博采众长的意义。他认为农史研究，不能局限在条条框框中，更不是预先设定条目，接下来仅靠找寻资料就能做好的。而是应该在大量阅读相关材料的前提下，对研究内容的来龙去脉有清晰地了解和把握，这时就可以提笔叙说，重要的是要用自己的话把事情说透，切忌过多引用原文，这样读者读起来不会与作者之间有太多隔膜。

王毓瑚先生提倡跨学科间的学术交流，当时的杨直民教授文史方面的功底较弱，王先生带着杨教授前往各位前辈学者处进行访学，指导其补充学习历史、文献等方面相关的知识。同时，王先生还主张不同学科背景的人应该互相尊重、互相学习、互相借鉴，多角度地去思考问题，这样才能更好地推动农史研究向前发展，而不能面对其他学科背景的人指出的问题选择充耳不闻，闭门造车。他自己也以身作则，经常与不同院校不同系别的学者就某类问题进行切磋交流，在思想的碰撞中，不断提升自己对于问题的认识能力。

老一辈学者之间的深厚友谊也是值得后来学者珍惜和学习的。王毓瑚先生和西北农林科技大学的石声汉先生之间就有一段足见深情的过往。自 1958 年始，北京农业大学农经系经常会被"下放"，王毓瑚先生此时正在编撰日后备受农史学者们推崇的著作——《王祯农书校注》。1966 年"文化大革命"开始后，王毓瑚先生不忍自己呕心沥血完成的巨著遭到任何的破坏，便将书稿包裹严实，寄给了当时身在西北的石声汉先生，请他代为保管。尽管石声汉先生当时的处境也十分艰难——身处西北农学院西墙区的小土屋中居住，但石先生一家没有辜负老友的嘱托，想方设法躲过搜查，甚至最后将书稿深埋在煤堆里，借此保存了王先生的心血之作。王毓瑚先生每每提及此事，都十分感慨和动容。这本著作于 20 世纪 80 年代刻印出版，但遗憾的是，这一对挚友都没能亲眼见证铅印的书籍。

四、农盛国昌与农史未来

悠悠华夏，以农为本。中国农业历史研究历经百年，取得了举世瞩目的成就，涌现了一大批农史学家。农盛则国昌，农业文明为中华文化的孕育提供了植根沃土，无论是古代、近代抑或将来，农业都是一个国家大踏步前进的动力和底气。在当下的现代化潮流中，农史研究是否也遭遇了前所未有的挑战呢？农史学科未来的发展方向又将走向何处？

王思明教授： 首先，中国农业历史研究已经有百余年的历史，一般文献资料工作的梳理、专题和专门史的研究已经较为深入和完善。最近这些年我们把精力放在综合史的研究、农业文化遗产保护的研究、中外农业交流的研究等方面。在综合史的研究方面，我们更侧重于把政治、技术、经济、文化等多方面的因素融为一体，单独地从某一方面看历史，往往只能看到一个局部，很难获得一个整体的发展概念，所以应该从不同的角度进行综合研究。其次，现在国家越来越关注农业文化遗产保护的研究，前面已经讲到，住建部、文化部、农业部、水利部、林业局等不同的系统都在做相关工作。所以可以看出，文化遗产是人类物质、精神财富的总和，很多部门都在关注这些问题，但是没有一个部门可以包打天下，而我们学者跟行政管理部门不同，我们的研究不受条条框框局限。我们从学理上提出了农业文化遗产保护的概念，是以人类农事活动为对象，集经济、社会、文化为一体的，物质的和非物质的综合体系，所以我把农业文化遗产分为十个大类，基本上包括了所有类型的农业文化遗产。应该说这是我们团队研究理论上的创新，在国内首次提出农业文化遗产新的概念。最后，农史研究要想获得社会的高度认可或者更大的关注，关起门来做学问是不行的，做的研究孤芳自赏、自说自话是没有前途的，它的价值和意义应该在于让社会大众知晓，并与他们自身的经济、文化发展有密切联系，这样才能获得发展的动力，才能够得到社会的认可。

这些年我们比较关注农业历史研究如何在当代的社会文化发展中发挥更加积极的作用。中国现代化建设的短板在农业和农村，没有农业的现代化就没有国家的现代化，没有农村的现代化就没有全国的现代化。乡村振兴的"二十个字"总要求第一条就是产业振兴。产业振兴是基础，如何实现产业振兴呢？靠高投资、高技术的发展是不太现实的，因为农村本身缺乏技术、缺乏资本。所以要转换思路，尽可能依托历史文化资源，而地理标志产品就是很好的资源。一方水土养育一方人，动员并利用好经过千百年积累传承的地理标志文化和产品，来助推农民致富、农村发展。例如我们与北京电视台合作专门推出了54集的大型电视栏目《解码中华地标》，发布中国第一部《中国地理标志品牌发展》蓝皮书，还将推出第二本、第三本。我们还计划与农业部优质农产品开发服务协会和中华社会文化发展基金会合作举办"中华地标品牌国际推荐会"，为中华地标走向世界做一点实实在在的工作。

除此之外，2018 年我们与江苏新华日报集团和江苏省住房和城乡建设厅合作，建立"特色田园乡村协同创新中心"，也是想致力于农业历史文化研究服务乡村社会，共联合举办过三次相关学术研讨会。

2014 年，大运河成功入选世界文化遗产，目前运河沿线 8个省市都在积极推进运河文化带建设。江苏省委省政府高度重视，成立了大运河文化带建设研究院。我们通过积极争取，在南京农业大学建立了"大运河文化带建设研究院农业文明分院"，希望通过对运河农耕文明的调查研究，助推运河文化带建设。

另外，中华农业文明研究院一直在推动一个学术基础工程，即农史学术资源的数字化。我们现在的学术研究不断纵深发展，原来那种完全依托历史文献，靠个人奋斗的研究方式已经越来越不适应现实发展的需要。以前我们是处于资料短缺的时代，而现在是知识爆炸的年代，任何人也不可能掌握所有的资料和知识，更重要的是学会搜集想要的资料，进而高效地去利用这些资料。信息科技的手段就可以弥补个人这方面的不足。近些年，我们充分利用科学技术部、农业部的专项经费，从事农史资料数据库的建设，包括明清方志农业数据库和民国农业数据库的建设，希望通过信息技术尽可能把所有相关农史资料数字化，给农史研究者提供更多的便利。另一方面也希望可以通过数字化的挖掘和数量化的分析，看到原来我们所忽略或者说不容易注意到的一些现象和问题。比如通过对比作物出现的频率、分布的地区，以研究作物传播的路径、分布的区域、作物的相对重要性、作物生产的结构和历史变迁等，这些课题都是很有学术价值和现实意义的。

如前所述，我的三位导师对我的学术成长有相当深刻的影响。不只是说他们到底给我传授了多少知识和技能，更重要的是他们开阔了我的学术视野，教会我怎样去分析问题和思考问题。例如周先生曾经提出"三位一体"的发展理念，他说科研上如果要有所突破和建树，首先要有一个团队和机构长期在这方面耕耘，所以他在民国时期就自己出资建立天则昆虫研究所。其次，研究内容要发表，并形成一定学术影响。因此还要有学术交流和发布的平台，这也是他陆续创办《趣味的昆虫》《昆虫学研究集刊》《昆虫分类学报》的重要原因。最后，科研成果要想获得社会支持，不能脱离大众的理解。所以还应该做一些科学传播和推广的工作，这也是他创办西北农林科技大学昆虫博物馆和浙江宁波周尧昆虫博物馆的主要考虑因素。

受周先生启发，我对研究院的发展提出"五位一体"的发展战略。

一是农史科学研究中心。希望将研究院建设成为国内领先、国际知名的农业历史文化科学研究中心，以及农史研究创新成果的产出地，依托单位就是中华农业文明研究院，包括教育部区域和国别研究基地"南京农业大学美洲研究中心"、江苏省高校哲学社会科学重点研究基地"中国农业历史研究中心"，与中华社会文化发展基金会合作共建的"中国地标文化研究中心"，与江苏省住房和城乡建设厅、新华日报集团合作共建的"特色田园乡村协同创新中心"。

二是农史人才培养中心。团队和机构的可持续发展不仅仅是依靠科学研究，团队的稳定和新鲜血液的输送还需要有人才支撑。人才培养中心不光为自己团队，也是为全国性事业的发展输送专业人才。人才培养中心分三个层次：第一层是高水平的研究人员、访问学者、博士后；第二层是培养科技史博士、硕士研究生；第三层是科技史或农业史的通识教育。科技史文理交叉的学科性质使得它成为沟通自然科学和人文学科的理想桥梁，期望在通识教育中发挥重要作用。通过我们的积极努力，目前南京农业大学已经将"世界农业文明史"列入全校6至8门通识教育核心课程之一，必将对学科长远发展产生深远的影响。

三是农史信息资源中心。做科学研究必须要依托一定的资源，包括古籍、图书等，现在除了文献资料外，还包括有文物、音像、数据库等。近年来，我们在原农业古籍书库和方志农业资料库的基础上，又陆续建立了民国农业资料库、农业文化遗产数据库，并在日本北海道农业研究会前会长牛山敬二先生无偿捐赠4000册日本农业图书的基础上建立了牛山敬二文库，成为中国研究日本农史的资料中心。

四是农史学术交流中心。我们应该把国内外相关学术力量联合起来，形成学术事业共同体。目前挂靠中华农业文明研究院的学术组织有：中国科学技术史学会农学史专业委员会、中国农业历史学会畜牧兽医史专业委员会、江苏省农史研究会、江苏农业文化遗产学会、江苏茶叶历史文化学会。除学术组织外，研究院还主办有《中国农史》杂志，该刊创办于1981年，长期入列 CSSCI 等国内三大人文社会科学核心期刊方阵。这些学术组织和学术刊物是研究院学术交流的重要平台，对学科长远发展有着重要的影响。

五是农业历史文化传播展示中心。农业历史文化的价值主要在于它的社会影响，文化遗产的保护与传承需要靠社会大众的共同努力。为了让更多的人认识和关注农业文化遗产，需要在传播展示方面做大量的工作。这些年我们陆续建设了农业历史文化专题网站"中华农业文明网"和中国高校第一个"中华农业文明博物馆"，对大学生和社会大众进行爱国主义教育和知农爱农的教育，博物馆先后被评为国家科普教育基地、江苏省爱国主义教育基地，并荣获教育部高校校园文化建设优秀成果二等奖。2019—2020学年下学期开学之际，中国农业文化遗产的巡回展首站就设在了博物馆，对社会开放。

总之，长期以来，中华农业文明研究院主要是围绕这五大中心建设来开展工作。为顺利实现这一目标，十多年前我们就启动了中华农业文明研究院文库，下设四个系列，即《中国近现代农业史丛书》《中国作物史丛书》《农业文化遗产丛书》《中外农业交流丛书》，目前已出版相关著作50余种，在学术界和社会上产生了广泛的影响。

百年农史研究与农史学家的现实关怀，回答了农史研究有什么用的问题。农史研究历经百年，经过系统地古农书搜集、整理、出版，以及拓宽农史研究领域，并完成了学科体系的建设，但对现实社会能够发挥多大作用，怎样发挥作用，还需要一代代农史人接力探索。

曹幸穗教授： 自我的导师引领我进入农史研究的那一刻起，我便理解了我们领域的未来方向。他认为，我国的农史研究大致可划分为三个阶段：第一阶段，主要聚焦基本农史资料的收集与整理，涵盖了从抄写方志、整理古代农书到编辑农史资料的各种工作。第二阶段，注重基本的历史过程研究，如编纂通史、专题史或地方史等。据我导师所说，他们那一代人的研究已经触及了这一阶段。若我们现在再试图撰写《中国农业通史》或《中国农业科技史》，无疑是多此一举，因为先辈们已经将此方面的课题研究进行得相当透彻。第三阶段则是我们这一代学者的责任，那就是要将农史研究与现实相结合，真正挖掘农史的价值，并探寻其在现代的应用。这涉及如何发现农史的文化和科学价值，以及如何借鉴和运用这些价值，以期使农业历史对现实产生实际影响。当我撰写博士论文时，导师告诫我，如果试图在农业科技史领域超越他们那一代，那简直是痴心妄想。因为那一代的学者们已经对此进行了深入研究。然而，农业科技史的实际应用价值是什么。这是由我们这一代来决策的。因此，我在博士论文中提出了农村产业的规模效应，旨在关注现实问题，并发掘农业科技的实际价值。在我的导师富有远见的指引下，我的研究获得了明确的方向。

自从被调往北京工作后，我一直秉承李先生的教导，坚持农业研究务实应用的理念。在这个理念的指引下，我参与了诸多重要项目，其中最为显著的便是利用我们在农业史领域的专业知识，为国家草拟了免征农业税的建议书。我们是如何得出这一建议的呢？其实，这是基于对中国及国外历史发展趋势和模式的深入研究。我们发现，当一个国家的经济达到一定阶段后，为了持续健康的经济发展，就必须倾向于支持农业，这是一个普遍适用的经济规律，也是我们研究近代史得出的重要结论。我深信，我有责任将农业历史的知识与我个人的研究结合起来，并以此为中华大地的长远发展提供有益的建议。为了表彰我的贡献，中央统战部在我退休后，还特意邀请我到天安门观礼台参加国庆阅兵典礼。对此我深感荣幸。

我们的另一项重要贡献是成功倡导设立"中国农民丰收节"。自 2018 年开始，每年农历秋分都被定为"中国农民丰收节"。该提议自我草拟之后，得到了全国人大数十名代表的支持，并随后提交至中央。这个节日的意义不仅仅是庆祝农民的辛勤劳作，更是传承中华农业文明的象征。我们的报告深入探讨了中国历史上不同王朝丰收的庆祝方式和祭祀活动。中央看到这一提议后，认为它对于继承中华农业文明至关重要，因此迅速回复并立即予以批准。这充分展现了将农业知识与实际应用相结合，从而更好地为国家发展贡献智慧。

再者，我们正在推进的乡村振兴策略也深受重视。在这其中，我们提倡应保留并传承乡村的历史与传统，如乡村习俗、传统环境和生产方式。我们明确指出，在乡村建设中，哪些传统元素应当被保护，哪些可能需做出改变。关于保护和开发农业文化遗产，我是首位向政协提出建议的人。尽管我比其他人更早提出这一观点，但当时出于保密考虑，很多人并不知晓。因此，当后来有人引进外国的农业遗产概念并开始保护中国的农业文化遗产时，他们误以为这是他们的首创。直到他们查询政协档案，才发现早在两年前我们已提交了相似的建议。

文化传承与乡村生活习俗的保护固然重要，但我们更需关注乡村的产业发展。随着许多农村人口选择外出务工，乡村人力资源持续流失，乡村振兴面临挑战。留住人口，关键在于产业的发展，尤其是农业。

然而，现代化农业不仅仅意味着大规模的机械化与智能化。我们应当重视传统农业的价值，探寻其在市场经济中的独特地位。通过发掘各地的地理优势及特有的农作物品种，我们可以生产出市场需求的稀有农产品，从而获得更高的经济回报。例如，传统红米的市场价可能远超普通大米。此外，打造稀有农产品品牌也成为乡村振兴的策略之一。

如何确定并选取这些优质品种？答案在历史中。我们需要深入了解历史上的品种选育过程，以及如何在无化肥和农药的情况下确保农业的持续生产。传统的抗虫、抗病技术，以及有机肥技术，都是值得深入研究并实际应用的领域。目前传统农业中尚有许多未被充分发掘的优良技术，亟待我们探索与完善。例如，我曾指导的一名学生在广州创立了生物农药公司，利用学过的传统农业知识研发新的抗虫中药，取得了显著的成果。农业的未来方向是什么？答案是回归农史，充分发掘其价值，并将其与现代社会的市场经济相结合。农史的优良传统不仅仅是技术应用，还包括文化和政策的传承。若要进一步发展农史研究，必须紧密与现实生活相结合，只有这样，农史研究才会具有更大的影响力和现实性。

对于学者、研究者来说，现实性确实至关重要。如果我们的研究只是沉默地埋藏在学术圈内，那么它的实际意义和影响力就会受到限制。正如刚提到的丰收节，它经过宣传后，迅速得到了国内外的广泛关注，这体现了其影响力和现实性。当研究或项目得到广大群众和政府的认可和支持，其背后的学者和研究者的工作才能得到真正的重视。

农业文化遗产的提案还是很有用的，中央一号文件连续三年都把农业遗产写了上去。2017 年中共中央办公厅、国务院办公厅印发《关于实施中华优秀传统文化传承发展工程的意见》，也强调保护农业文化遗产。所以能够做到这样的现实性，学科的价值就存在了，这样学科发展就有了基础，培养学生的方向也就明确了。我的导师那时候对我讲，我们的前一代以及与我同辈的学生都没有现实关怀，所以他要求我们主动去关怀，要把自己做的研究同现实结合起来。而到了现在，不再是要不要结合现实的问题了，而是要引导到哪个现实主要方向的问题。所以现在我们需要做的是价值利用，而不只是现实关怀。

我到北京后主要从事了三方面的工作。第一是博物馆的业务工作。我参与中国农业博物馆的筹建工作，并担任了 10 年博物馆研究所所长职务。因为中国农业博物馆是一个新建博物馆，需要专家来提供学术知识支撑，包括博物馆的文物建设、博物馆的专题展览以及对博物馆专业人员的培养，所以就把我调过来了。第二是参与了全国政协关于农村发展的调研、提案工作。因为我是农村委员会的委员以及文史委员会的委员，会参与政协关于这两个领域的一些活动。第三是我自己所做的专业研究，总的来说有三个大的课题：首先我用了 10 年时间开展了"满铁"情报调查的课题；其次是文化部文化工程"指南针计划"下设的农业史发展的一个大项目；最后就是《中华大典·农业典》，该项目李根蟠和穆祥桐二位老师也贡献甚巨。在这三个大课题中，我花力气最多的是"满铁"情报资料的目录整理工作。

为什么要整理"满铁"资料呢？在我们国家改革开放以后，很多外国学者提出要来中国查阅"满铁"当年留下来的情报资料。当时国家主管部门需要对这批资料完成基础的鉴定研究，以此判定这批资料能不能对外开放，以及通过什么方式对外开放。教育部在接到这个任务后就到系统里去查询与"满铁"研究相关的学者，后来分别找到四个人：吉林大学的苏崇民教授、南开大学的张华老师以及社科院经济所的朱英贵教授和我，教育部对我们进行了询访，其他人因为种种原因无法接手，结果只有我一个人当时能做这个课题。在社政司与我座谈后，他们希望我能对"满铁"资料的概况做出一个基础的研究，然后答复国家有关部门这批资料能不能对外开放以及如何对外开放。我告知他们"满铁"资料是非常复杂、非常庞大的系统，不是在短期内能做好的。他们询问我所需时间时，我回答"50 个人做 10 年"。处理如此大量的日本遗留在我国的档案资料是一项艰巨的任务。考虑到这些档案的敏感性和对国家的重要性，能够理解为什么它被视为一个紧急的政治任务。此外，作为一个对外开放的国家，当外国学者来我国查找档案时，我们确实应该有一个明确的答复和做法。后来经过商定，由我来承担这项国家指定性社科基金重大项目，分阶段进行整理研究。第一阶段，对现有档案进行初步调查，确保我们了解所拥有的资源。这也为后续的整理工作打下了基础。第二阶段，编写完整的馆藏目录，尽管最初计划 5 年完成，但实际用了 8 年。这也从侧面反映了工作的复杂性和档案数量可能比预期的还要多。第三阶段对资料的深度挖掘和整理，计划编撰一套"满铁"资料选编。尽管这个任务最终没有在我单位完成，但转交给华中师大的徐勇老师也说明了该任务的延续性和重要性。

　　为什么第二个阶段本来计划 5 年时间完成，实际却用了 8 年时间呢？因为是日文资料，所以进展得非常艰难。我们直接录原文都很难，我们的录入员都是高中毕业生，不懂日文，只能看样子来录，录入的质量就有问题，日文区分大小写，还有类似中国的汉字但又不完全是的字非常多。我们曾经想过雇日语系学生，但统计下来我们就要在全国招 300 个，而且只有高年级学生才能离开学校，低年级学生还要上课，我们只能以到北京来实习的名义请高年级学生来工作半年。全国各地的日语系学生进京，吃住就是个难题，因经费有限没有用日语系学生。为什么要用 8 年之久？仅校对就用了两年多时间。目录就有整整 30 卷，共计约 3000 万字。全国共有 30 万份调查报告，每 1 万份调查报告的目录整理为 1 卷，共 30 卷。一份调查报告全部的信息包括题目、调查地、调查年、印刷单位等全录完需要 50 字，50 字乘以 1 万条，那就有 50 万字，30 卷就是上千万字。这份目录校对完毕后，上海东方出版社就将其正式出版了。

在项目的第三阶段，单位不再支持我继续进行的原因是这项工作并不属于农业部的主要任务，而是文化部的责任。我作为博物馆的所长，应该主要专注于博物馆的建设和管理。然而，我每年都投入大量的人力和资源来整理"满铁"资料。考虑到这些情况，领导建议我将这项任务转交给其他更合适的单位，让我能够全心投入我的专业工作中。经过两年的暂停，这个项目最终被交给了徐勇教授及其团队。他们目前正在进行资料的整理工作，首先计划出版一套农村调查全集，预计共有 106 卷，大约 1 亿字。

简言之，"满铁"的资料蕴含丰富的学术价值。以我为例，从一千多份调查报告中仅选取了八份就完成了我的博士论文。但是，目前对"满铁"资料的研究还很有限，这主要受到两方面的制约：一是国家并未给予这些资料足够的研究重视；二是所有资料都是用日文写成的，因此要对其进行深入研究，首要条件是必须精通日文。但在我国，大学中提供日文教育的机构并不多，因此精通日文的人才相对稀缺。即使有些人学好了日文，他们往往也不愿意从事这种研究工作，因为这种研究既枯燥，收入又有限，同时也缺乏社会的关注和认可。

如果说现实关怀是农史学科发展的战略方向，那么对于农业社会史的研究就是战术层面的把握。在20世纪90年代，社会史异军突起，兴起了一股研究潮流，人们惊讶地发现除了王侯将相，底层的百姓也有一片自己的天空。农史未来的研究应当关注经济与社会发展中的重大问题，将历史与现实问题的研究结合起来，充分发挥学科交叉的优势。

曹树基教授：谈到农史学科未来的发展方向，我们可以从《中国农史》中找到一些痕迹。大约在20世纪90年代，《中国农史》越来越偏重农村经济史和农村社会史，改变了中国农业遗产研究室以农业科技史为主的研究方向。

过去，中国农业遗产研究室有学者专门研究古农书、农田水利、花卉、耕作制度，以及新作物的引入等，此外，还有人研究中国畜牧史，甚至兽医史。一些很专门的农学领域鲜有人研究，中国农业史越来越"外史"化了。我们的老师一辈，接受的农学教育是系统且完整的，他们以前是农学家，四五十岁时才转到农史研究领域。因此，他们的研究方向就是自己原有的研究领域：花卉学家研究花卉史，水稻专家研究水稻史，畜牧专家研究畜牧史，兽医专家研究兽医史。他们将各学科的研究方法带入农业史，形成了"内史"式的研究路径。这一代导师凋零之后，中国农史就开始转向了。我们能够理解这一转变，但是，如果从跨学科角度讲，我还是想提出一些想法。

例如，我们的大学是不是可以在课程设置上实现跨学科或学科的融合，具体来讲，是不是可以要求硕士研究生选修的若干门课程至少是跨越一个一级学科或二级学科的。如农学、地理学、生物学等一级学科，如流行病学、会计学等二级学科，都是可以跨越的学科。我相信跨学科的培养方式，对未来的学者将产生深远的影响，潜移默化地推动学术的发展。

望得见山、看得见水、记得住乡愁，农业文化遗产是农村优秀传统文化的重要组成部分。当前，我国农业的发展已经出现了一些新的趋势，有机农业、景观农业、品味农业应运而生，人们更注重农业的品质，这些看似新生的事物，在古代传统农业中已有实践。我国拥有悠久灿烂的农耕文明，农民在长期的生产实践中创造了丰富的农业文化遗产。这需要我们以现实关怀的视角，挖掘古代丰富的农业遗产。

王建革教授：我从 1985 年进入中国农业遗产研究室学习到现在，从事农业史研究已经有三十五载，关于农史学科将来的发展有几点不成熟的体会，可以跟大家分享一下。

首先，就整个历史学科而言，前人研究是我们开展研究的基础，每一篇学术论文，每一本学术著作，都需要写上相关研究综述，这是基本的学术要求，农业史学科自然也不例外。中国农业遗产研究室的前辈们在古农书、农业科技史、水利技术史等方面留下了一堆丰富且扎实的学术遗产，这些是我们开展下一步研究工作的基础，基础绝对不能丢。所以传统的农业史学问必须要继承，继承才是第一位。

其次，相较于综合类院校，农业大学具有较强的服务社会现实需求的功能。大部分的史学工作人员对社会现实认识得都不够深，就很容易出现与社会现实脱节的情况。但是，农史学科的学术训练能够让学生很快地抓住这一点。萧正洪、曹树基、王利华等人能在综合类院校很快做出相应的学术成就，与他们接受了农业史专业的基础知识有关，毕竟农业大学的基础学术训练就是要抓住中国这个农业大国中普罗大众的现实需求。大家都知道，国家社会科学基金项目一向比较看重服务社会现实类的题目。到目前为止，我一共申请到了两个国家社会科学基金重大项目（2010年"宋代以来长江三角洲环境变迁史研究"获立项；2018年"9—20世纪长江中下游地区水文环境对运河及圩田体系的影响"获立项），以及一个国家哲学社会科学成果文库项目（2016年出版《江南环境史研究》），也与中国农业遗产研究室的这种学术训练和知识储备是分不开的。

当前，我国农业的发展已经出现了一些新的发展态势，有机农业、品味农业、景观农业正在逐渐展现出越来越大的发展空间，这应当能启示我们寻找新的研究方向。

社会一直在进步，我国的农业也必然会从化学农业跨入有机农业的阶段。虽然我们农业史的研究对象是传统农业，但是中国历来都是农业大国，农业发展的历史很悠久，有机农业的萌芽在传统农业中能找到不少的材料，农业史研究中的生物防治、有机肥、农业经营模式等都是当代有机农业可以借鉴且应当借鉴的内容。我们经常感叹日本有机农业很发达，但是他们研究中国古农书的学风很热切，从中汲取了不少传统农业的智慧。当前我国已经出现了有机农业的经营模式，怎样利用我们传统农业的历史来为当前社会服务是我们应当留意的一个方面。

近些年，我开始关注到品味农业的情况，在不同的场合也多次提到江南生态史中非常重要的品味与环境的问题。品味分化与消费分层，以前我们会觉得这主要是饮食史研究的内容，但是这更应当是农业史研究人员关注的问题。我经常给学生举的例子是法国波尔多地区的葡萄酒，这个地区具有近千年的葡萄酒酿造历史。一流的农业需要长年的坚守与传承，农业加工技术是怎样传承的？当地政府和社会机构应该提供怎样的技术保障？农产品的生成与当地的生态环境又有怎样的关系？我们怎样才能打造出这种具有细腻分化特色的高端产品？我们又怎样从这些先进的农产品地理标志品牌的发展过程中汲取历史智慧来推进我国农业的发展？这些也应当是我们农业史学者重视的问题。

此外，现在国家在大力提倡田园综合体和"两山理论"，希望能够打造出留得住人的村落环境和人居条件，但是我们目前能看到的农业景观仍然是单一的、残缺的，在一定程度上甚至是丑陋的。景观农业不仅仅是观光经济的载体，更是我们心灵回归的地方。我们经常感慨农业景观千篇一律，并无美感可言，这种问题应该怎样解决？传统的农业景观是怎样的，又应该怎样营造？早在二三十年前，中国农业遗产研究室的老先生们就已经提出了我们的农业是复杂化的、个性化的、品味化的，农业研究应该具有区域生态特色。我们新一辈的研究人员应该继承中国农业遗产研究室对于生态农业复杂化的认知。当然，景观农业的史料比较难找，但是在古代文人的诗词中还是能看到不少的相关记载。这部分资料是我们农业史研究人员较少去关注的材料，将来应当好好发掘。

南京农业大学地处江南，这一区域农业很有特色和潜力，在全国的农业发展过程中能够担当起先锋模范的示范作用。在当下新时代的阶段，具有近水楼台之利的中国农业遗产研究室的研究人员更应该迎头而上、接续奋斗。

"希望在烧毁'旧事物'的火焰顶上，出现光辉灿烂的'新事物'。"这是泰戈尔的一句名言，守正创新也是许多学人对农史研究的期望。农业稳，天下安。农史的研究既要不断推动中华农耕文明的创造性转化、创新性发展，又要坚守初心，积极探索传承农耕文明的精华与智慧。

吴滔教授：对于农史研究的未来，在我们那个时代已经有了清晰的认识：需要创新，但不可遗弃传统。为什么我现在特别怀念我在南农 20 世纪 90 年代的那些日子？因为我是 2000 年离开南农的，就相当于把整个 20 世纪 90 年代全奉献给了南农。20 世纪 90 年代南农出现了学术转向，有的人转向社会史，也有人转向环境史。但就在这种转向的过程中，其实任何一个学科的研究者都要因应而动，我可以说是在社会史转向之时的一个大胆的尝试者。不过我觉得南农作为一个老牌的学术和研究机构，在转向的过程中要不忘初心，要把老的传统给捡起来。我认为学术无所谓后者对前者的替代，而更多的是希望在创新和传统之间找一个平衡。从我作为一个从业即将 30 年的研究者的角度来看，南农的农史研究其实创新相对容易，而守成难。守成也许恰恰是对于每一个学科和研究领域最困难的，不只是农史，还包括科技史等领域，如果仅是创新很容易把自己的风格也丢掉，而在继承传统前提下的创新才能更好地发挥学科的特点和优势，才能在整个学术界立足。

中山大学在珠海设立校区并创立了一个新的历史系。当时学校给我的任务是发展世界史，但是我总觉得只发展世界史可能还不够，于是就想着要发展科技史。其实在综合性大学的历史学系搞科技史，就是希望能够更多地通过包括农史在内的科技史理论和知识来解答很多学术界关心的重大问题。学术界从 20 世纪 90 年代开始有两个趋向，一方面是越来越融合，但与此同时也有一种越来越细化，甚至碎片化的危险，所以我希望能够把这两者有效地平衡起来，就是说研究科技史和农史首先要研究得细致，但是同时也要回应一些重大的问题。

传统的农史研究在时代的转换中略显劣势，时代感较弱，虽然时代鼓励推陈出新，但前提是夯实基础。诸多农史学者，都会不时地回望来时路，担当作为、开拓进取、创新思路、谋划措施，持之以恒地推进农史研究的各项工作。

刘兴林教授：总的来说，目前农史界的大势和过去相比发生了较大的变化。第一，现在农史界对于古代农史的研究变少了，研究明清农史都算较为久远的。近现代农史研究比较热，对于古代尤其是上古农史研究的重视不够。第二，对农业科技史的研究没有以前那么重视，应该多一些投入。我国劳动人民在长期的生产实践中积累了丰富的农业技术经验，这些经验需要我们去研究，我个人认为古代农业科技史还是有着不错的研究前景和研究意义。第三，这些年，农史界掀起了一股研究农业文化遗产的热潮，我认为对于农业文化遗产的研究是个很好的发展方向，但是要从事农业文化遗产研究，必须立足于历史时期中国传统农业的研究之上，要在充分认识、理解、继承传统农业文化的基础上，再去研究当前的农业文化遗产问题。现在我们所继承保护的农业文化遗产，都是我国传统农业的遗留和积淀。因此我们要重视农业文化遗产的研究，更要加强对传统农业的理解和认识。第四，利用科技手段研究农史是一个有效的途径。早期南农学生写学位论文都要用到农遗室老先生们留下来的"红本"，现在则可以利用方志文献库进行电子检索，更为全面和便捷。利用现代化手段研究农史是年轻人的特长也是应当把握的机遇，这非常重要。第五，我认为我国的农业考古正在走向衰落。20 世纪 80 年代农业考古兴起，至 20 世纪 90 年代农业考古轰轰烈烈，到现在农业考古的研究明显不景气。与之相比，与农业考古密切相关的动物考古、环境考古、植物考古在不停地发展且愈发成熟。从事农业考古的研究者没有及时调整自己的思路，缺少独特的理论和方法体系，使现在的农业考古处于比较尴尬的地位。

农业考古是以考古发现的实物和遗迹、画像等材料来研究农业问题的学科，历史研究也会用到出土材料，如果仅是"发现什么就说明有什么"的一类表述，这样的农业考古与农业历史研究没有什么区别。考古学研究重视发现，更重要的是考古发现的出土环境与背景、考古发现的时空分布，以此反映地区间的类型和传播以及早晚发展变化等问题，而且还要从已知实物中分析出它们的联系、走向和隐含的更多信息。多年来我的考古学研究也是零碎的，但这些零碎的研究大体都在一个系统的框架和思路之下，最后在我的《先秦两汉农业与乡村聚落的考古学研究》中反映出来。我只谈四点研究体会：第一，研究中多从农业的整体性上着眼考虑问题，研究者所面对的一件或一类实物只是反映了整体的一个点或断面。发现了几件铁农具自然可以写篇小论文，但如果把它们作为农具中的一部分，而农具又是农业生产中一个环节中的必需品，这样联系起来问题就大了，也有意义。我把考古发现按"农具—农田—田间管理—作物—储藏和加工—聚落和生活"这样的逻辑关系串联起来，就形成了我的研究体系。第二，用考古发现的工具体系的不断完善来反映农业生产的发展和传统农业的形成。这里说的是体系。大家都说，考古说"有"容易说"无"难，没有发现并不代表原本就没有。有这种可能，但是过去原本就多，现在被我们发现的机会自然就大，发现的数量也多。反过来，今天没有发现或发现较少的，我们无法说它过去原本很多。这样我们就可以根据考古发现来说明事物的发展情况。我梳理了考古发现的夏、商、西周、东周、两汉时期的农具类型，发现从早到晚，能够用工具的演变揭示的生产环节越来越细，考古材料反映的不断细化的农业生产过程正是传统农业形成的过程。如果单分析几种工具的技术要点或发现情况，就很难有这样的认识。第三，从组合的角度看作物的问题。考古学的器物组合概念指的是墓葬或遗迹单位中常常相伴配套出土的一组器物。器物组合有地区（不同文化）和时代（不同时期）上的差异，是研究考古学文化分期断代、交流、融合和发展演变的重要依据。考古出土的作物同样存在组合问题，适用考古学的研究方法。通过对先秦两汉时期的粟、黍、稻、麦、大豆、麻、高粱等七种主要作物遗存资料的收集、梳理，进行作物组合的时空分布与演变的考察，可以比较明显地划分出不同时段的作物区，而且也可以看出同种作物在不同时期的地位变化。第四，按研究目的收集考古材料是最基本的工作，但对考古材料的正确分析也是至关重要的。要注意到材料的时代、出土环境、共存关系等，可以用已知信息推导出未知的信息。

"可不知农、不事农，但不可轻农。"传统农业文明的智慧，在今天看来依旧具有独特的价值，对农史学科未来的走向，一代人有一代人的责任和使命，每位学者都从自身多年研究的体悟出发为我们一一呈现，有现实关怀，有不忘初心，盛邦跃教授高屋建瓴，为我们在方法论上进行了总结。

盛邦跃教授：我就简单地以南农对于研究生的培养和我所接触的具体情况同你们谈几点我的看法。

史料的整理和研究，目前还是我们南农进行学术研究的根基，依靠万国鼎先生给我们留下来的丰厚的资料储备，包括方志、农史资料汇编和续编等。现在我们南农的博士和硕士研究生，包括一些老师做研究的时候，这些文献都是比较宝贵的原始资料。农史研究需要充分挖掘这些原始资料，将前人尚未研究、研究不充分的领域进行一个更深的学术挖掘加以利用。现在南农包平教授的团队利用信息技术对古文献资料进行数字化的处理和利用，这是我们很好的一个学术增长点和方向。农史古籍资料的数字化是一个很重要的任务，无论是南农还是其他单位都还可以将这点做得更好。现在不少关于农业科技史的研究在向农业文化、农业遗产等各个方向进行拓展，我们讲到农史更多地关注农业历史文化，无论是农林牧副渔的生产，还是食物的加工和使用，甚至于水利工程都放入文化的角度来研究。这些研究出了不少的成果，许多教授和学生都发表了高质量的研究论文。近年来，南农的农史学科在人物史方面做了大量工作，并已经形成了一个研究系列。这其中包括以金善宝、冯泽芳等老一辈农学重要人物为研究对象，作为一条主线加以研究，也是一个非常不错的研究领域。以人物研究写出来的作品，可能大家会更喜欢读，因为有血有肉，更加真实。农史学科内关于学科史的研究也比较多，畜牧、食品、园艺、栽培等分类研究也较全面，这也是一个比较好的研究思路。中外农业科技史的对比、交流方面的研究也较广泛，算是值得深入挖掘的研究方向。

从中国农业遗产研究室发展的角度来看，在万国鼎先生担任农遗室主任期间以及20世纪七八十年代之前，南农对于农史学界的贡献可以说是非常辉煌、非常重要的，得到了国内外学术同仁的认可。中国科学院对科技史学科研究的规划中，南农是农史学科研究的重镇。但是我们南农农史学科在近20年的发展中，缺乏能够引领学科前沿、学术前沿、学科发展的重要成果。一方面可能是因为现在教育的普及，各大高等院校从事研究的人员比较多，农史又是相对小众的学科，比较难出研究大家，不能够一枝独秀，而是百花齐放。农史这一学科的发展需要学术界诸位同仁的共同努力，不仅仅是南农的农史研究学者，其他单位的农史研究学者也需要共同努力。可能我讲得不太正确，我认为当前农史学科的相关研究有一些泛化，研究的主题不够聚焦，我们可能被文化这个概念所耽误了。如果任何学术目标都进入文化这个领域进行研究的话，就很难更加深入。

我认为学科研究有四个方面的转向，可能不一定准确，在这里提供一个思路给大家参考。

第一是农史的研究是不是需要由古代、近代向现当代转移。农业历史的发展是一个极其缓慢的过程，在地理大发现以前，世界各地的农业虽有发展变化，但都受科技的制约。古代和近代的东西由于研究的人比较多，挖掘起来就比较困难。工业革命特别是绿色革命以后，无论是中国农业还是世界农业都发生了翻天覆地的变化。现在我们农史学科的研究是否要关注一下新中国成立以后，农业、农村、农民的具体变迁。现代科技的发展日新月异，这些科技对社会的改变是非常巨大的，对农业生产的影响是各种各样的。如果说汉、唐、宋代的农业对现在农业的发展到底有多少影响，对未来有多少的指导意义，很难讲清楚，更多的是一种理念上的指导和哲学层面的启示。新中国成立以来的70多年，农业、农村、农民的发展日新月异，这些发展的借鉴意义可能相对于古代来说更大。比如国家"十四五"规划，一些重要农业政策的制定可以更好地借鉴新中国成立以来的发展，也就是要研究传统农业向现代农业转型的时期，讲清楚新中国成立70余年以来的农业、农村、农民的变化。我是1959年出生的，之前的农业生产是怎么样的我不太清楚，但是我有记忆后农业生产如何组织，水利如何兴修，所有权如何变化，比如人民公社、家庭联产承包责任制以及现代的适度规模经营，这样一个发展变化的过程，对我们现在和未来来说是非常具有借鉴意义的。所以我就思考我们的研究是不是由古代、近代向现当代进行转移。

第二是农史学科的研究应该综合化。要多学科、多视角、多维度来进行农史研究，农业科技的发展离不开政策，离不开社会背景，离不开经济条件。优势学科的研究很容易就与社会学、政治学、经济学、政策学、制度学等相关研究交叉，甚至包括现在经常提到的信息技术和大数据学科。我们要通过多学科、跨领域对农业科学技术史进行研究，才能更客观、更全面地看待问题。新中国成立以后各种农用机械的推广和使用，与国家社会经济发展、农业政策制定、农业技术推广等密不可分，比如从前使用牛耕和水车，现在使用各种联合收获机和拖拉机。离开大的社会环境，很难说明一种科学技术的进步与发展。但是要避免研究噱头化，要聚焦研究，具备现实意义。

第三是农业科学技术史研究向应用化转移。历史研究不能单纯地强调实用主义，这不可取。基础的理论研究和方法论研究必不可少，但是农业历史研究如果只强调这些，很可能就会陷入研究的死胡同。尽量地把挖掘出来的思想、政策、经验与社会发展结合起来，关于农业科技的相关研究，特别是现当代的研究能否形成报告，给政府和社会提供一些借鉴，为农业科技的推广、发展提供一些经验。博士论文的选题、相关学者的研究方向，也应注意要服务于社会的需要、服务于国家战略的需要。

第四是农史研究要国际化。一方面要把中国历史时期以及现当代的一些技术经验和研究成果介绍给世界，联合一些国外的学者共同研究中国问题；另一方面我们要主动去研究国外农业历史发展的趋势。卢勇、闵祥鹏教授都是从剑桥访学归来的青年才俊，对于学术研究者需要有国际化视野的认识应该更加深刻。中国农业科学技术史是世界农业科学技术史的一部分，我们的研究不能闭门造车。中国农科院院长翟虎渠曾经说过，我国早些年科学技术与国外的差距是非常大的，但是农业科学技术与国外发达国家相比，差距是比较小的。当代农业科学技术史就是世界农业科学技术史，国际化的协同研究可能是一个趋势。

农史研究历经百年，自清末民初高润生氏首倡古农学研究，经过数代人的努力，农业历史学已经成为一门比较成熟的学科，群体愈加壮大，成果也愈加丰硕，农史研究旨在鉴古知今、继承创新。守望农史学，我们也需回顾来时路，樊志民教授呼吁开辟"中国农业史学史"研究领域，明晰过往，方能阔步前行。

樊志民教授：清末民初高润生氏首倡古农学研究，大概仍属个别先贤的自发行为。高等院校研究机构之设置与学者之聚集，于近代科学体制化功莫大焉。百余年农史研究的可持续发展，见证了数代学人艰苦奋斗、薪火相传的历史。作为有着一定时间与学术积累的传统特色学科，经常回头看看自己走过的路径，开展本学科发展史的研究大有必要。这有利于我们总结经验与教训，进一步增强学术理性。中华农业文明研究院举办的"农史学科发展论坛"开了一个好头，借此在"倡行农业史学史研究"（这是我十数年前提议的）的背景下，进行"百年农史访谈"，以更多、更好地展现与表达农史界既有成就与美好前程。

若以二十多年为代际周期计，我们的农业历史研究事业已经发展到第四、第五代了。我们每个人所处的代际或有差异，但是必须持有"敬前畏后"的良好心态。创立农史学科的老前辈，大多具有深厚的新、旧学养。他们幼温国学、长习科技，兼事之能超迈前后。这种兼事之能是 20 世纪初中国学者的显著特色之一，也是许多交叉学科（包括我们的农史学科）能在彼时得以创立的重要契机。这种兼事之能，对于我们这些接受现代科技与教育的农史后学而言就可望而不可即了。另外，学术发展的一般规律总是前修未密、后出转精，后学所具有的继承性、时代性是他们能超迈前贤，多有创获的重要原因。承上启下，或是每一代学人应有的、比较客观准确的认识与定位。

"东万""西石""北王""南梁"是中国农史学科的奠基人。由他们开始了农业遗产的搜求与整理工作，肇基之功居先。他们继承清儒朴学成法，发挥现代科技优长，开辟了农业历史文献整理新境界。而新旧之学的综合运用，标志着农业历史文献的整理与研究进入精准与科学层次。当时西北农大与华南农大是沿着古农书征集的路径前行，典藏数万册线装古籍，在农林院校蔚为大观；南京农大则遍访全国地方志，抄录农史资料，以数千万言的《先农集成》（"红本"）为特色。而中国农大王毓瑚先生撰著《中国农学书录》，著录题解基本农史文献，成为研究中国农业史的必备之书。没有这些清苦的、非功利性的、基础性的清家底工作，我们后来的农史研究很难开展与进行。

"文化大革命"时期的大环境，使学术研究领域受限。但是仍有一批志士仁人矢志不渝地钟情于农史事业，毅然前行。这一时期，在马克思主义辩证法与唯物史观的指导下，聚焦研究要点，对于事涉"三农"的农民战争、土地制度、农业科技、生产关系研究等多有推进与创获。以这一代人为中坚撰著的《中国农业科学技术史稿》《中国农业百科全书·农史卷》，至今仍是农史界的标志性学术成果。

改革开放以来，农史学科建设成果斐然。在农业通史、断代农业史、民族与地区农牧史、世界农业史、中外农业交流史、农业考古、农业历史文化遗产的调查与研究等领域都有比较深入、精专的学术研究课题与学术成果推出。在人才培养方面，各农史机构都申报了科学技术史、专门史、农业与农村社会发展的学位授权点，培养输送了大批农史高端人才，构成了当今农史学术队伍的主体。但是乐观与忧虑并存。目前在高校校院两级管理体制下，各专门农史机构都出现了虚体化趋势，不利于人才的聚集与团队的形成；学术研究出现个体化、分散化、碎片化倾向，每个人都热衷于自己感兴趣的领域与问题，协同、合作精神不足，一部《中国农业通史》若干年还未编排出版；在自然科学研究方法与西学理论的借鉴与运用上出现了偏颇，缺乏具有学科特点的自主的、中国化的表达。

随着新兴产业的日益发展，全球化浪潮汹涌而至，农史学科面临着学科点"断崖式"撤销、学科体系断裂、政策瓶颈制约等困局，面对学科发展困境，农史研究如何抓住机遇，应对现代化和全球化的新形势，成为摆在农史学人面前的一道难题，作为华南农业大学科学技术史学科带头人的倪根金教授也在思考解题之法。

倪根金教授：随着社会主义市场经济的建立和新世纪的到来，作为弱势学科的农史研究的未来发展无疑充满了挑战与机遇，我们应该克服困难，抓住机遇，群策群力，努力将农史事业推向一个新的发展阶段。

首先，通过"外引内联"壮大农史队伍。所谓"外引"即利用广东的地缘优势，加快引进本学科的高学历、高层次人才。"内联"即联络、组织校内社科专业中对农史感兴趣并有一定基础的同志，形成一支农史的编外队伍。同时，鼓励现有人员在职攻读更高学位、出国做访问学者。使农史基干队伍的结构与素质得以完善和提高，建立起一支更加年富力强、知识结构合理、学历职称较高的农史研究队伍。

其次，加强科学研究。一是要解放思想，广泛争取科研课题。通过联合、调整研究方向，争取国家课题；同时，努力争取横向合作课题，在服务社会的同时，弥补纯学术研究经费不足的问题；此外，还要积极参与国际合作课题研究。二是要根据社会发展需要和本专业原有基础，适当调整研究力量，形成重点突出、特色鲜明的研究领域和方向。力争在古农书整理与研究、广东农业史、植物与花卉史、生态变迁与环境保护史、农业考古等方面形成自己的研究特色和优势。三是要更新研究手段，尽量运用信息技术、数据库等现代科技手段开展农史研究，提高研究效率和质量。四是要进一步加强与国内外科研机构的学术交流与合作，提升合作档次，建立起稳定的合作关系。

再次，加强农史教学工作。一是扩大研究生招生规模，通过建立高素质的导师队伍和各方面的改进，吸引更多高素质学生报考，并提高研究生培养质量及其适应能力。二是通过教材建设、多媒体改造，促进"中国农业科技史""科学技术史"等公共选修课的教学效果提高，在学生中普及农史知识和扩大农史学科的影响。

最后，改造农史书库。加大新书的采购量，做到有重点、有计划、有选择；加强有关光盘版图书的购置，确保农史资料的齐全和在国内的藏书地位；对书库进行信息化、数智化改造，逐步做到电脑检索，善本古籍制成光盘保护，资料上网等。

中国农业的可持续发展，既资生民衣食之源，又奠文明

不坠之基。对于中国农史的未来发展方向，来自陕西师范大学的王社教教授为我们提供了一个新的思路，即"历史农业地理学"。它是一门糅合了历史学、农学、地理学，甚至包括经济学在内的多领域学科，需要更为精深的学科背景知识以及学科间的融会贯通能力，而这一学科概念的提出者是史念海先生。

王社教教授：史念海先生是中国历史地理学科三大奠基人之一，与谭其骧、侯仁之齐名。历史农业地理这一概念就是史先生首先提出来的。1982 年，史先生带领团队在承担《中华人民共和国国家历史地图集》历史农牧图组的编绘工作过程中，首次提出了历史农业地理的概念，他认为为了减少纰缪的出现，在绘制农牧地图之前，应该先写出相应的论文，然后再根据论文的论证制图，特别是农业部分，更应该如此。同时，对于历史农业地理的学科归属问题，史先生也做出了阐释，认为其应该属于历史经济地理的组成部分。因为讲到中国古代的经济，就不能不提到农业，如果将历史农业地理和历史经济地理并列，则会导致二者之间出现研究对象重复的情况。因此，史先生将其划归历史经济地理范围内。

自 20 世纪 80 年代史念海先生首次正式提出历史农业地理学这一学科概念后，从事历史农业地理学研究的队伍越来越大，有关区域性的、专题性的、断代性的历史农业地理研究成果层出不穷，呈现一片繁荣景象。由于历史农业地理学研究的是历史时期的农业地理现象或景观，它所研究的具体内容与现代农业地理学也就不尽相同。概括地说，主要包括以下几个方面：第一，是人口的增减和垦田的盈缩。历史农业地理的研究，首先必须搞清各个时期人口和垦田的数量变化，这就不仅仅是停留在定性的描述上，而是厘清了量的关系，从而为历史农业地理研究奠定了科学的基础。第二，是农作物的构成及其分布。作物类型的古今变化是非常复杂的。历史农业地理研究的一个重要内容就是探索不同历史时期农作物的构成及其地区分布差异，一方面借此衡量当时当地的农业生产水平和区域特征，另一方面也为该地今后的作物引种和推广提供参考。第三，是农业生产的区域差异。今天的农业生产区域是由历史时期的农业生产区域演化而来的。只有明晰历史时期各区域的农业生产发展特点，才能充分发挥该地的优势和潜力。历史农业地理研究要切切实实地为农业现代化服务，不研究历史时期农业生产的区域差异是很难实现的。

进行历史农业地理的研究，必须坚持马克思主义全面的观点、发展的观点以及具体问题具体分析的观点，既要看到历史农业地理现象产生的所有因素，又要分析其主导方面；既要复原出它在某一历史阶段的情况，又要考察其变化和规律；既不能只见树木，不见森林，否定其普遍性，又不能以偏概全，以点带面，忽视其特殊性。影响农业地理的社会因素时时处于变化之中，这是人人皆知的事实；影响农业地理的自然环境在历史时期也发生过程度不同的变化，也已为历史自然地理的研究成果所证明。研究历史农业地理，对于这两个方面的变化自然都应给予充分的注意。历史农业地理研究的是历史时期的农业现象，这些现象保存至今的微乎其微，大都散见于史籍的记载之中，因而搜集和整理这些历史资料就成为研究历史农业地理的主要手段。同时，与其他自然学科不同，农业是一个自然再生产和经济再生产紧密结合的过程，历史农业地理学由于其研究对象的特殊性，成为一门综合性非常强的学科，与历史学、地理学、经济学、农学都有很大的关联。如果历史农业地理学的研究者不懂得地理学、经济学、农学等学科的一些规律和原理，也就无法解决具体研究过程中出现的一些问题。因此，一切有关历史学、地理学、经济学、农学以及历史地理学的研究方法都需要我们去学习、去掌握。

"稻花香里说丰年，听取蛙声一片。"最好的保护，是传承，是发展。随着"中国农民丰收节"的设立，农业文化遗产成为时下热门的话题，我们应该怎样看待当前农史研究与农业文化遗产之间的关系？

王社教教授：我认为农业文化遗产还是很有价值的。除了现实价值，从遗产保护或者从文献资料保护方面来说同样具有价值。农业文化遗产现在被广泛提倡以及传承保护，各个地方也很重视。那农业文化遗产到底包括哪些呢？我认为涵盖了两个方面：一是古代的农业文化遗产。无论是物质的还是非物质的文化遗产，我们都应该通过发掘、收集的方式将其集中到一起，建设博物馆，划分不同展厅，用来进行展示、分析和保护。二是近代以来的农业文化遗产。无论是技术还是制度方面，都应该得到足够的重视。在过去的农史研究中，大家对于前近代时期的农业非常关注，但是对近代以来的农业，则关注甚少，虽然现在有很多人在做这方面的研究，甚至南农已经出版了很多的相关著作，但我感觉关注度还是不够高。尤其是进入 21 世纪之后，整个农业的技术和生产方式发生了天翻地覆的变化，需要我们整理和挖掘。

那么我们研究农业文化遗产又能起到怎样的作用呢？一方面，我们可以把科学的研究成果展示出来，从而正确引导社会舆论。我们不能让社会上所谓的"民科"占尽舆论阵地而影响政府的决策，作为科研人员我们必须肩负起这样的责任。另一方面，我们可以利用这样的机会，把我们学术本身在学理中存在的缺陷好好厘清，从而更好地为今后的学术研究奠定基础。

五、门墙桃李，奖掖后学

"一定要把前辈们开创的农史事业传承下去。"这是农史研究者共同的心声。然而，这条路越来越难走。作为一门小众学科，农史逐渐成了"冷门"。在谈到农史学科面临的挑战时，各位学者都表达了对未来的隐忧。在农学一隅的农史专业，毅然选择这条路的年轻人越来越少，但萧正洪教授仍旧鼓励年轻人切不要妄自菲薄。

萧正洪教授：这确实是个值得深入探讨的话题。离开农遗室后，我在陕西师范大学历史系承担了教学和研究工作，在此期间还涉足了一段学术行政管理。坦白讲，我发现行政工作确实消耗了大量的时间和精力。在学术研究上，虽然我的重点更偏向于历史地理学，但我始终对历史中的农村、农业和农民问题保持着浓厚的兴趣。这种兴趣可以说是种情怀，是多年来一直未曾改变的热忱。这也反映出农遗室在当年对我们进行的培养是多么有影响力。基于我个人的经历和情感，我愿意就此分享一些看法。

农史研究面临的最大挑战显然是专业人才的短缺。目前在人才培养方面，我们确实面临困境。这种情况的出现并不完全是我们自己的问题，很多时候，我们需要从更大的背景如高校的学科评价制度和社会对人力资源的需求来审视。但在这样的大环境下，我们是否就应该随波逐流，无所作为呢？答案当然是否定的。我们应有信心，尤其是回顾农遗室过去的贡献。

三十年前，我们学习农史更多是出于纯粹的兴趣，而非功利。那时，学生群体背景多样，既有文史背景，也有农科背景，有不少本来是学文史的学生，他们也没有多少农业科学的基础，而那些原来学农科的，对于历史学的理论与方法也较为生疏。但大家共同的特点是对研究的高涨热情，取长补短，共同进步。我们常常受到两方面的批评，不过这种批评也成为我们不断完善的动力。现今的情况则更为复杂，南农现在招收农史方向的研究生，有历史学背景的人相对较少，许多学生对农史研究似乎缺乏足够的兴趣，而学校在招生方面的宣传似乎也不尽人意。不过，换个角度看，农史研究领域的边界已经开始变得模糊，许多其他学科的研究者开始涉足农业历史的领域，这无疑是一个好的迹象。虽然他们可能缺乏农科背景，但这种交叉研究无疑会为农史研究带来新的思路。值得一提的是，过去的农遗室学生在大学教学工作中，经常展现出卓越的才华和创新思维，他们在学术界的声誉也相当高，这也说明我们在人才培养上有独到之处。我们需要珍惜和弘扬这些优势，而不是自怨自艾。这些经验和成果，我们应该与下一代学生分享。

那么，眼下有哪些事情是可以做的？一是梳理、总结并重视学术传统。我们原本有非常好的学术传统，然而多年来并没有得到很好的梳理和总结。这本来是一个重要的资源，因为它可以帮助青年学子增强自信，更好地提升能力。现在有"百年农史"活动这个历史性的机会，可以在这方面做些事情。梳理与总结自是一个方面，而平常则需要将学术传统渗入培养过程之中。建议将农遗室成立以来历年重要的经典著述编为若干系列，制作为电子版，学生一入学即定为必读书，要求必须读到某个程度才可以进入论文开题阶段。我在陕西师范大学就提出过这个想法。我说，陕西师范大学历史地理学专业的研究生，包括硕士生和博士生，应当通读《史念海全集》，因为它是这所学校历史地理学学术传统的经典体现。一所好的大学或者一门好的学科通常有学术的传承，它构成了这所学校的优质资源。这个道理具有普适性。

二是需要进一步拓展学术视野。现今农史研究的视野具有拓展与狭隘化并存的特点。这个貌似矛盾的说法，是基于学术关注点而言的。前者是指国际化，这个关注点非常好。但是，我不能确定，当今农史专业的研究生是不是有一些自我封闭的倾向，因为感觉他们同农史以外的史学界的交流似不如以前。此外，还有一个表现是研究兴趣与问题意识较为狭窄。从纵向来说，有一个较为突出的现象，即越来越多的青年学子不做唐宋以前的研究了。可能是有些学生在文献阅读方面有困难，干脆就不再关心时代较早的问题了。但是农业发展是文明整体进程中极为重要的部分，它是一个完整的过程，不知其源，何以知其流？可以将最近二十年农史研究的选题范围看一下，似乎学生们较少关注文明发展早期相关的问题。从横向看，学生们在理论思维与方法掌握方面，似乎也缺少努力拓展的热情。人类学、社会学、经济学、政治学等，在现代的农史研究中，都是不可或缺的理论，而计量分析、比较研究等方法也是极其重要的。这些都不能被认为是农史以外的学问，它们其实正是现代农史研究内在的要素。换言之，没有这些学科的理论与方法，农史研究会陷入困境的。如果我们对于人类学、社会学、经济学等有着足够深刻的理解，在选题与研究中，就能够真正知道什么是重大的问题，如何才能予以具有现代情怀的解释，而不是停留于历史过程的某些枝节问题上，或者只是对过程进行表面化的描述，完成一些碎片化的工作。

三是要重视基础。重视基础研究至关重要。对于农史研究领域的学者，这一点尤为明显，我们应当强调学生要每天都进行基础的史料阅读与分析。我曾经在史念海先生的指导下取得博士学位，对此有深刻的体会。每周，我们都要听史先生的课，而在上课之前，必须提交阅读笔记。这种笔记不仅仅是简单的读书记录，更多的是对史料的深入解读和分析。我因为读书笔记写得比较多，还曾经从中整理了一部分两《唐书》中跟植物有关的内容，写成了《新旧唐书所载若干植物名实考》一文。文章发表后，我去学校的历史地理研究所，刚好碰见史先生，他正在与一群学生交流，一看到我进来，就说："我正说着你，你就来了。"我问他在说什么。他说他刚看了我发表的这篇文章，读了一辈子两《唐书》，都没看出来还有这些名实解读问题。我说这都是跟着史先生读书，写读书笔记的结果。这就是重视基础的好处，因为可以从中发现很多问题。我再举一个例子。从历史地理角度也好，农史研究角度也好，究竟如何评价历史上农业发展中的精耕细作和粗放的技术方式？这里面涉及不同资源条件下诱致性机制的问题。清代乾隆年间新疆的屯垦，因为人少地多，它并不采用精耕细作的方式，所以，农业屯垦也不会用精耕细作的标准进行评价，它是按照每丁的产出量来评价的。我一开始也并未想到这一点，而是在写读书笔记的时候，正好遇到了那一部分关于屯垦考核与效率评价的史料。后来这些笔记就很自然地成为自己系统思考精耕细作技术方式时，关于多样化选择问题的依据。它说明，因为不同地域的条件不一样，资源的稀缺程度不同，农业发展模式也有差异。这样的经历也更加提醒我自己，平常重视基础性阅读是非常必要的。

四是要多读理论书籍，以提升理论解释的高度或者说深度。理论研究在农史领域是至关重要的。当然，史料对我们的研究至关重要。但我们追求的不仅仅是对事件和事实的描述，更重要的是对其背后的原因和机制的深入理解。仅仅叙述一个吸引人的故事而不探究其背后的原因是不够的。农史研究，乃至所有历史研究，其真正的价值和魅力在于其深入的解释力，而不仅仅是描述力。因此，广泛阅读理论书籍对我们来说至关重要，它能帮助我们提高理论分析和解释的深度和广度。

以上就是我认为的在当今农史专业研究生培养中可以稍加留心的几个问题。我觉得现在"农史百年"这个活动实在是一个非常好的反思机会。作为教师和专业研究者，我们进行学术研究，完成有影响的成果，自是题中应有之义。然而，如果我们能够花一些精力，培养更多的人才，农史研究就会有一个美好的未来。在这个基础上，我们讨论农史学科的前景，讨论对于重大问题的研究，就有了坚实的后备有生力量。如果我们这么做了，而且务求实效，也许再过一段时间，比如十年左右，农史学科与农史研究的面貌必定有所不同。

行万里路，须读万卷书，没有一定知识的积累，即便行了万里路，也难有理论升华。农史研究的道路更是如此。王思明教授再三强调多读古籍，重视基础，在筑牢功底之上的行万里路，才能帮助我们拓宽视野。

王思明教授：我觉得未来学者或者年轻人如果真正想在农史研究上有所作为的话，还是要加强两个方面的修养：一是器具方面，二是思路和眼界方面。

就器具方面而言，"工欲善其事，必先利其器"，做学问要想做得深、做得好，那你的工具就要非常高效、适用才行。那么对照农史研究来说，这里主要涉及三个要求。第一，多读古籍，筑牢功底。如果要开展研究的话，不能读懂一些古籍，不能看懂相关的知识，是无法很好地研究的，所以我觉得史学基础文献的功底是必不可少的。现在有些年轻人急功近利，不太肯沉下心来去看古籍，这是一个很重大的缺陷，将来他们对很多东西的理解可能就会出现一些偏差，因为你看到的都是二手资料，这些资料会存在很多转引的错误，或者是选择性转引，而你会直接受它的误导。第二，深入农学以拓宽研究视野。农业历史的独特性在于，它不仅仅涉及文史和社会关系的知识，还涵盖了与自然和生产息息相关的内容。因此，了解与农业技术和生态环境相关的农学知识显得至关重要，以避免误解和混淆。例如，对于作物播种时机和生长周期的选择，背后都与生态环境有着密切的关联。水稻之中的早、中、晚稻，它们各自的生长周期不同，背后的原因也与生态环境的科学道理密切相关。仅凭文献研究，我们可能无法准确判断其正确性或将其与特定区域的农业实践相对应。再者，农业与所在地的地理、气候和生态环境紧密相连。比如南北分界的橘与枳，其背后反映的是不同的水土环境因素。很多植物都存在北界与南界的界限，超过这些界限，它们的生长可能会受到威胁。这也解释了为何"胡焕庸线"与农牧分界线高度吻合。它不仅标识了农耕文明与畜牧文明的分野，也从社会学和人口学的角度印证了这一观点。若从农业的角度审视，我们更能深入理解这两种文明为何难以跨越这一分界线。第三，紧跟时代，创新发展。随着现代科技的不断发展，我希望年轻人应该更多地利用一些现代科技的方法手段，比如说信息技术、数据分析、数据库等，还有一些新的相关软件的学习使用。年轻人不必像我们的前辈那样一定要爬格子，一定要读书破万卷。现在跟以前做学问不一样了，而且破万卷未必就有效果，量多未必就好。

在思路和眼界方面，现在是一个信息爆炸的时代，是不是读书越多就表示知识越多？或者水平越高就意味着能力越高吗？未必。有些人看书看得不多，但他一下子能看到点上，就是他的眼界和角度不一样。之所以角度和眼界不一样，就是他有交叉学科的背景。所以我觉得学问做深入，从宏观角度来说要开阔视野，就是要文理交叉，文理融合，甚至不局限于地域从而吸收世界文化的先进成果，来开阔自己的眼界。就是从中国看世界，但是也要从世界看中国，这样你在看到图景的时候，可能会更加清晰。这与"横看成岭侧成峰，远近高低各不同。不识庐山真面目，只缘身在此山中"讲的道理一样。其实我们有一些专才钻研得太深，对于细节看得非常深入，内部结构分析很细致，但是他看不到整体，那这样做的后果是什么？有可能就是盲人摸象，摸到鼻子像一根管子，摸到肚子可能就像一堵大墙。所以他只能得到一个局部的认识，这是很有问题的，做学问要能够跳出自己的框架。我觉得很多争论，实际上是属于眼界的问题，就像我们经常总结说好多事物都是自身特色，但是把它放在世界范围里，你会发现它只是一个很普遍的文化现象。当然也要防止另外一个缺失，就是如果只是从宏观视角看问题，那么看到的仅是轮廓，细节究竟如何是不知道的。所以还是要把这两者结合起来，而把这两者结合起来的一种很重要的方式，实际上就是学科融合，还有通识教育。之所以要在南京农业大学开一门"世界农业文明史"的课程，就是要让所有的南农学生都了解一下世界农业文明以及各文明之间的关系。我们一共开了6类8门核心通识教育课程，并不是要求学生成为专家，而是希望他们在听完这些课后，眼界能够开阔一些，考虑问题的时候也能更加全面。

未读万卷书，却行万里路的景象出现，反而使得学习效果不彰，之所以出现此种情况，刘兴林教授给出了他的答案，他从学生的角度出发，指出要为急功近利的年轻人降降速度、提提质量。

刘兴林教授：首先讨论学习态度。当前，不少学生渴望迅速取得成果，热衷于追随时事热点，由此导致缺乏明确的学习目标与方向，难以有所建树。虽然紧跟热点使研究具有时效性是无可厚非的，但在此过程中，必须坚守自己的知识体系和专业立场。作为真正的学者，应致力于在发现与解决问题的过程中寻找乐趣。我们不应仅仅羡慕他人的成功，更应从他们脚踏实地的努力中汲取经验，获得灵感。秉持谦虚、务实和进取的态度，避免浮躁之心，保持专业情怀，盲目追随潮流会使人迷失自我。特别是在历史研究领域，深入钻研是必不可少的。现如今，真正能静心沉浸于文献中的人寥寥无几，有些人误以为仅通过电子版的四库全书检索便可获取所有资料，而忽略了实地深入的文献阅读。必须明白，搜集资料的初衷是为了解决问题，而问题的来源乃是深入读书。只有在广泛阅读中发现问题，才能带着问题去有目的地查找资料，解决问题。如果头脑中没有疑问，又如何有效地检索相关资料？因此，我们应该静下心来，深入研读经典，吸收并消化他人的研究成果，汲取各家之长，经过一段时间的沉淀，再寻求创新与差异化。

关于选题，我认为选题有大有小，大题大做需要一定的能力，小题大做研究得比较深入。写文章最忌讳的是大题小做，题目定得很大，但是内容却很空洞无意义。此外，选题最好还要结合自身的兴趣爱好，如果研究的都是自己提不起兴趣的东西，那么研究之路是很痛苦的。

关于兴趣培养，我认为研究生阶段读书要放在第一位。发现问题是研究的起点，对于学者最苦闷的事就是没有问题，没有问题就没有抓手。找不到问题肯定是书读少了。这里说的读书，不只是狭义的书，还包括论文、研究报告、外文文献以及实地的调研等，要带着问题读书，在读书时尝试解决问题并提出新的问题，脑子里装着问题，再读书时遇到与这些问题有关联的材料你才会有共鸣，检索查资料也有了明确的目的。在发现问题、解决问题的过程中培养兴趣、发现乐趣，这也就是平常所说的读书做学问。不读书还做得了学问吗？

关于历史研究的现实意义，我认为，做史学研究的过分强调具体的现实意义是不合适的。我觉得农史研究相对于其他方面的研究可能同现实的结合还直接一些，或者说更具现实意义。例如我国的农业文化遗产，古代就有，现在还在利用。还有，我国的许多古代水利工程延续至今，并仍在发挥作用。我们今天很多经验和技术都是在吸收和继承古代经验的基础上发展而来的，这些都是具有现实意义的。但是，历史科学是对国家、对民族有大用的，放到具体个人身上好像没什么用，其实今天我们提到的那些十分具体的古为今用的经验或技术只是历史意义的一部分，而且也不是最重要的方面。把历史过程中的人和事搞清楚都是对历史研究的贡献，都是有现实意义的。

在"降速提质"中，刘兴林教授在现实意义、论题选择、继承传统等方面支了招，对于这些层面，王建革教授的建议也有异曲同工之妙。

王建革教授： 首先就是前面谈到的，传统的知识和方法需要继承。二三十年前，我们这一批人刚到中国农业遗产研究室求学的时候，农学本科的学生需要去补习古汉语、历史文献等历史基础知识。于是，我们几个农学出身的同学就经常跑到南京大学去旁听古汉语、考古等相关课程。而那些本科学习历史的同学就需要去补习农学的课程，譬如微生物学、土壤学、植物生理学等，接受自然科学精神的熏陶。这些基础的学科知识能影响你的学术生涯，掌握好了能让你受用一生。这些同学中的典型例子就是萧正洪和曹树基，他们能取得今日的成就，与这段经历不无关系。这种自然与人文相交融的学术训练对于现在刚踏入农史学科的新人来说，可能更为重要。我们常常感慨当前的学科分化非常细致，甚至有些过于细致了，大学本科的课程已经将自然和人文学科剥离开来，所以农业史这种兼具自然与人文的学科研究人员更需要尽可能地掌握不同学科的知识，为我所用。在此学科交融的基础上，刚刚踏入农史学科的新一代应该积极接受中国农业遗产研究室老师（但并不是说要仅限于自己的导师）的专业指导，寻找自然科学与人文学科的交叉点，经过长期的训练就一定能做出好成绩：方法正确，积累到位，成功也就指日可待了。

其次，教育是双方的事情，需要老师和学生的共同努力。比起学生，老师更不能失去学术传承。虽然我们经常讲"因材施教"，但是对于没有接受过专业熏陶的学生来说，最基本的学术训练肯定都要统一加强的。老师的教育方法不对，学生就很容易被带偏。中国农业遗产研究室的学术成就，例如缪启愉先生的学术成果能不能传承下去，很大程度上都需要老师这个中间环节的努力。我曾经在一些不同的场合，问过几个新一代的农业史研究人员，发现他们对缪先生《齐民要术校释》重要性的认识远远不够，更别提其他，这种情况是不应该发生在当下的。

再次，农业史需要进行扎实又创新的研究。我个人并不建议同学们把研究的时段定得太晚，鼓励大家多做中时段的基础研究。历史后段的研究材料非常丰富，新入门的同学很容易被史料裹挟，继而就会对史料的解读不够努力，失去深入研究的机遇。中时段的历史研究材料较少一些，做相关的考证和研究比较见功力，有利于锻炼研究者的学术能力。当然，这只是我个人的一点想法，需要同学们自行斟酌。

此外，还有前面提到的我们的研究要服务于社会现实。这就需要大家对中国农业遗产研究室的基础研究很熟悉，与此同时，还要能够敏锐地察觉到农业相关的应用学科的前沿、热点问题。比如，我们现代的农业已经处于怎样的发展阶段？我们做研究的主要任务是什么？对此，我们又可以利用怎样的理论和技术来做研究？应当怎么做？历史学科提倡"新材料，新方法"，这也是我们现在进行农业史研究可以利用到的新方法。现代社会已经不再是闭门造车的时代，即便造出来了，也不太可能会是好车。

对于学位论文的研究选题，我觉得应该没有人能给予细致又万全的建议，这实在太难了。学生最主要的还是要跟导师好好合作，积极探索。研究生的学位论文选题实际上就是在展示学术研究能力最基本的状态，所以别人无法替你选题，导师实际上也不能。论文选题更多地还是要着眼于自身的学问能达到多么扎实的程度。论文选题要是过于艰深，与学生自身的能力不相匹配，研究吃力继而受阻，就不太可能做出优秀的研究成果。而在另外一方面，我更不赞成的是不扎实的研究选题，只谈农业史的应用等层面，学术论文就会变成科普性的读物，展现不了研究者自身的学术能力，这样的研究也就没有了相应的研究价值。

现在中国农业遗产研究室的研究队伍已经壮大了，研究方向也较多，在老一辈的基础上做出了较大的成就。但不可否认的是，我们这一代人终究会成为老的一辈，走下历史的舞台，我衷心希望下一代的农史研究人员能在这个平台上好好努力，共谋发展，推动进步。中国农业遗产研究室的平台非常不错，除了农业史的博士点，我们还有相应的顶级学术刊物，很容易接触到国内一流的农业史研究成果。南京农业大学所处的位置面向的是长三角地区，这是我国一块具有前沿性的区域，中国农业遗产研究室能够对国家的战略需求提供良好的推动力，希望中国农业遗产研究室的这个队伍能够继续扎根学术传统，努力做好传承工作，面向长三角先进的农业发展动态，刻苦钻研，好好发展，中国农业遗产研究室的明天也就会越来越好。

近年来，打破学科之间的壁垒，在前沿和交叉学科领域培植新的学科生长点，建设交叉学科早已成为学界的热点和高校学科发展的重要着力点，刘兴林教授研究考古和古文字，后来也涉猎农史领域，他谈及学科交叉对于农史的意义时，提出农史研究应注意学科交叉发展的动向，开拓我们的视野。

刘兴林教授：就我个人而言，我原本在学校学习考古和甲骨文，后来到南农做编辑兼做农史研究，这也算是一种交叉，这种交叉的背景对我来说算作丰富知识、开阔思路、拓展视野的一种优势。现在又因教学需要从事战国秦汉考古、中国古代钱币、纺织等专题的研究。作为年轻学者千万不要急着标榜自己是做什么的，这样容易思维固化，同时也不能在涉及新领域时将过去所学完全抛弃。和农史进行交叉，要将自己所学和农史研究找到对应点，这种对应即使不是直接对应，也可以在方法论上给你启发，在过去知识体系的激发之下，在农史研究领域寻找一个新的视角，使你能做别人做不了的事情。考古学本身就是一个文理交叉的学科，不同学科的人都能在考古学中发现研究的兴趣，学科交叉下的考古学正在不断焕发新的魅力。据我所知，许多农史学者原本都不是历史系出身，但这并不影响他们在农史学界大放异彩，不同学科背景的人都有他们独特的优势。我在《先秦两汉农业与乡村聚落的考古学研究》中把考古发现按"农具—农田—田间管理—作物—储藏和加工—聚落和生活"这样的逻辑关系串联起来，就形成了我的研究体系。另外，用考古发现的工具体系的不断完善来反映农业生产的发展和传统农业的形成。因此，从事农史研究一定不能放弃先前所学，这是你的基础！

最后，我们也借盛邦跃教授的话，祝福年轻一代的学者们，乘风破浪，直挂云帆济沧海！

盛邦跃教授：农史研究是我们需要做好的领域。我们上下五千年的历史，是农业文明。我们的文明之所以能够在世界文明中占有如此重要的地位，与农业科学技术息息相关。希望年轻一代的学者脚踏实地，认真学习，继承前辈的荣光，把农史学科做得更好。

书　评

一部环境经济史研究的拓荒之作

——《气候变化对清代华北地区粮食生产及粮价波动的影响》评价

成雅昕

生态危机与环境恶化已成为世界性难题，当前学界也日益关注生态环境对经济的深刻影响，并出现了环境经济学、生态经济学等一系列新兴学科。但囿于学科背景与史料局限，学界更多关注现代经济中的生态困境与环境问题，难以从长时段、大尺度的空间背景中厘清气候环境对经济的多维影响。李军教授及其团队迎难而上、独辟蹊径，以气候变化为切入点，聚焦史料相对丰富的清代粮食生产与粮食价格问题，探讨气候变化、粮食生产及粮价波动，以此阐释环境与经济的互动关系。近期人民出版社出版了李军、胡鹏、黄玉玺、马烈的新著《气候变化对清代华北地区粮食生产及粮价波动的影响》，就是对以上研究的阶段性总结。该书不仅从空间、时间等维度上拓展了环境经济学的研究视野，也从研究方法、研究思路方面开启了环境经济史研究的新尝试。

全书约38万字，将中国历史气候分成三个阶段进行论述，历述了各个时期华北地区气候变化与粮食种植结构的变迁，并且着重分析了清代华北地区的气温和降水变化，以及灾害类型和时空分布，提出气候变化和粮食种植结构变迁是一个双向选择的过程，并以直隶地区为核心进一步分析了清代气温和降水变化下粮食种植结构的变迁，综合使用清代"粮价表"和"粮价库"两套粮食数据资料对粮价变动的基本特征进行论证，同时也将市场和国家行为作为气候变化对经济社会的影响进行了考量。纵观该书，具有如下鲜明的特点。

首先，纵横贯通，编排得当。该书是一部内容相当丰富的学术著作，写作及内容编排上，既用传统史学研究的方法构思框架，又按照具体内容分作不同的专门章节，以气候变化为突破口，注重阐发气候变化与粮食生产、粮价波动的内在联系，突破了过去清代气候研究与粮价研究的局限，提出了一系列颇具新意的论述和解释。例如，分析华北的市场整合问题，提出水运存在较大的利润空间，并且存在市场整合，在一定程度上减少了气候变化对粮价的影响，随后在气候变化等外部冲击对粮价的影响的分析基础上，分析了国家行为对市场的干预引起粮价的变化，并进一步揭示了国家行为和自然灾害的内在关系。全书论述主次分明，以华北地区为研究对象，厘清了各个时期气候变化以及粮食种植变迁的过程，并着重分析了清朝气候变化对粮价的影响，从时间上贯穿了有清一朝，涉及清代政治、经济、社会等多方面问题，对于粮食生产和粮食价格的影响，包含了自然因素和社会因素两大层面，较为全面地分析了气候变化对于清代华北地区粮食生产与粮价波动的影响。要处理如此繁复的史料，需要研究者具备扎实的学术功力并付出大量精力。

其次，定性研究和定量研究相结合。定性体现在史料运用上，该书在资料的搜集与运用方面颇见功力，对前人既有研究成果有比较充分的总结与分析，运用农书、实录、档案、方志等史料研究华北地区农业结构变迁尤其是粮食种植业的发展、农业经济发展、市场整合等问题。定量体现在采用数理统计方法，对大量翔实粮价数据进行分析，以考察气候变化对粮食生产和粮价波动的影响问题。该书通过定性和定量研究相结合的方式，以期加强研究的广度和深度。作者一方面运用大量的一手气象资料推论清代华北地区的气候特征和气候变化，另一方面又分别以数据统计为基础对八种极端气候事件进行了分析；且在附录中完整展示有"1644—1911年华北自然灾害事件府级年度序列统计表""小麦价格数据水平序列单位根检验结果""华北各府州配组协整检验"等三种数据统计，以上数据是该书论证气候变化对粮价波动的重要证据。

再次，规范分析和实证分析相结合。作为经济学中的两种分析方式，规范分析和实证分析各有千秋，既相互依存又相互区别，而该书将两种分析方法进行了有机结合。其中，在规范分析方面，该书运用的理论包括多元时段理论、供求理论、货币数量理论、价格理论等。例如，应用经济学和统计学中比率移动平均法、指数长期增长模型、四分位数统计分析，探讨清代中后期气候变化对华北地区粮价波动的影响。在实证分析方面，利用Johansen协整检验法对清代中后期市场整合以及政府行为等因素进行规范分析，通过计量模型对清代华北地区粮食价格波动趋势、影响因素等进行实证分析，说明传统社会下气候变化对于社会经济的影响以及市场和政府调控对经济的作用，立论有据、观点扎实，更好地阐述了全书的主旨。

最后，作为环境经济史的拓荒之作，该书在以下两方面仍有拓展空间。一方面，从粮价波动推进至粮食安全研究，以提升该研究的现实意义。当前极端天气不断出现，严重威胁我国粮食安全。提高传统作物之外的粮食生产，成为稳定粮食安全的重要思路。仓廪实，天下安。五千年的华夏文明史蕴含着丰富的农耕智慧，其中通过种植多种作物的方式保障粮食安全是重要理念。这也与当前的"大食物观"有着相似之处，因此未来研究可从粮价波动的现象分析，拓宽至对粮食安全的现实问题探讨，为今后稳定粮价、服务粮食安全提供借鉴。另一方面，从量化分析拓展至规律性总结，继续深化环境经济史的研究深度。古代环境经济史研究，史料短缺一直是困扰研究的最大障碍。因此在有限数据的支撑下，以相对准确的研究方法回应气候、社会与粮食三者间的互动关系，得出具有一般规律性的结论成为难题。毕竟，量化分析只是工具与方法，只有通过工具与方法得出具有规律性的结论，才能从根本上推动环境经济史研究。总之，该书的探索与尝试为今后环境经济史研究开启了思路与方法，无疑是当前环境经济史研究的一部力作。

也谈"李约瑟之问"

——读《大器晚成：李约瑟与〈中国科学技术史〉的故事》

王孝俊

李约瑟是向西方引介中国文化最为成功的学者，也是中国科技史研究的集大成者。他编纂的《中国科学技术史》（*Science and Civilization in China*，简称 SCC，又译为《中国的科学与文明》）以其出版的规模之大、周期之长，堪称现代出版史上的一个奇迹，又先后被翻译成了多种语言文字，在世界范围内产生了广泛而深远的影响，成为世界科学技术史研究领域的一座丰碑，正可谓"辉煌七卷科学史，天下谁人不识君！"[1] 20 世纪 50 年代初，对于刚成立不久，又被西方国家"围堵"的新中国而言，这部书的出版无异于雪中送炭，正如英国历史学家汤因比所评价的："李约瑟博士著作在实际上的意义，与其在学术上的价值同等重要，这是一种西方对中国比外交层面更高层次上的'承认'行为。"王晓与李约瑟研究所东亚科技史图书馆莫弗特（John Moffett）合作，共同编著的《大器晚成：李约瑟与〈中国科学技术史〉的故事》以翔实的史料、平实的笔法、独特的视角，展示了李约瑟在编纂《中国

---

[1] 卢嘉锡：《中国科学技术史·序》，李约瑟：《中国科学技术史（第一卷）》，科学出版社 1990 年版，第 xiii 页。

科学技术史》背后的多元面向。剑桥李约瑟研究所现任所长梅
建军教授亲自为这本书撰写序言。该书摈弃了传统的章节写作
模式，而是采用"种子""生根""破土""分蘖""成长""分
枝""开花结果""大树"分列标题，形象生动地展现出《中国
科学技术史》的撰述与出版历程。

一

在王晓的著作《大器晚成：李约瑟与〈中国科学技术史〉
的故事》中，他对学界论证的"李约瑟之问"进行了系统的综
述，并尝试从出版的视角进行解释。"李约瑟之问"是指：为
什么中国在古代虽然有许多重大科技发明，但没有像欧洲那样
出现科学革命，未能成为现代科学的摇篮？在以往的研究中，
多强调以中国传统文化的"封闭性"和"功利性"，作为解释
"李约瑟之问"的主要原因，这种解释忽视了中国传统农耕社
会发展的客观性。

一方面，将中国传统文化视为"封闭"的原因不够全面。
他们过于强调儒家思想的影响，认为其强调稳定的社会秩序和
对权威的顺从导致了知识的僵化和创新的抑制。然而，中国传
统文化并不完全是封闭的，古代中国与周边国家有着频繁的交
流与贸易，文化的交融也是常有的事情。而且，孔子强调的
"学而时习之，不亦说乎"和"温故而知新"也是在提倡学习
和知识更新。因此，将中国传统文化简单地归结为"封闭"的
因素并不十分准确。

另一方面，过于突出中国传统文化的"功利性"，即将科
技发明与实际应用割裂开来，认为中国古代科技发明多为"工
艺技术"，缺乏对科学规律的深刻理解，从而阻碍了科学的进

一步发展。然而，这种观点忽略了中国古代科技发明与实际生产之间的紧密联系。古代的农耕社会离不开对天文、气候、地理等自然规律的观察和认识，这些都是科学的一部分。例如，中国古代的农历、农耕工具、水利工程等都体现了对科学规律的认知和应用。因此，将中国古代科技发明简单地划分为"工艺技术"并不妥当。

二

中华文明的历史，就是一部农业文明的历史，中国的科技文明之路与农耕社会的发展变迁之路紧密相连。要解答"李约瑟之问"，我们应该看到中国传统的农耕社会在中国科技文明之路上扮演的重要角色。农耕社会注重稳定和持续的生产，而这种稳定性往往会导致社会的相对封闭，但同时也促进了其他方面的繁荣。在农耕社会中，知识传承是非常重要的，尤其是农业知识和技术。这种知识传承的传统方式，影响了其他领域知识的传承。

首先，积累和传承的重要性。中国古代农耕社会注重知识的积累和传承，这种传统使得中国古代科技发明得以保存和不断改进。每一代农民都会继承前人的经验和智慧，这种积累对于农业技术的稳步发展至关重要。同样的，这种知识传承也存在于医学、工艺等领域。稳定的传承并不意味着创新的缺失，而是为创新提供了坚实的基础。

其次，环境与需求驱动。中国古代农耕社会的科技发明往往是为了适应特定的环境和满足生产需求。这种环境与需求驱动的特点使得中国古代科技发明与实际应用紧密结合，科学与生产密切相关。农业、水利和医学等领域的发展都是为了解决当时社会所面临的问题，这种以问题为导向的研究在一定程度上推动了科技的进步。

最后，社会稳定与科技发展的关系。中国古代农耕社会的稳定性为其他方面的发展提供了有利条件。在社会相对稳定的情况下，人们更有可能投入科学研究和技术创新中。尽管没有出现像欧洲那样的科学革命，但中国古代对于科技的持续发展和积累为后来的现代科学打下了坚实的基础，印刷术、造纸术等都是现代科学出现的必要保障。

三

"李约瑟之问"是一个复杂的问题，它涉及历史、文化、社会和科技等多个方面。在探讨这一问题时，我们需要综合考虑各种因素，并摒弃简单的因果关系。

其一，多维解读。"李约瑟之问"的解答应该避免将原因简单地归结为单一的因素。中国古代科技与欧洲科学革命的差异是多方面因素共同作用的结果。既有中国传统农耕社会的特点，也有欧洲历史发展的独特性，同时还涉及政治、经济、文化等方面的差异。其二，文化多样性。世界各地的文化多样性是值得珍视和尊重的。不同文化对科技发展的贡献方式各有特色，没有绝对的优劣之分。在承认文化多样性的同时，我们也应该强调文化交流与合作的重要性，这有助于促进文明的繁荣和共同进步。其三，知识交流与传承。对"李约瑟之问"的探讨应该促进不同文化之间的知识交流与传承。借鉴其他文明的经验和智慧，吸收其中有益的成果，有助于推动科技的发展和人类文明的进步。其四，科学与人文的结合。探讨"李约瑟之问"时，不应将科学与人文对立起来，而应该认识到二者的相辅相成。科学的发展需要人文精神的滋养，而人文的繁荣也需要科学知识的支撑。

　　总结起来，"李约瑟之问"是一个引人深思的问题，涉及历史、文化、社会和科技等多个层面。解答这一难题需要综合考虑各种因素，客观理性地对待不同文化的贡献和局限。同时，我们也应该在文化多样性中寻求共通之处，推动知识交流与合作，共同促进人类文明的进步。

资料

河南大学农学院的源流

闵祥鹏

　　1907年，《河南教育官报》上刊发了《北洋高等农业学堂毕业生石好贤等条陈河南农务试办大略》，文中提到了在河南设立农务局、农业试验场、农务学堂、气象站、调查专部、农务总会、研究会、品评会、陈列所、巡回普及十条办法，以上建议在民国建立后逐渐推行。其中先筹办一年制速成学堂，再设高等学堂等一系列建议符合当时河南的农业推广与普及情况，具体内容包括："宜立速成学堂，已储通材也，农务学堂为造就农学家、农政家及技术家而设。……速成科课程以农学、农政、蚕桑、林业、畜产、测绘为主课，而关于农业技术者则列为副课，聘请东洋之专门农业者为主讲，以一年为毕业期限，通饬每县派送学生二名，择其中学素优品孚众望，年在二十五岁以上三十五岁以下者，由县备送学膳等费，考取入堂，肄业毕业后派归本县，办理农林会讲习所及一切调查等项事务，较之派委官吏责其调查不惟节省川费，而于人情地宜尤为熟悉，切实而资得力。以豫省九十余县，计之一年可养学生二百名，每年毕业一次，三年后再设高等农业完全科，养成高等技术以善其后，如此办理学堂经费无庸另筹，全省农政不劳而理事半功倍，此为近之。"[1]第二年，开封以及各府州，共开

---

〔1〕《北洋高等农业学堂毕业生石好贤等条陈河南农务试办大略》，《河南教育官报》1907年第15—26期，第138—139页。

图 20 《河南教育官报》

1907 年 7 月创刊于河南开封，半月刊，属于教育类刊物。由河南学务公所编辑并出版，至 1911 年 6 月停刊，具体停刊原因不详，共出 89 期。该刊是清末新政时期所发行的新式官报之一，主要传递政府文件及消息，还刊有与教育有关的各种规章制度的章奏与皇帝谕旨，其中也载有不少教育方面的研究著述。主要栏目有谕旨、章奏、文牍、本省学务报告、本省著述、杂志等。

办农林会、农事试验场、桑园等 16 处，工艺局、厂和实业社 28 处，实业、蚕桑学堂 2 处。[1] 1910 年，河南巡抚端宝棻根据县绅的建议，改良监狱余款充作农业学堂经费。

　　1912 年，中华民国建立后，著名教育家李时灿（字敏修）被任命为河南教育总会会长、河南教育司司长，主持河南教育工作。李时灿思想进步，积极改革河南教育，兴办新型学校。在李时灿等人的倡导下，为振兴、发展河南教育，由留学日本东京帝国大学林科的毕业生吴肃（字一鲁）负责筹办农业学

---

[1] 河南省地方史志编纂委员会编纂：《河南省志》第 16 卷《政府志》，河南人民出版社 1997 年版，第 215 页。

校。1913 年春，河南公立农业专门学校在古城开封正式诞生，并于当年暑期招收了第一届学员。这所新兴的学校，是河南当时唯一的一所高等农业学府。吴肃任校长，校址设在开封南关繁塔寺二程（程颢、程颐）夫子祠。河南公立农业专门学校开办之初，设农、林、蚕三个专科专业，招收高中毕业生，每届各招新生一班，每班 40 人。[1]

1927 年 6 月，河南省政府决定将河南公立农业专门学校、中州大学、河南公立法政专门学校合并为国立第五中山大学（今河南大学）。

1929 年 12 月，《河南中山大学农科季刊》创办，这是一本农学类的专门性学术辑刊，在学界具有重要影响。该刊主要刊载有关农业农村的论文、调查报告，以及农业知识、农业改良方法等内容，成为研究民国时期农村发展的重要文献。该刊由河南中山大学、农科系主任王陵南撰写发刊辞，当时河南中山大学的许多著名教授如郝象吾等人均有撰文。

发　刊　辞

王陵南

十八年十一月八日写

于河南中山大学第二院

中国目下最严重，最悲惨的现象：不是内乱，也不是外患；是全国——尤其是西北各省之大荒灾！仅就三数年来的荒灾而论，已演成了亘古未有的悲剧——已饿死者，三四百万，坐以待毙者，二三千万！如此现象，更依然的

---

[1]《河南农业大学校史》编写组编:《河南农业大学校史：1913—1993》，内部资料 1993 年版，第 1—2 页。

图 21 《河南中山大学农科季刊》

1929 年 12 月创刊于开封，季刊，由河南中山大学农学会编辑，河南中山大学农科负责发行，每期实价为大洋一角五分，属于校园学术刊物。后因大学改名为河南大学，农科改为农学院，原名自不适用，经过院务会决定，改为《河南大学农学院季刊》。该刊创刊号刊印了 300 份，受到了各方的青睐，一经发行便销售一空，因此于 1930 年 4 月将第 1 卷第 1 期再版。在刊登内容方面，主要分析我国农业状况，研究各地土壤、品种、肥料、天气等因素，推广农业知识，实行科学种植、养殖，发表农林学术研究论文和译著，解决农业改良问题。主要栏目有农艺、园艺、森林、畜牧、农业经济、杂俎。

有加无已，噫！茫茫前途，真不知伊于胡底！？

荒灾的来源，固然包含着：经济的，社会的，政治的，交通的种种不良，与天气风雨，旱潦的失调，然以农学不讲为其主要原因。

我国农业，有数千年的演进：独到之处亦不少，只因农业教育，向不发达，遂使一般农民墨守古法，不知改良；论到选种，则茫然不晓为何物！论到农具，则简陋粗劣，多不适用！论到肥料，则多靠舶来品！而往往大受其害！论到病虫害的防除，则尚未切实着手，论到森林，则已成林者，被毁殆尽，旷野童山，到处满目，而造林育苗者，如太仓之一粒！竟以东方天府之国；所产食物尚不足用！而转求之于外洋。看近年的贸易统计：茶丝出口日减，米，面入口日增，更可证明此种趋势的疾速和危险；我们对于此种趋势，若不积极设法救济，则丰年既不足以自给，荒岁自难免于死亡；恐怕中华民族的存在问题，根本要发生了动摇！为民生而奋斗的孙中山先生，对于农业的改良，及农民生活的提高，谆谆然昭示后人：这种扼要而急切的遗训，在中国现状之下，实在愈益显其重要。

有人说，现在欧美列邦，农业发达的国家，不在少数。我国何不快把它们耕作的成法，拿来实行？以解除人民痛苦？要知农业的改良，因为各国各地的天气，土壤，社会习惯的不同；非由各地自行解决不可。我们只能利用先进各国的科学原理，来解决各区的农业问题，万不能将农业发达地方的成法，囫囵吞枣似的引进来，所以农业改良问题，是个地方问题，也就是各处应将各处的农业研究而解决之的问题。

改良农业的方法：大概不外以考察而得到各处天气，土壤，农业的状况，以试验而得到品种，肥料，轮种以及其他种种实际的答案；以研究而得到病虫害，选种，灌溉及其他科学的真理；然后扩而充之，推而广之、公诸世界，以求交换知识之益；示诸农民，以收改良农业之效。

推广农业的方法甚多，而能行之最远，传之最久者，就是刊物，河南中山大学农科季刊，应时而出，或为各同人之研究著作，或为切于实用的撰述介绍，为要达到前述的推广目的，其责任至重！其使命至大！予因渴望其对于农业有伟大的贡献，对于人类有广博的利益；故不禁祝祷其生命的永久而健康！

1938 年 6 月，河南大学农学院畜牧系析出，并入陕西武功国立农林专科学校，组建国立西北农学院。

中国农史研究重点书目

徐定懿

一、古籍类

耕作技术:

（西汉）氾胜之著，万国鼎辑释:《氾胜之书辑释》，农业出版社 1957 年版。

（西汉）氾胜之、（东汉）崔寔著，石声汉选释:《两汉农书选读〈氾胜之书和四民月令〉》，农业出版社 1979 年版。

（东汉）崔寔原著，石声汉校注:《四民月令校注》，中华书局 1965 年版。

（后魏）贾思勰撰，石声汉选释:《齐民要术选读本》，农业出版社 1961 年版。

（后魏）贾思勰著，缪启愉校释，缪桂龙参校:《齐民要术校释》，农业出版社 1982 年版。

（后魏）贾思勰原著，缪启愉校释:《齐民要术校释》（第二版），中国农业出版社 1998 年版。

（北魏）贾思勰著，石声汉校释:《齐民要术今释》（上下册），中华书局 2009 年版。

（宋）陈旉撰，万国鼎校注:《陈旉农书校注》，农业出版社 1965 年版。

（宋）陈旉撰，缪启愉选译:《陈旉农书选读》，农业出版社

1981 年版。

（宋）吴怿撰，（元）张福补遗，胡道静校录：《种艺必用》，农业出版社 1963 年版。

（元）王祯撰：《农书》，中华书局 1956 年版。

（元）王祯撰，王毓瑚校：《王祯农书》，农业出版社 1981 年版。

（元）王祯撰，缪启愉、缪桂龙译注：《东鲁王氏农书译注》，上海古籍出版社 2008 年版。

（明）计成：《园冶》，城市建设出版社 1957 年版。

（明）徐光启：《农政全书》，中华书局 1956 年版。

（明）俞宗本著，康成懿校注，辛树帜校阅：《种树书》，农业出版社 1962 年版。

（明）徐光启撰，石声汉校注，西北农学院古农学研究室整理：《农政全书校注》，上海古籍出版社 1979 年版。

（明）袁黄著，张殿成校注：《宝坻劝农书》，中国农业出版社 2019 年版。

（清）包世臣著，王毓瑚点校：《郡县农政》，农业出版社 1962 年版。

（清）陈开沚述：《裨农最要》，中华书局 1956 年版。

（清）丁宜曾著，王毓瑚校点：《农圃便览》，中华书局 1957 年版。

（清）傅述凤手著，杨宏道重编校注：《养耕集校注》，农业出版社 1966 年版。

（清）黄辅辰编著，马宗申校释：《营田辑要校释》，农业出版社 1984 年版。

（清）胡炜著，童一中节录：《胡氏治家略农事编》，中华书局 1958 年版。

（清）梁章钜撰：《农候杂占》，中华书局 1956 年版。

（清）刘应棠著，王毓瑚校注：《梭山农谱》，农业出版社 1960 年版。

（清）倪倬辑：《农雅》，中华书局 1956 年版。

（清）祁寯藻著，高恩广、胡辅华注释：《马首农言注释》，农业出版社 1991 年版。

（清）祁寯藻著，高恩广、胡辅华注释：《马首农言注释》（第二版），中国农业出版社 1999 年版。

（清）杨巩编：《农学合编》，中华书局 1956 年版。

（清）杨一臣著，翟允提整理，石声汉校阅：《农言著实注释》，陕西人民出版社 1957 年版。

（清）杨一臣著，翟允提整理，石声汉校阅：《农言著实评注》，农业出版社、陕西科学技术出版社 1989 年版。

（清）张履祥辑补，陈恒力校点：《沈氏农书》，中华书局 1956 年版。

（清）张履祥辑补，陈恒力校释，王达参校增订：《补农书校释》（增订本），农业出版社 1983 年版。

（清）张宗法原著，邹介正等校释：《三农纪校释》，农业出版社 1989 年版。

马宗申校注，姜义安参校：《授时通考校注》（全四册），农业出版社 1991—1995 年版。

马宗申注释：《〈商君书〉论农政四篇注释》，农业出版社、陕西科学技术出版社 1985 年版。

石声汉：《氾胜之书今释》，科学出版社 1956 年版。

畜牧兽医：

（唐）李石等著，谢成侠校勘：《司牧安骥集》，中华书局

1957 年版。

（唐）李石等编著，邹介正、马孝劬校注：《司牧安骥集》，农业出版社 1959 年版。

（唐）李石等编著，邹介正、和文龙校注：《司牧安骥集校注》，中国农业出版社 2001 年版。

（唐）李石等编著，裴耀卿语释：《司牧安骥集语释》，中国农业出版社 2004 年版。

（元）卞管勾集注，中国农业科学院中兽医研究所校订：《校正增补痊骥通玄论》，甘肃人民出版社 1959 年版。

（明）杨时乔等纂，吴学聪点校：《新刻马书》，农业出版社 1984 年版。

（明）喻本元、喻本亨：《元亨疗马集（附牛驼经）》，中华书局 1958 年版。

（明）喻本元、喻本亨著，中国农业科学院中兽医研究所重编校正：《重编校正元亨疗马牛驼经全集》，农业出版社 1963 年版。

（明）喻本元、喻本亨著，中国农业科学院中兽医研究所主编：《元亨疗马集选释》，农业出版社 1984 年版。

（清）郭怀西注释，安徽省农业科学院畜牧兽医研究所整理：《新刻注释马牛驼经大全集》，农业出版社 1983 年版。

（清）郭怀西注释，许长乐校正：《新刻注释马牛驼经大全集》，农业出版社 1988 年版。

（清）黄绣谷：《相牛心镜要览》（敦善闲原本），畜牧兽医图书出版社 1958 年版。

（清）黄绣谷著，邹介正注释：《相牛心镜要览今释》，农业出版社 1987 年版。

（清）李南晖著，四川省畜牧兽医研究所校注：《活兽慈舟校注》，四川人民出版社 1980 年版。

（清）赵学敏编著，于船、郭光纪、郑动才校注：《串雅兽医方》，农业出版社 1982 年版。

（清）周海蓬编著，于船校：《疗马集》，农业出版社 1959 年版。

贵州省兽医实验室校印：《猪经大全》，农业出版社 1960 年版。

贵州省畜牧兽医科学研究所、江苏省农业科学院畜牧兽医研究所：《猪经大全注释》，贵州人民出版社 1979 年版。

河北省定县中兽医学校编：《中兽医古籍选读》，农业出版社 1961 年版。

湖南省常德县畜牧水产局《大武经》校注小组校注：《大武经校注（牛经大全）》，农业出版社 1984 年版。

江西省农业厅中兽医实验所校勘：《抱犊集》，农业出版社 1959 年版。

江西省中兽医研究所重编校正：《医牛宝书》，农业出版社 1994 年版。

李克琛、张余森编注：《中兽医古籍选释》，农业出版社 1987 年版。

陕西省畜牧兽医研究所中兽医室编：《校正驹病集》，农业出版社 1980 年版。

沈莲舫编著：《牛经备要医方》，农业出版社 1960 年版。

杨宏道、邹介正校注：《抱犊集校注》，农业出版社 1982 年版。

于船、张克家点校：《牛经切要》，农业出版社 1962 年版。

于船审定，郭光纪、荆允正注释：《元亨疗马集许序注释》，山东科学技术出版社 1983 年版。

邹介正评注，陈明增、牛家藩参校：《牛医金鉴》，农业出版社 1981 年版。

种桑养蚕：

（元）大司农司编撰，缪启愉校释：《元刻农桑辑要校释》，农业出版社 1988 年版。

（元）鲁明善著，王毓瑚校注：《农桑衣食撮要》，农业出版社 1962 年版。

（清）蒲松龄撰，李长年校注：《农桑经校注》，农业出版社 1982 年版。

（清）沈秉成著，郑辟疆校注：《蚕桑辑要》，农业出版社 1960 年版。

（清）沈练著，仲昴庭辑补，郑辟疆、郑宗元校注：《广蚕桑说辑补》，农业出版社 1960 年版。

（清）汪日桢撰：《湖蚕述》，中华书局 1956 年版。

（清）汪日桢撰，蒋猷龙注释：《湖蚕述注释》，农业出版社 1987 年版。

（清）王元綖辑，郑辟疆校：《野蚕录》，农业出版社 1962 年版。

（清）杨屾著，郑辟疆、郑宗元校勘：《豳风广义》，农业出版社 1962 年版。

石声汉校注，西北农学院古农学研究室整理：《农桑辑要校注》，中华书局 2014 年版。

杨洪江、华德公校注：《柞蚕三书》，农业出版社 1983 年版。

植物考释:

（晋）嵇含撰:《南方草木状》,商务印书馆 1955 年版。

（北宋）陈翥著,潘法连选译:《桐谱选译》,农业出版社 1983 年版。

（宋）陈景沂编辑:《全芳备祖》（全两册）,农业出版社 1982 年版。

（明）薛凤翔著,李冬升点注:《牡丹史》,安徽人民出版社 1983 年版。

（明）朱橚撰,倪根金校注,张翠君参注:《救荒本草校注》,中国农业出版社 2008 年版。

（清）陈淏子辑,伊钦恒校注:《花镜》,农业出版社 1962 年版。

（清）汪灏等著:《广群芳谱》（全四册）,上海书店 1985 年版。

（清）吴其濬:《植物名实图考》,商务印书馆 1957 年版。

（清）吴其濬:《植物名实图考长编》,商务印书馆 1959 年版。

农业出版社编辑部编:《金薯传习录种薯谱合刊》,农业出版社 1982 年版。

地形水利:

（明）万恭原著,朱更翎整理:《治水筌蹄》,水利电力出版社 1985 年版。

（明）姚文灏编辑,汪家伦校注:《浙西水利书校注》,农业出版社 1984 年版。

（清）沈梦兰:《五省沟洫图说》,农业出版社 1963 年版。

（清）孙峻、（明）耿橘撰，汪家伦整理：《筑圩图说及筑圩法》，农业出版社 1980 年版。

卢勇：《〈问水集〉校注》，南京大学出版社 2016 年版。

夏纬瑛校释：《管子地员篇校释》，中华书局 1958 年版。

姚汉源、谭徐明：《漕河图志》，水利电力出版社 1990 年版。

其他：

（吴）沈莹撰，张崇根辑校：《临海水土异物志辑校》（修订本），农业出版社 1988 年版。

（明）宋应星著，潘吉星译注：《天工开物译注》，上海古籍出版社 2008 年版。

蔡嘉德、吕维新：《茶经语释》，农业出版社 1984 年版。

傅树勤、欧阳勋：《陆羽茶经译注》，湖北人民出版社 1983 年版。

汪子春校释：《鸡谱校释——斗鸡的饲养管理》，农业出版社 1989 年版。

夏纬瑛校释：《吕氏春秋上农等四篇校释》，农业出版社 1956 年版。

中国水产学会中国渔业史研究会编：《范蠡养鱼经》（中、英、日、俄、法、西文），农业出版社 1986 年版。

二、古籍资料汇编类

蔡镇楚、施兆彭编著：《中国名家茶诗》，中国农业出版社 2003 年版。

陈祖槼主编：《中国农学遗产选集甲类第五种棉（上编）》，

中华书局 1957 年版。

陈祖槼主编:《中国农学遗产选集甲类第一种稻（上编）》,中华书局 1958 年版。

陈祖槼、朱自振编:《中国茶叶历史资料选辑》,农业出版社 1981 年版。

郭光纪、荆允正、荆秀魁、王俊校释,于船审订:《新编集成马医方牛医方校释》,农业出版社 1985 年版。

胡锡文主编:《中国农学遗产选集甲类第三种粮食作物（上编）》,农业出版社 1959 年版。

胡锡文主编:《中国农学遗产选集甲类第二种麦（上编）》,农业出版社 1960 年版。

李长年主编:《中国农学遗产选集甲类第四种豆类（上编）》,中华书局 1958 年版。

李长年主编:《中国农学遗产选集甲类第七种油料作物（上编）》,农业出版社 1960 年版。

李长年主编:《中国农学遗产选集甲类第八种麻类作物（上编）》,农业出版社 1962 年版。

缪启愉、邱泽奇辑释:《汉魏六朝岭南植物"志录"辑释》,农业出版社 1990 年版。

彭世奖编注:《中国农业传统要术集萃》,中国农业出版社 1998 年版。

单人耘、杨旺生、陈桃源选注:《中国历代咏农诗选》,中国农业出版社 2002 年版。

水利水电科学研究院编:《清代海河滦河洪涝档案史料》,中华书局 1981 年版。

王达、吴崇仪、李成斌合编:《中国农学遗产选集甲类第一种稻（下编）》,农业出版社 1993 年版。

王雷鸣编著：《历代食货志注释》（全五册），农业出版社1984—1991年版。

王毓瑚辑：《秦晋农言》，中华书局1957年版。

王毓瑚辑：《区种十种》，财政经济出版社1955年版。

卫杰撰：《蚕桑萃编》，中华书局1956年版。

夏纬瑛：《〈周礼〉书中有关农业条文的解释》，农业出版社1979年版。

叶静渊主编：《中国农学遗产选集甲类第十四种柑橘（上编）》，中华书局1958年版。

叶静渊主编：《中国农学遗产选集甲类第十五种常绿果树（上编）》，农业出版社1991年版。

叶静渊主编：《中国农学遗产选集甲类第十六种落叶果树（上编）》，中国农业出版社2002年版。

张芳编：《二十五史水利资料综汇》，中国三峡出版社2007年版。

章楷、余秀茹编注：《中国农史专题资料汇编——中国古代养蚕技术史料选编》，农业出版社1985年版。

郑培凯、朱自振主编：《中国历代茶书汇编校注本》，商务印书馆（香港）有限公司2014年版。

中国农业科学院、南京农业大学中国农业遗产研究室编：《中国农业古籍目录》，北京图书馆出版社2003年版。

朱自振编：《中国茶叶历史资料续辑》，东南大学出版社1991年版。

朱自振、沈冬梅、增勤编著：《中国古代茶书集成》，上海文化出版社2010年版。

邹介正编著：《牛病古方汇诠》，农业出版社1988年版。

三、农史相关专著类

农业通史：

〔美〕N. S. B. Gras：《欧美农业史》，万国鼎译，商务印书馆 1935 年版。

曾雄生：《中国农学史》，福建人民出版社 2008 年版。

邓云特：《中国救荒史》，商务印书馆 2011 年版。

樊志民：《秦农业历史研究》，三秦出版社 1997 年版。

葛剑雄主编：《中国人口史》，复旦大学出版社 2005 年版。

何炳棣：《黄土与中国农业的起源》，中华书局 2017 年版。

李长年编著：《农业史话》，上海科学技术出版社 1981 年版。

李长年编著，曹幸穗参校：《中国农业发展史纲要》，天则出版社 1991 年版。

李根蟠：《中国农业史》，文津出版社 1997 年版。

王思明主编：《世界农业文明史》，中国农业出版社 2019 年版。

袁祖亮主编：《中国灾害通史》（八卷），郑州大学出版社 2009 年版。

章楷：《农业改进史话》，社会科学文献出版社 2000 年版。

中国农业科学院、南京农学院中国农业遗产研究室编著：《中国农学史（初稿）》（上下册），科学出版社 1984 年版。

农业科技史：

〔日〕天野元之助：《中国古农书考》，彭世奖、林广信译，农业出版社 1992 年版。

曹隆恭编：《肥料史话》，农业出版社 1984 年版。

丁晓蕾：《二十世纪中国蔬菜科技发展研究》，中国三峡出版社 2009 年版。

杜石然主编：《中国古代科学家传记》（上下集），科学出版社 1992—1993 年版。

杜新豪：《金汁：中国传统肥料知识与技术实践研究（10—19 世纪）》，中国农业科学技术出版社 2018 年版。

郭文韬编著：《中国古代的农作制和耕作法》，农业出版社 1981 年版。

郭文韬、曹隆恭、宋湛庆、马孝劬：《中国传统农业与现代农业》，中国农业科技出版社 1986 年版。

郭文韬等编著：《中国农业科技发展史略》，中国科学技术出版社 1988 年版。

郭文韬、曹隆恭主编：《中国近代农业科技史》，中国农业科技出版社 1989 年版。

郭文韬编著，徐豹审订：《中国大豆栽培史》，河海大学出版社 1993 年版。

郭文韬：《中国耕作制度史研究》，河海大学出版社 1994 年版。

郭文韬、严火其：《贾思勰王祯评传》，南京大学出版社 2001 年版。

郭文韬：《中国传统农业思想研究》，中国农业科技出版社 2001 年版。

何红中、惠富平：《中国古代粟作史》，中国农业科学技术出版社 2015 年版。

胡英泽：《凿井而饮：明清以来黄土高原的生活用水与节水》，商务印书馆 2018 年版。

惠富平、牛文智著:《中国农书概说》,西安地图出版社1999年版。

李璠编著:《中国栽培植物发展史》,科学出版社1984年版。

李昕升:《中国南瓜史》,中国农业科学技术出版社2017年版。

梁家勉主编:《中国农业科学技术史稿》,农业出版社1989年版。

闵宗殿、董恺忱、陈文华编著:《中国农业技术发展简史》,农业出版社1983年版。

闵宗殿:《中国古代农耕史略》,河北科学技术出版社1992年版。

缪启愉编著:《太湖塘浦圩田史研究》,农业出版社1985年版。

缪启愉:《齐民要术导读》,巴蜀书社1988年版。

倪根金主编:《生物史与农史新探》,万人出版社2005年版。

彭雨新、张建民:《明清长江流域农业水利研究》,武汉大学出版社1992年版。

宋湛庆编著:《〈农说〉的整理与研究》,东南大学出版社1990年版。

唐启宇编著:《中国作物栽培史稿》,农业出版社1986年版。

汪家伦、张芳编著:《中国农田水利史》,农业出版社1990年版。

王毓瑚编:《中国农学书录》,中华书局1957年版。

王毓瑚编著:《中国畜牧史资料》,科学出版社1958年版。

萧正洪:《环境与技术选择——清代中国西部地区农业技术地理研究》,中国社会科学出版社 1998 年版。

谢成侠编著:《中国养牛羊史（附养鹿简史)》,农业出版社 1985 年版。

谢成侠:《中国养马史》,农业出版社 1991 年版。

衣保中:《朝鲜移民与东北地区水田开发》,长春出版社 1999 年版。

游修龄编著:《中国稻作史》,中国农业出版社 1995 年版。

张芳:《明清农田水利研究》,中国农业科技出版社 1998 年版。

张芳、王思明主编:《中国农业科技史》,中国农业科技出版社 2001 年版。

张芳:《中国古代灌溉工程技术史》,山西教育出版社 2009 年版。

章楷编:《中国古代栽桑技术史料研究》,农业出版社 1982 年版。

章楷编:《植棉史话》,农业出版社 1984 年版。

章楷编著:《中国古代农机具》,人民卫生出版社 1985 年版。

章楷:《中国古代农学家和农书》,上海人民出版社 1987 年版。

中国农业遗产研究室编著:《北方旱地农业》,中国农业科技出版社 1986 年版。

中国农业科学院、南京农业大学中国农业遗产研究室、太湖地区农业史研究课题组编著:《太湖地区农业史稿》,农业出版社 1990 年版。

周昕:《中国农具史纲及图谱》,中国建材工业出版社 1998

年版。

周昕:《中国农具发展史》, 山东科学技术出版社 2005 年版。

朱宏斌、邓啟刚:《和而不同——历史时期域外农业科技的引进及其本土化》, 西北农林科技大学出版社 2017 年版。

邹介正编著:《中兽医色脉诊断》, 农业出版社 1983 年版。

邹介正等编著:《中国古代畜牧兽医史》, 中国农业出版社 1994 年版。

农业经济史:

〔美〕卜凯:《中国农家经济》(上下册), 张履鸾译, 商务印书馆 1936 年版。

〔美〕黄宗智:《华北的小农经济与社会变迁》, 中华书局 2000 年版。

〔美〕彭慕兰:《腹地的构建:华北内地的国家、社会和经济 (1853—1937)》, 马俊亚译, 上海人民出版社 2017 年版。

〔日〕西嶋定生:《中国经济史研究》, 冯佐哲、邱茂、黎潮合译, 农业出版社 1984 年版。

〔日〕篠田统:《中国食物史研究》, 高桂林、薛来运、孙音译, 中国商业出版社 1987 年版。

卜风贤:《农业灾荒论》, 中国农业出版社 2006 年版。

曹幸穗:《旧中国苏南农家经济研究》, 中央编译出版社 1996 年版。

范金民、金文:《江南丝绸史研究》, 农业出版社 1993 年版。

傅衣凌:《明清农村社会经济　明清社会经济变迁论》, 中华书局 2007 年版。

郭文韬、陈仁端:《中国农业经济史论纲》, 河海大学出版社 1999 年版。

　　李伯重：《唐代江南农业的发展》，北京大学出版社 2009 年版。

　　梁方仲编著：《中国历代户口、田地、田赋统计》，上海人民出版社 1980 年版。

　　马俊亚：《区域社会经济与社会生态》，生活·读书·新知三联书店 2013 年版。

　　盛邦跃：《卜凯视野中的中国近代农业》，社会科学文献出版社 2008 年版。

　　王利华：《中古华北饮食文化的变迁》，生活·读书·新知三联书店 2018 年版。

　　朱自振编著：《茶史初探》，中国农业出版社 1996 年版。

农村社会史：

　　〔美〕杜赞奇：《文化、权力与国家：1900—1942 年的华北农村》，王福明译，江苏人民出版社 2008 年版。

　　〔美〕孔飞力：《叫魂：1768 年的中国妖术大恐慌》，陈兼、刘昶译，生活·读书·新知三联书店 2014 年版。

　　董英哲：《科技与古代社会》，陕西人民教育出版社 1993 年版。

　　李军：《中国传统社会的救灾：供给、阻滞与演进》，中国农业出版社 2011 年版。

　　刘馨秋：《茉莉窨香：福建福州茉莉花种植与茶文化系统》，北京出版社 2019 年版。

　　刘兴林：《先秦两汉农业与乡村聚落的考古学研究》，文物出版社 2017 年版。

　　闵祥鹏：《黎元为先——中国灾害史研究的历程、现状与未来》，生活·读书·新知三联书店 2020 年版。

石涛：《北宋时期自然灾害与政府管理体系研究》，社会科学文献出版社 2010 年版。

王建革：《水乡生态与江南社会（9—20 世纪）》，北京大学出版社 2013 年版。

夏明方：《民国时期自然灾害与乡村社会》，中华书局 2000 年版。

行龙：《从社会史到区域社会史》，人民出版社 2008 年版。

杨乙丹：《转型期中国农村社会安全风险的演变与治理》，社会科学文献出版社 2016 年版。

叶依能主编：《中国历代盛世农政史》，东南大学出版社 1991 年版。

赵艳萍：《民国时期蝗灾与社会应对》，广东世界图书出版公司 2010 年版。

中国农业博物馆编：《中国古代耕织图》，中国农业出版社 1995 年版。

农业文化遗产保护：

李根蟠、卢勋：《中国南方少数民族原始农业形态》，农业出版社 1987 年版。

李明、王思明：《农业文化遗产学》，南京大学出版社 2015 年版。

李文华主编：《中国重要农业文化遗产保护与发展战略研究》，科学出版社 2016 年版。

卢勇、唐晓云、闵庆文主编：《广西龙胜龙脊梯田系统》，中国农业出版社 2017 年版。

闵庆文主编：《农业文化遗产及其动态保护探索》，中国环境科学出版社 2008 年版。

闵庆文：《什么是农业文化遗产：延续千年的智慧典范》，中国农业科学技术出版社 2019 年版。

农业农村部国际交流服务中心编：《乡村振兴与农业文化遗产——中国全球重要农业文化遗产保护发展报告 2019》，中国农业出版社 2020 年版。

石声汉：《中国古代农书评介》，农业出版社 1980 年版。

石声汉：《中国农学遗产要略》，农业出版社 1981 年版。

田阡、苑利主编：《多学科视野下的农业文化遗产与乡村振兴》，知识产权出版社 2018 年版。

王思明、李明主编：《中国农业文化遗产研究》，中国农业科学技术出版社 2015 年版。

王思明、李明主编：《中国农业文化遗产名录》（上下册），中国农业科学技术出版社 2016 年版。

中国农业博物馆编：《中国重要农业文化遗产大观》，中国农业出版社 2018 年版。

中华人民共和国农业部编：《中国重要农业文化遗产》，中国农业出版社 2014 年版。

中华人民共和国农业农村部编：《中国重要农业文化遗产（第二册）》，中国农业出版社 2018 年版。

其他：

〔美〕萨顿：《科学的历史研究》，刘兵、陈恒六、仲维光编译，上海交通大学出版社 2007 年版。

〔英〕李约瑟：《文明的滴定：东西方的科学与社会》，张卜天译，商务印书馆 2018 年版。

〔英〕W. C. 丹皮尔，张今校：《科学史及其与哲学和宗教的关系》，李珩译，商务印书馆 2009 年版。

《剑桥科学史丛书》（全 11 册），复旦大学出版社 2000 年版。

董英哲：《中国科学思想史》，陕西人民出版社 1990 年版。

梁家勉编著：《徐光启年谱》，古籍出版社 1981 年版。

史念海：《中国的运河》，陕西人民出版社 1988 年版。

舒迎澜：《古代花卉》，农业出版社 1993 年版。

谭其骧主编：《中国历史地图集》，中国地图出版社 1982 年版。

谭其骧：《长水集》（全三册），人民出版社 2011 年版。

王思明、陈少华主编：《万国鼎文集》，中国农业科学技术出版社 2005 年版。

吴国盛：《科学的历程》（上下册），湖南科学技术出版社 1997 年版。

吴觉农主编：《茶经述评》（第二版），中国农业出版社 2005 年版。

展龙：《明清史料考论》，科学出版社 2017 年版。

周尧、王思明、夏如兵：《二十世纪中国的昆虫学》，世界图书出版西安公司 2004 年版。

朱自振、沈汉：《中国茶酒文化史》，文津出版社 1995 年版。